育儿无忧小顾问系列

U0392794

婴幼儿照护大全

李军果 主编

化学工业出版社

·北京·

给婴幼儿以科学、合理、全面的喂养，对婴幼儿生长发育十分重要，是孩子将来顺利成长为一个身体强健、聪明智慧的有用之才的基础。本书根据婴幼儿的生长发育特点，以成长时间为顺序，提供操作简便、目的明确的照护指导，包括新生儿的照护、婴儿期宝宝的照护、幼儿期宝宝的照护、婴幼儿保健。内容科学实用，文字通俗易懂，操作性强。

本书适合初为人父、初为人母的新手爸妈阅读，同时，作为医学科普图书，也可为相关专业人员参考与使用。

图书在版编目（CIP）数据

婴幼儿照护大全/李军果主编. —北京：化学工业出版社，2018.7
（育儿无忧小顾问系列）
ISBN 978-7-122-32099-5

Ⅰ.①婴…　Ⅱ.①李…　Ⅲ.①婴幼儿-哺育
Ⅳ.①TS976.31

中国版本图书馆CIP数据核字（2018）第090752号

责任编辑：张　蕾　　　　　　　　　　　装帧设计：刘丽华
责任校对：宋　玮

出版发行：化学工业出版社（北京市东城区青年湖南街13号　邮政编码100011）
印　　装：中煤（北京）印务有限公司
710mm×1000mm　1/16　印张16³/₄　字数308千字　2018年11月北京第1版第1次印刷

购书咨询：010-64518888　　售后服务：010-64518899
网　　址：http://www.cip.com.cn
凡购买本书，如有缺损质量问题，本社销售中心负责调换。

定　　价：49.80元　　　　　　　　　　　　　　版权所有　违者必究

编写人员名单

主　编　李军果

编　者　（按姓氏笔画排列）

于　涛　王丽娟　成育芳　齐丽娜　孙丽娜

李　丹　李　东　李军果　李春娜　李美惠

张　彤　张　舫　张耀元　赵　慧　赵晓丹

夏　欣　陶红梅

前 言
Preface

　　对于为人父母者来说，孩子是人生最好的礼物，孩子的一举一动时刻牵动着父母的心。孩子是家庭中最特殊的成员，新手爸妈最担心的就是由于护理不当而导致孩子生病。婴幼儿抵抗力差，各方面发育不成熟，若照护不周，很容易生病。当父母掌握了必要的育儿知识后，才能扮演好父母的角色。为了帮助父母更好地学习育儿知识，照护好孩子，我们组织编写了本书，希望在婴儿照护以及养育领域为父母提供科学指导。

　　本书以科学性、实用性为原则，介绍了婴幼儿照护及预防保健知识，并加入了婴幼儿早教与互动交流等内容。通过阅读本书，父母能够了解孩子各发育阶段的身体状况、常规照护方法、特殊照护方法、适龄启智游戏等内容，利用育儿知识，使孩子从中获益，天天进步。

　　利用育儿知识照护好孩子，使孩子健康、快乐地成长是父母最大的欣慰，也是我们编写本书的初衷。本书的全体编者以高度认真负责的态度参与编写，但由于水平有限，虽然经过多次修改，书中仍难免有疏漏之处，敬请广大读者批评指正。

编者

2018年6月

目　录
Contents

第二章

婴儿期宝宝的照护 / 51

第三章

幼儿期宝宝的照护　　　　　　　　/158

第一章

新生儿的照护

BABY

第一节　新生儿照护基础

一、新生儿的基本概念

从出生算起，生长到第28天的宝宝称为新生儿，俗称"月月娃"，是指满月以前的宝宝。从妊娠期算起，胎龄满37周、出生体重在2500g以上的新生儿均属正常。胎龄不足37周出生的宝宝，一般称为早产儿，也叫未成熟儿。胎龄满37周，体重不足2500g的宝宝，称为足月小样儿，也叫低体重儿。新生儿的正常指标如下。

（1）体重为2500～4000g。

（2）身长为47～53cm；头围为33～34cm。

（3）坐高（颅顶至臀底）约33cm。

（4）呼吸每分钟40次；心率每分钟120～140次。

二、新生儿的生理特征与表现

（一）呼吸系统

（1）上呼吸道　鼻和鼻咽腔相对短小，鼻道狭窄，鼻黏膜柔软，富有血管及淋巴管，轻度鼻炎即可发生鼻塞，使吸吮和呼吸发生困难。新生儿鼻窦未发育，因此不患鼻窦炎。耳咽管宽，直且短，呈水平位，其鼻腔开口处低，易患中耳炎（患感冒时易并发中耳炎）。轻微炎症可导致喉肿胀，而发生呼吸紊乱。新生儿声带短，因此声音特别高。

（2）下呼吸道　气管长约4cm，口径狭窄，右支气管较直，似气管的延续，因此异物多落于右支气管内。支气管口径狭窄，支气管壁弹力纤维发育不成熟，容易闭合而发生肺不张。肺不张减少了换气，但仍有血流通过，血液未经气体交换，又回到血循环，造成肺内短路，容易发生缺氧。在正压呼吸时，肺泡张开效果较好。气管内黏膜柔软，富于血管及淋巴管，易发生炎症，且炎症过程进展较快。新生儿肺泡数量较成人少，而且易被黏液堵塞，因此，易发生肺不张、肺气肿和肺后下部坠积性淤血。

（3）新生儿肋间肌薄弱，呼吸主要依靠膈肌的升降。若胸廓软弱随吸气而凹陷，则通气效能低，这种情况在未成熟儿可引起窒息。

（4）新生儿日龄越小，呼吸越浅表，每次呼吸的绝对量小，但代谢旺盛对氧的需要量大，因此以呼吸的频数来代偿呼吸浅表性。日龄越小，呼吸次数越多，每分钟平均40～44次。啼哭后，平均增加4次/分，5分钟后恢复正常；哺乳后，平均增加6次/分，10分钟后恢复常态；洗澡后，平均增加5次/分，5分钟后恢复常态。

（5）由于呼吸中枢功能发育不全，呼吸运动的调节功能极不完善，因此呼吸节律不齐，呼气与吸气不均匀，深浅呼吸相交替，甚至呼吸暂停（呼吸暂停20秒以内，不伴发绀及心率减慢，可自然恢复）。

（6）新生儿对低氧的耐受性较强，窒息10分钟以上仍能复生。窒息时，能在肺泡以外与空气进行气体交换，即在细支气管、支气管及胃中，甚至皮肤亦能吸收少量氧，因此窒息的新生儿应予以高氧环境治疗。

（二）循环系统

胎儿娩出后血液循环发生下列的巨大变化。

（1）脐带结扎，胎盘-脐带血循环终止。

（2）随着呼吸的建立和肺膨胀，肺血管阻力降低，肺血流增加。

（3）从肺静脉回流到左心房的血量显著增加，压力增高，使卵圆孔功能关闭。

（4）因为氧分压增高，动脉导管收缩，出现功能性关闭，完成胎儿循环的转变。新生儿心率波动大，100～150次/分，平均120～140次/分；血压平均为70/50mmHg。

（三）消化系统

足月儿吞咽功能已经完善，但是食管下端括约肌松弛，胃呈水平型，幽门括约肌较发达，易发生溢乳和呕吐。新生儿消化道面积相对较大，有利于吸收。消化道已经能分泌大部分的消化酶，淀粉酶需至出生后4个月才能逐渐分泌。生后10～12小时开始排胎粪。2～3天排完。胎粪由胎儿肠道分泌物、胆汁及咽下的羊水等组成，呈墨绿色。如果超过24小时还未见胎粪排出，应当检查是否为肛门闭锁及其他消化道畸形。

（四）泌尿系统

新生儿通常出生后24小时内排尿，如果生后48小时无尿，需检查原因。新生儿肾小球滤过率低，浓缩功能较差，因此，排出同样量的溶质需比成人多2～3倍的水分；肾的稀释功能尚可，而排磷功能差，因此易导致低钙血症。

（五）神经系统

新生儿脑重300～400g，占体重10%～20%（成人仅2%）。脊髓末端在第3、第4腰椎下缘，因此腰椎穿刺应在第4、第5腰椎间隙进针。足月儿出生时已具备一些原始反射，如觅食反射、吸吮反射、握持反应、拥抱反射，新生儿存在神经系统疾病时这些反射可能消失。正常情况下，生后数月这些反射亦自然消失。早产儿神经系统成熟度与胎龄有密切关系，胎龄越小，以上原始反射很难引出或反射不完整。在新生儿期，一些病理性神经反射，如克尼格征、巴宾斯基征均可呈阳性反应，而腹壁反射、提睾反射则不稳定，偶可出现踝阵挛。

（六）免疫系统

胎儿可以从母体通过胎盘得到免疫球蛋白IgG，因此，新生儿对一些传染病如麻疹有免疫力而不易感染；而免疫球蛋白IgA和IgM则无法通过胎盘传给新生儿，因此，新生儿易感染呼吸道、消化道疾病。新生儿网状内皮系统和白细胞的吞噬作用弱，血清补体水平比成人低，白细胞对真菌的杀灭能力也较低，这是新生儿易患感染的另一个原因。初乳中含有较高免疫球蛋白IgA，应当提倡母乳喂养，提高新生儿的抵抗力。

（七）体温调节

新生儿出生以前生活在母亲的子宫内，周围都是羊水，温度恒定，胎儿的体温略高于母亲的体温，为37.6～37.8℃。出生之后发生很大的变化，首先是环境温度明显下降，而且波动较大，新生儿必须依靠神经系统调节产热和散热系统，保持体温恒定，这样才能够维持全身的代谢、各器官的功能，维持正常的生活和健康成长。新生儿体温调节的特点是产热能力低、散热多，体温调节的能力较差。

新生儿的体重较小，体表面积相对较大，按照千克体表面积来说，新生儿的体表面积是成人的3倍。因此，散热明显地高于成人。成年人在寒冷的环境中常会不自觉地缩成一团，这样具有减少体表面积以减少散热的作用，新生儿特别是早产儿由于肌肉较薄弱，这种能力较差，在遇到寒冷时少了一种减少散热的方法。此外，新生儿皮下脂肪较薄，并且越是出生体重低的早产儿，皮下脂肪越薄。皮下脂肪传热的能力最低，有很好地防止热量丢失的作用，新生儿皮下脂肪越薄，防止热量丢失的能力也就越差。

新生儿的体温调节能力较差，出汗的能力较弱，过分保暖会引起体温升高，甚至出现40℃的高热，过分受冷又会引起体温下降。

因此，要尽力使环境温度适合新生儿，不太热也不太冷，维持在最合适的温度，在这个温度宝宝最舒服，代谢率最低，耗氧量也最低，我们称之为中性温度。通常来说，刚出生时要求温度较高，随着日龄的增长温度可随之降低，出生体重越低，要求的温度也越高。

三、新生儿的行为能力

（一）视觉能力

新生儿对类似人脸图形的兴趣超过别的复杂图形。要使新生儿看清物体，则应把物体放在距眼20cm左右处。

新生儿觉醒时，持一只红球距宝宝的脸约20cm处轻轻晃动。在宝宝看到后，慢慢移动红球，宝宝的眼睛能追随红球移动。

给宝宝看妈妈的脸时，可以说话或不说话。宝宝注视妈妈后，妈妈慢慢移动头，宝宝会不同程度地转动眼睛和头部，追随妈妈的脸移动。90%以上的新生儿都有这种能力。新生儿的眼睛会追随移动东西，是大脑功能正常的表现。

（二）听觉能力

新生儿对声音具有定向力。用一只装有豆粒的小塑料盒，在婴儿看不到的耳朵旁边轻轻地摇动，发出柔和的咯咯的声音，新生儿会警觉起来，眼睛转向小盒的方向，用眼睛寻找声源。在另一侧耳边摇动小盒，会转向另一侧。宝宝不爱听尖锐、过强的音响，当听到噪声时，头会向相反方向转动，或是以哭闹表示拒绝噪声干扰。

（三）嗅觉和触觉

在出生第5天时，宝宝能够区别自己的母亲和别的母亲奶汁的气味。新生儿触觉很敏感，有的宝宝哭闹时，只要用手放在宝宝腹部就可以让他安静下来。

（四）和成年人交往的能力

新生儿与父母或看护人交往的主要方式是哭。正常新生儿的哭有很多原因，如饥饿、口渴、尿布湿了等，还有在睡前或刚醒时，不明原因的哭闹，一般在哭后会安静入睡或进入觉醒状态。新妈妈经过2～3周的摸索，就能够理解宝宝哭的原因，给予适当处理。新生儿还会用表情，如微笑或皱眉等，表达意愿。过去人们一般认为，在和新生儿交往中父母起主导作用，实际上是新生儿在支配父母的行为。

（五）运动能力

胎儿在子宫内就有运动，即胎动。新生儿具有一定活动能力，会将手放到嘴边，甚至伸进口内吸吮。四肢会做伸屈运动，在和宝宝说话时，宝宝会随音节有节奏地运动，表现为转头、手上举、伸腿类似舞蹈动作，还会对谈话者皱眉、凝视、微笑。这些运动的节律很协调，宝宝会试图用手去碰母亲说话的嘴，这是宝宝在用运动方式与成年人交流。新生儿还有反射性活动，扶起直立时会交替向前迈步，扶坐起时头部能够竖立1～2秒以上，俯卧位时有爬的动作，嘴唇有觅食的活动，手有抓握动作，还有抓住成年人的两个手指使自己悬空的能力。

（六）模仿能力

新生儿在安静的觉醒状态，不但会注视妈妈的脸，还有模仿妈妈表情的奇妙能力。当与宝宝对视时，妈妈慢慢地伸出舌头，每20秒一次，重复6～8次。如果宝宝在注视着妈妈，一般会模仿，把小舌头伸到嘴边甚至口外。宝宝还会模仿别的脸部动作或表情，如张嘴、哭、生气等。当然，不做模仿动作的新生儿也属正常，只是宝宝不喜欢这种游戏而已。

（七）生理反射能力

刚刚出生的新生儿，具有一些先天性反射功能，既是宝宝成长以后形成条件反射的重要基础，又可以作为新生儿神经系统发育的检查标准（表1-1）。

表1-1　新生儿生理反射

项目	具体内容
觅食反射	母亲用手指抚弄一下宝宝的面颊，宝宝会转头张嘴，开始吸吮动作，准备吸吮乳汁。这种反射出生后半小时就会出现
抓握反射	碰到宝宝的手掌时，会握紧拳头。这种反射到1岁后才消失，可以用来检查和判断宝宝的神经系统发育是否成熟
惊跳反射	这是一种全身动作，在新生儿躺着时最清楚。突如其来的刺激，例如较大的声音，宝宝的双臂会伸直，手指张开，背部伸展或弯曲，头朝后仰，双腿挺直。这种反射一般要到3～5个月时消失，如果不消失，则有可能神经系统发育不成熟
强直性颈部反射	新生儿躺着时，头会转向一侧，摆出击剑者的姿势，伸出宝宝喜欢的一边手臂和腿，屈曲另一边手臂和腿。这种反射在胎龄28周时就出现了
巴宾斯基反射	碰到新生儿的脚心，脚趾会张开成扇形，脚会朝里弯曲。6个月以后这种反射会消失
踏步反射	托住新生儿腋下，让脚底接触平面，宝宝就会做迈步的姿势，好像要向前走。这种反射会在8周左右消失

续表

项目	具体内容
蜷缩反射	当新生儿缩起脚背碰到平面边缘时，会做出与小猫动作相似的蜷缩动作，这种反射在8周左右消失
视觉、颈部反射	眼前闪过亮光时，宝宝会扭转颈部，尽力避开亮光

四、新生儿的睡眠特点

宝宝的大脑皮质兴奋性低，外界的声音、光线刺激，对宝宝来说都属于过强、持续和重复的刺激，会使宝宝非常容易疲劳，致使皮质兴奋性更加低下而进入睡眠状态，如图1-1所示。

在产褥期，宝宝除了饿要吃奶才醒来，哭闹一会儿之外，几乎所有的时间都在睡眠状态。以后随着大脑皮质的发育，睡眠时间逐渐缩短。

睡眠可以使宝宝的大脑皮质得到休息，从而恢复功能，对宝宝的健康非常必要。一般婴儿一昼夜的睡眠时间为20小时。

按照宝宝觉醒和睡眠的不同程度，可以分为6种意识状态：2种睡眠状态——安静睡眠（深睡）和活动睡眠（浅睡）；3种觉醒状态——安静觉醒、活动觉醒和哭闹；1种介于睡眠和醒之间的过渡形式，即瞌睡状态。

1. 安静睡眠状态

宝宝的面部肌肉放松，双眼闭合。全身除了偶尔的惊跳和极轻微的嘴唇动作以外，没有其他活动，呼吸很均匀，处于完全休息状态。

2. 活动睡眠状态

眼睛一般闭合，偶然短暂地睁一下，眼睑有时会颤动，经常可见到眼球在眼睑下快速运动。呼吸不规则，比安静睡眠时稍快。手臂、腿和整个身体偶尔有一些活动。脸上常会出现可笑的表情，如做怪相、微笑和皱眉，有时会出现吸吮动作或咀嚼运动。在觉醒前，婴儿一般处在这种活动睡眠状态中。

以上两种睡眠状态，大约各占宝宝睡眠时间的一半。

3. 瞌睡状态

一般发生于在刚睡醒后或入睡前，眼睛半睁半闭，眼睑出现闪动，眼睛闭合前眼球可能向上

图1-1 宝宝进入睡眠状态

滚动；目光变呆滞，反应迟钝；有时微笑、皱眉或噘起嘴唇；常伴有轻度惊跳。当宝宝处于这种睡眠状态时，要尽可能保证宝宝安静地睡觉。千万不要因为宝宝的一些小动作、小表情，误以为"宝宝醒了"或"需要喂奶了"而打扰宝宝的睡眠。

新生儿期宝宝睡眠时间较长，一昼夜需要睡20小时。这个时期因为宝宝大脑神经发育不健全，各种调节中枢自控能力差，睡眠中容易出现一些无意识的动作和表情；也会有吮乳动作、口唇抖动、拥抱反射、不自主微笑、突然哭一声或一阵，而后再平静入睡等。这些都不是病态，属正常生理性反应。遇到以上情况不要惊慌、紧张。如果宝宝哭闹不止、多汗、四肢抽动、口唇发绀、表情痛苦、发热或体温不升、哭声低弱等，则可能是病态，要及时找医生就诊，查找原因，及时处理。

五、新生儿的皮肤特点

刚出生的宝宝皮肤外观不尽相同，这与宝宝出生时的孕周有关。早产儿的皮肤较薄，看上去透明，可能还覆盖着一层细软的绒毛——胎毛。他们身上可能还有一层胎脂，是一种白色的奶酪状物质，可以保护羊水中宝宝的敏感皮肤。宝宝出生的孕周越接近足月，宝宝身上的胎毛和胎脂就越少，但通常出生后几天内会有脱皮的现象。30%～40%的宝宝出生时会有粟粒疹，使宝宝的脸上看上去像长了小粉刺一样的白色或黄色小点点。粟粒疹一般在3～4周内会自行消失，不需要特别治疗。如果宝宝身上有小脓包，破了以后皮肤上有深棕色的印记，可能是黑色素沉着脓疱疹。这也无需治疗，宝宝3～4个月大时皮肤上的印记就会消失。

大多数宝宝身上都会有胎记。胎记形状、大小、颜色各异，可能出现在宝宝身上的任何部位。有些类型的胎记可能在宝宝出生后几天或几周才出现。大部分胎记是无害的，会在几年内自行消失，也有的会跟随宝宝终生。

六、新生儿居住环境

从医院回到家，宝宝就要生活在成年人早已习惯了的环境中。平时，成年人感觉不到异常的家庭环境，对于宝宝来说，可能会不适宜。所以，家庭居住环境要注意下面几点。

新生儿的体温调节能力不够成熟，必须借助室温和衣物来保暖。应保持室内温度夏季23～25℃、冬季20℃以上，相对湿度在50%～60%最为适宜，等到宝宝逐渐长大，新陈代谢能力增加，体温调节能力越来越强之后，再和成年人一样适应季节性室温变化。

新生儿在室内，要比成人多穿一件衣服；2～3个月大时，可以和成人穿一样多；4～5个月的宝宝，在寒冬或酷暑时，最好要少去室外，因为宝宝还没有这么强的调节温度能力。

要了解宝宝体温是否适宜，通常可以摸宝宝露出的部位，如面额、小手，以不凉而无汗为合适。如果四肢发凉，说明温度不够，要想办法加热水袋保暖，热水袋温度在50℃左右，要把热水袋放在宝宝棉被下，不要直接接触皮肤，以免引起烫伤。

一般来说，育儿房间就是宝宝的生活环境，要特别注意。

（一）忌嘈杂

宝宝的健康成长，需要安静舒适的生活环境。嘈杂的环境对新生儿的生长发育极为有害。按照国际标准，一般居处白天的噪声不能超过45分贝，夜间不能超过35分贝。50分贝以上的噪声会缩短健康者熟睡时间，80分贝以上噪声会损伤听力，120分贝以上噪声容易使人精神错乱。噪声对婴儿影响更大，由于婴幼儿中枢神经系统尚未发育健全，长期受到噪声刺激，会使脑细胞受到损害，导致大脑发育不良，使智能、语言、识别、判断和反应能力的发育受到阻碍。噪声影响宝宝的睡眠，造成生长激素和其他有助生长的内分泌激素分泌减少，影响宝宝的正常发育，个子长不高；噪声会使宝宝食欲减退，消化功能降低，出现营养不良；噪声刺激交感神经，使之紧张并损害听力，形成"噪声性耳聋"。所以，育儿房间最好远离马路；家人也不要在室内高声喧哗吵闹，不要在家里跳舞、打牌，收音机和电视机音量不宜太大，开关门窗动作要轻，不要买高音量的电动玩具和质量低劣、未经正规校音的乐器给宝宝玩，也不要抱宝宝去路边、剧院等人多嘈杂的地方玩。

宝宝既不能在嘈杂环境中生活，也不能在完全无声的环境中，否则同样不利生长。适量的环境刺激有利于提高新生儿的视觉、触觉和听觉的灵敏性，有利于巩固和发展生理反射，促进智力发育，从而使大脑更为发达。

（二）宜多彩

房间里可以张贴一些色彩绚丽的图画，悬挂各种颜色鲜艳的气球、彩带，伴以柔和、轻快的抒情音乐（音量不宜过大），和一些带响的玩具，积极创造丰富多彩的视、听、触觉环境，使宝宝健康成长。

（三）保恒温

宝宝出生前，在子宫中被温暖的羊水包围，过着"四季如春"的舒适安宁的生活。初到人世间，首先会感到寒冷。宝宝体温调节中枢发育不完全，体温调节能力差，过冷或是过热都不宜。育儿房间要保持温度恒定，才能够保证体温稳定。育儿房间温度夏季以23～25℃，冬季要达到20℃以上，相对湿度保持在50%～60%。

（四）忌夜灯

父母为了夜里方便照顾婴儿，喜欢在卧室通宵开着长明灯，这样做对宝宝健康成长非常不利。昼夜不分地经常处在明亮环境中的新生儿，往往会出现睡眠和喂养方面的问题。新生儿体内自发的内源性昼夜变化节律会受光照、噪声等外界因素影响，对宝宝来说，昼夜有别，有利于生长发育。

第二节 新生儿常规照护

一、正常新生儿身体评估

（一）外观

新生儿头大，躯干长，身长在47cm以上，头部与全身的比例为1∶4；胸部多呈圆柱形；腹部呈桶状；四肢短，常呈屈曲状。通常新生儿出生后的姿势反映了胎内的位置。

（二）皮肤

皮肤评估见表1-2。

表1-2　皮肤评估

项目	具体内容
胎脂	出生后皮肤覆盖的一层灰白色胎脂，有保护皮肤的作用，其多少个体差异较大，生后数小时渐被吸收，但皱褶处胎脂宜用温开水擦去。胎脂若呈黄色，提示有黄疸、窒息或过期产可能
黄疸	生理性黄疸多在出生后2～3天出现，持续一周后消失
水肿	出生后3～5天，在手、足、小腿、耻骨区及眼窝等处出现，2～3天后消失，与新生儿水代谢不稳定有关。局限于女婴下肢的局限性水肿提示Turner综合征的可能
新生儿红斑	常在出生后1～2天出现，原因不明。皮疹呈大小不等、边缘不清的斑丘疹，散布于头面部、躯干及四肢，无不适感。多于1～2天内迅速消退
毛囊炎	为突起的脓疱，周围有很窄的红晕，以颈根、腋窝、耳后、肘窝分布较多，数日内消退
粟粒疹	在鼻尖、鼻翼、颊、颜面等处，因皮脂腺堆积形成针头样黄白色的粟粒疹，脱皮后自然消失

续表

项目	具体内容
汗疱疹	炎热季节，常在前胸、前额等处见针头大小的汗疱疹，又称白痱，因新生儿汗腺功能欠佳所致
青记	背部、臀部常有蓝绿色色斑，此为特殊色素细胞沉着所致，俗称青记或胎生青痣，随年龄增长而渐退
橙红斑	为分布于新生儿前额和眼睑上的微血管痣，数月内可消失

（三）头面部

头面部评估见表1-3。

表1-3　头面部评估

项目	具体内容
颅骨	软，骨缝未闭，有前囟和后囟，有时可触到第三囟门。前囟直径为2～4cm，后囟一般只能容纳指尖。囟门过大常见于脑积水、佝偻病及宫内感染患儿。出生时因产道挤压，颅骨常有不同程度变形。骨缝可重叠，顶先露分娩的新生儿头部显得狭长，先露部位经常见到水肿和淤血，几天内可褪去。头颅血肿可表现为囊肿样肿块，通常2～3个月内消散
眼	出生后第一天，眼常闭合，有时一睁一闭，与眼球运动功能未协调有关。有难产史者，有时可见球结膜下出血或虹膜边缘一周呈红紫色，多因毛细血管淤血或破裂所致，可在数日后吸收；双眼上斜或内眦赘皮应疑有21-三体综合征；伴有眼睑水肿和大量脓性分泌物时是淋球菌感染的典型表现；大面积角膜混浊伴眼球高张力则是先天性青光眼的指征；正常瞳孔反射呈红色，若呈白色提示有白内障、肿瘤或视网膜病变的可能
鼻	鼻梁低，因鼻骨软而易弯，可见歪斜，但以后不留畸形。新生儿用鼻呼吸，若后鼻孔闭锁，出生后即表现为呼吸窘迫；先天性梅毒患儿出生后表现为鼻塞、张口呼吸，鼻前庭皮肤湿疹样溃疡
口腔	口唇皮肤和黏膜分界清，黏膜红润，牙龈上有上皮细胞堆积或黏液包囊的黄白色小颗粒，俗称"板牙"或"马牙"，可存在较长时期，勿挑破以防感染。硬腭中线上可见大小不等（2～4mm）的黄色小结节（彭氏珠），也是上皮细胞堆积形成的，数周后消退。舌系带有个体差异，或薄或厚，或紧或松。两颊各有一个隆起的脂肪垫，俗称"螳螂嘴"，利于吸乳，不可挑破。巨舌症提示先天性甲状腺功能低下，或有Beckwith综合征的可能；有时可见到唇裂或腭裂；小下颌要想到PierreRobin综合征的可能
耳	耳外形、大小、结构、坚硬度与遗传及成熟度有关，越成熟耳软骨越硬。耳轮低于眶耳线称为低位耳，在一些综合征中可见到

（四）颈部

新生儿颈部甚短，颈部皱褶深而潮湿，容易糜烂；有时可见到胸锁乳突肌血肿，可导致斜颈。

（五）胸部

新生儿胸部多呈圆柱形，剑突尖有时上翘，在肋软骨交界处可触及串珠。新生儿呈膈肌型呼吸，有时为潮式呼吸，生后 4 ~ 7 天常有乳腺增大，如蚕豆或是核桃大小，或见黑色乳晕区及泌乳，2 ~ 3 周可消退，系母体内分泌所致，切不可挤压，并注意预防感染。

（六）腹部

新生儿腹部多稍隆起，早产儿因腹壁甚薄，可见到肠型；肝软，在锁骨中线肋缘下 2cm，脾有时可触及。出生后脐带经无菌结扎之后，一般 1 ~ 7 天脱落，有时可见到脐疝。

（七）生殖器

出生后阴囊或阴阜常有轻重不等的水肿，数日后消退。睾丸多已下降，也有在腹股沟中，或是异位于会阴、股内侧筋膜或耻骨上筋膜等处，有时可见一侧或双侧鞘膜积液，常于生后 2 个月内吸收。一些女婴在生后 5 ~ 7 天可出现灰白色黏液分泌物从阴道流出，可持续两周，有时为血性，俗称"假月经"，系分娩后母体雌激素对其影响中断所致；生殖器色泽增深，多与先天性肾上腺增生有关。

（八）肛门

有时可见肛门闭锁，应仔细观察胎粪排出情况，在必要时做肛门指诊检查。

（九）脊柱和四肢

检查有无脊柱裂。四肢姿势与胎位有关，一些异常日后可逐渐恢复，如足上翻、足底内翻等。

二、新生儿沐浴

（一）新生儿沐浴要求

刚出生的宝宝全身皮肤覆盖一层薄薄的黄白色胎脂，对皮肤有一定的保护作用，没有必要擦掉。待出生 24 小时后，体温慢慢稳定，皮肤干燥后就可进行沐浴了。

全身洗浴最好每天 1 次，不仅可以去除污垢，还可以清除皮肤上的细菌，防止皮肤感染。

皮肤皱褶多的地方易受损，比如颈部、腋窝、肘内侧弯曲处、大腿内侧、阴囊内侧、肛门周围等处皮肤之间接触密切，局部散热不良，尤其是在炎热的夏季，出汗较多，再加上活动时皮肤互相摩擦，非常容易造成皮肤损伤。所以，在给宝宝做皮肤清洁时，应当重点清洗皱褶处，为了保持皱褶部位的干燥，可以用小纱布或专用扑粉海绵在皮折处擦抹少许爽身粉，目的是吸收汗液，干燥皮肤。

在清洁面部时，要用小块的湿毛巾轻轻擦洗，最好不用水直接洗，以免水流入宝宝的眼睛、耳朵和口中。引起眼结膜炎和外耳道炎。或是吞入口腔，损伤消化道。

有的宝宝头垢比较多，用温水很难清洗干净，需要使用专用的宝宝润肤油。用法是在宝宝洗头前将润肤油涂抹到有头垢的部位，反复按摩使头垢软化，再用温水清洗就可以了。

每次大便之后要用温水清洗臀部，清洗擦干后，夏季可用一些爽身粉。冬季涂抹一些宝宝专用护臀膏，防止臀部皮肤受到尿液及粪便的刺激。

平时洗浴或穿脱衣服的时候一定要检查全身皮肤，特别是背部、臀部、皮肤皱褶部位等，如发现红肿、皮疹、局部发炎等异常应当尽快到医院就诊。

新生儿皮肤娇嫩，一定要使用对皮肤无刺激的洁肤用品。在使用前可以将浴皂或浴液先涂擦在洗澡者的手或上臂，如无不适感，再涂到新生儿的皮肤上。目前市场上销售许多不同种类的婴幼儿洁肤和护肤用品，应仔细慎重挑选。

（二）新生儿沐浴技巧

为新生儿洗澡前，要将居室温度调节到24～28℃，准备好洗浴用品，包括澡盆、毛巾、婴儿洗发水、润肤露等，还要事先准备好换洗的衣物，将水温调至38～40℃，妈妈可用肘部试一下水温，只要稍高于人体温度即可。也可以购买一个水温计，使用起来非常方便。

在洗澡前，妈妈要亲切地注视宝宝的眼睛，告诉他："要洗澡了，很舒服哦！"然后给宝宝脱去衣服，裹上浴巾。采用夹抱法，将宝宝的身体轻轻夹住，一手托住宝宝的头颈部，并用拇指、中指从宝宝耳后向前压住耳郭，盖住耳孔，以防止洗澡水流入耳内。先擦洗宝宝的面部，最好用专用小毛巾或消毒棉球沾湿，从眼角内侧向外轻拭双眼，然后擦洗嘴、鼻、脸及耳后。接着用水将宝宝的头发打湿，以少许洗发水洗头部，然后用清水洗干净，揩干头部。头和面部就洗好了。

如果宝宝的脐带还未脱落，不宜将宝宝直接放入浴盆中浸洗，此时要用毛巾蘸水，擦洗腋部及腹股沟等皮肤皱褶处，注意不要将脐部弄湿。如果不小心弄湿了脐部，也不必担心，用消毒棉签蘸酒精擦拭即可。

如果宝宝的脐带已脱落，就可以将宝宝放入浴盆内，以一手扶住头颈部，另一只手顺序洗宝宝的颈部、上肢、前胸、腹部，再洗后背、下肢、外阴、臀部等处，尤其要注意皮肤皱褶处。

全部清洗完毕之后，将宝宝用大毛巾包好，轻轻沾干水珠，注意保暖，在颈部、腋窝和大腿根部等皮肤皱褶处可涂上润肤液，天热时，可以扑婴儿爽身粉。

为宝宝洗澡不仅可以保持皮肤清洁，避免细菌侵入，更重要的是可通过水对皮肤的刺激加速血液循环，促进新陈代谢，增强机体抵抗力。还可以通过水浴过程，使宝宝全身皮肤触觉、温度感觉等感知觉能力得以训练，有利于宝宝心理、行为的健康发展。

温馨提示：新生宝宝洗澡的时间通常在3～5分钟之间，时间不宜过长，因为宝宝容易疲倦。另外，如果时间久了，宝宝也易受凉。

（三）新生儿沐浴步骤与护理

新生儿皮肤薄而嫩，皮脂腺分泌旺盛，如果不经常清洗，皮肤分泌物等就会堆积在皮肤表面，造成皮肤毛孔堵塞，继发感染。严重者还可能出现败血症，导致死亡。

1. 洗浴前的准备

（1）调节室温至24～28℃。

（2）洗浴前应当观察新生儿的一般状态，若有感冒、呕吐、腹泻时，应当先测试体温。如果腋下体温高于37.5℃时，最好不要洗澡。

（3）洗浴人员的准备：剪短指甲，洗净双手，戴上洗净的围裙。

（4）物品的准备：大浴盆、洗脸盆、宝宝沐浴剂、宝宝浴巾、小毛巾、水温计、宝宝润肤油、脐带处理用具（包括酒精、棉棒）等。

（5）热水的调试，浴盆内的热水温度应当控制在38～40℃，如图1-2所示。

（6）洗浴时间不要过长，以3～5分钟为宜。

2. 洗浴步骤

（1）脱掉衣服，用毛巾裹住宝宝。

（2）用双手托住宝宝，用肘部试水温，感觉合适后用小毛巾仔细擦洗眼、鼻、面部和耳朵，不必使用浴液，如图1-3所示。

（3）淋湿头发，涂抹宝宝洗发水，用手掌轻轻擦洗。要注意清洗头皮，用温水洗净洗发水，用拧干的毛巾将头发擦干，如图1-4所示。

（4）打开包裹在宝宝身上的毛巾，轻轻从脚开始将宝宝放入水中。按颈部、胸部、腋下、上腹、手等顺序涂抹浴液，用毛巾盖好胸部。

（5）继续清洗腹部，再洗大腿根部，最后洗脚。这里需提醒的是，如果脐带未脱落应当注意不要弄湿。

（6）翻过身来洗背部及臀部。

（7）最后用已备好的温度适宜的清水冲洗全身。

图1-2　控制浴盆内的热水温度

3. 洗浴后的护理

（1）将新生儿用毛巾包裹，擦干水分。

（2）将爽身粉涂抹在颈部、腋下、大腿根部等皱褶处，容易发生摩擦的部位。

（3）脐部护理。先用棉棒蘸上消毒用酒精擦洗脐带的根部，再擦脐带周围部分，然后用干棉棒重复擦拭脐带的根部和周围部分，擦干为止。

图1-3　擦洗眼、鼻、面部和耳朵

（4）换好尿布并给宝宝穿衣。

（5）如果发现耳、鼻部有分泌物时，可以用浸上油的棉棒轻轻擦洗耳鼻部。

（6）洗浴完毕之后，可以让宝宝饮用温开水，补充水分。

图1-4　擦干头发

（四）哪些情况下不宜给新生儿沐浴

由于新生儿抵抗力低，当患某些疾病时，则不宜洗澡。

（1）存在发热、咳嗽、流涕、腹泻等不适时，最好别给新生儿洗澡。如果病情较轻、精神状况及食欲均良好，也可以适时地洗一次澡，但动作一定要轻快，以防受凉而加重病情。

（2）存在皮肤烫伤、水疱破溃、皮肤脓疱疮及全身湿疹等皮肤损害时，应当避免洗澡。

（3）存在肺炎、缺氧、呼吸衰竭、心力衰竭等严重疾病时，更应当避免洗澡，以防洗澡过程中发生缺氧等而导致生命危险。

如新生儿因病暂不宜洗澡，为了让新生儿身体干净舒适，可以用柔软的温湿毛巾或海绵擦身。但因新生儿患病期间需要休息，所以擦浴时动作一定要轻，从上到下、从前到后擦干净。如某处皮肤较脏，不易擦干净，可以蘸新生儿专用肥皂水或新生儿润肤油擦净皮肤，而后用温湿毛巾把肥皂水或是新生儿油润肤擦干净，以防皮肤受到刺激而发红、糜烂。

总之，擦浴时动作要轻柔，不可用劲，防止将新生儿细嫩的皮肤擦破而导致感染。

三、新生儿五官护理

（一）眼部护理

1. 新生儿眼部基本护理

胎儿在娩出的过程中，要经过母亲的产道。而母体的产道中存在着一些细菌，新生儿在娩出过程中，眼睛可能会被细菌污染，引起眼角炎症。因此，宝宝出生后，要注意眼睛周围皮肤的清洁，可以用药棉浸生理盐水，每天替宝宝拭洗眼角1次，由里向外，切记不要用手拭抹。如果发现眼屎多或是眼睛发红，待洗净后可用氯霉素眼药水滴治，每天3～4次，每次1滴。

宝宝要有专用的毛巾，在每次洗脸时，先擦洗眼睛。眼角如果有过多分泌物，可以用棉球蘸温开水从内眼角向外眼角轻轻擦拭。

2. 新生儿眼部分泌物过多的护理

（1）目的　为了保持宝宝的眼睛清洁及治疗眼部疾病。

（2）用物准备　护理篮内放消毒棉棒一包，小毛巾一块，生理盐水或温开水或眼药水（遵医嘱），盛污物小盘一个。

（3）护理要点

① 洗净双手。

② 擦拭眼屎（图1-5）。

③ 按摩鼻泪管。

④ 给宝宝多喝白开水。

⑤ 眼睛出现红肿且眼屎很多者，应当及时就医，根据医嘱给予眼药水滴眼。

⑥ 操作后整理用物，洗手。

（4）注意事项

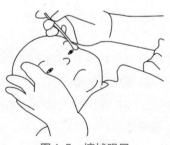

图1-5　擦拭眼屎

① 动作轻柔，并固定好宝宝头部。

② 在用药前，先将药瓶对着光线仔细观察，如有絮状物或药液混浊均不可用。

③ 药液用完放在冰箱中冷藏。

④ 如使用利福平，开瓶使用24小时后即不可再用。

⑤ 在滴药时，勿使药液流入同侧耳道。

（二）耳部护理

宝宝耳朵内的分泌物不需要清理，在洗脸时注意耳后及耳朵外部的清洁就可以。保持五官的清洁，有利于宝宝的健康。

可以用蘸湿的棉签擦洗外耳郭，但不要伸入耳道。注意不要将水滴入耳道内。如果宝宝的耳背有皲裂，可以涂一些熟食油或1%甲紫（龙胆紫）。

（三）鼻腔护理

遇到宝宝鼻腔内分泌物较多，在清洁时要特别注意安全，千万不能用发夹、火柴棍等硬物挑挖，以免触伤鼻黏膜。如果鼻屎在鼻孔口，一般都能拉出，但动作要轻柔。如果鼻屎近于鼻腔中部，可先用棉签蘸点温水湿润一下，然后轻轻地卷出来。

如果宝宝鼻孔内有分泌物并结成干痂，影响呼吸，可用棉球或毛巾蘸温开水轻轻擦拭，使干痂湿润变软后即能自动排出。

（四）口腔护理

用布或毛巾给婴儿揩洗口腔的做法并不适宜，由于婴儿的口腔黏膜娇嫩，易破损而造成感染。正确的做法是在两次喂奶之间，喂几口温开水即可。

四、新生儿脐部护理

正常情况下，宝宝的脐带会慢慢变黑、变硬，脐带在出生后1～2周会自行脱落。但在脐带脱落前，脐部残端容易成为细菌繁殖的温床。脐带结扎后留有脐血管断口，如果脐部感染，细菌及其毒素进入脐血管的断口处并进入血液循环，可发生菌血症。新生儿免疫功能低下，菌血症会很快发展为败血症甚至脓毒血症。所以，脐带断端的护理是很重要的。住院期间医护人员会很细心地进行消毒，回家了以后，父母也一定要给予正确的护理，遵循清洁、干燥的原则，直到脐带干燥脱落为止。

1. 脐带未脱落之前的护理

在宝宝脐带未脱落以前，需要保持局部清洁、干燥。由于脐窝里经常有分泌物，分泌物干燥后，会使脐窝和脐带的根部发生粘连，不容易清洁，脐窝里可能会出现脓液。每天用棉签蘸酒精，一只手轻轻提起脐带的结扎线，另一只手用酒精棉签仔细在脐窝和脐带根部细细擦拭，使脐带不再与脐窝粘连。随后，再用新的酒精棉签从脐窝中心向外转圈擦拭。清洁后别忘记将结扎线也用酒精消消毒。要经常检查包扎的纱布有无渗血，如果出现渗血，则需要重新结扎止血。另外，使用尿布或尿不湿时不要盖到脐部，可将尿布前面的上端往下翻一些，以免排尿后污染脐部创面或宝宝活动摩擦引起脐部出血。

2. 脐带脱落之后的护理

脐带自然脱落后，脐窝会有些潮湿，并有少许米汤样液体渗出，这是因为脐带脱落的表面还没有完全长好，肉芽组织里的液体渗出所致。用酒精轻轻擦干净即可，通常1～2次/天即可，2～3天后脐窝就会干燥。可在洗澡后用酒精棉签卷清脐窝，然后盖上消毒纱布。以前有人主张局部涂1%甲紫（紫药水），因甲紫有杀菌、收敛作用，但由于甲紫的穿透力弱，有时表皮已有痂皮形成而下层却窝着脓肿，因此现在多数主张采用酒精消毒。

3. 脐带脱落前后宝宝洗澡注意事项

脐带脱落之前，千万不要让宝宝泡在浴盆里洗澡。可采用分段洗澡，先清洗上半身，避免打湿脐部，擦干后再洗下半身。洗完澡后一定要及时擦干，然后用酒精消毒。游泳时一定要做好防护措施，使用防水护脐贴保护脐部，防止脐部进水。脐带脱落后可以让宝宝躺在洗澡防护网上，轻轻淋浴，也可以盆浴，要注意洗完后及时擦干脐部和全身水分。

4. 脐部提示异常的表现及处理

如果脐窝有脓性分泌物，其周围皮肤有红、肿、热，且小儿出现厌食、呕吐、发热或体温不升（肛表温度低于35℃），提示有脐炎，应当立即去医院诊治。

5. 脐疝的发生及护理

有些小宝宝，尤其是未足月的早产儿，脐带脱落后在肚脐处会有一个向外突出的圆形肿块，这就是"脐疝"。脐疝小如黄豆，大的可像核桃。当小儿平卧、安静时，肿块消失，而在直立、哭闹、咳嗽、排便时肿块又突出。用手指压迫突出部，肿块很容易回复到腹腔内，有时还能听到"咕噜噜"的声音。如果将手指伸入脐孔，可以很清楚地摸到脐疝的边缘。

（1）发生脐疝的原因　婴儿脐带脱落后，脐孔两边的腹直肌尚未合拢，一旦腹腔内压力增高，腹膜便向外突出而造成疝。脐疝的内容物是肠管的一部分。

（2）帮助脐疝自然愈合的措施　随着年龄的增长，疝环口也会逐渐缩小，一般在2岁以内可自然闭合，因此只要没有腹痛、呕吐或局部感染，一般无需特殊处理。如果脐疝较大，为了加快其愈合，可取一条宽4～5cm的松紧带，在其中心处用布固定半只乒乓球，球的凸面对准脐孔，使肠管不再突出，松紧带两头用可调节长短的扣子固定，压力应保持在既能保证肠管不再突出，又不影响呼吸和吃奶为准。使用后每2～3小时检查一次，以防止皮肤擦伤。曾有人主张用钱币压迫或绷带扎紧，实际上效果并不理想，因为婴儿的腹部呈圆形，绷带过紧会造成局部皮肤坏死。用乒乓球压迫，既安全效果又好，也可使用肚脐贴的方法帮助脐疝自然愈合。

五、新生儿臀部护理

（一）护理新生儿臀部要适当

如果新生儿的小屁股护理得不好，可能出现尿布性皮炎（红臀）。出现尿布性皮炎（红臀）的原因主要有以下两点。

（1）尿布质地粗糙，带有深色染料或尿布洗涤不净，均会刺激臀部皮肤。

（2）因为腹泻造成大便次数增多。其临床表现为臀部、大腿内侧及生殖器、会阴部等处皮肤初起发红，继而出现红点，以后融合成片，甚至造成皮肤糜烂、感染而发生败血症。

新生儿常因红臀而烦躁、睡卧不安。其实，只要护理得当，红臀是完全可以预防的。新生儿红臀预防见表1-4。

表1-4　新生儿红臀预防

项目	具体内容
勤换尿布	给新生儿勤换尿布，使用护肤柔湿布擦拭，有效保护新生儿皮肤
尿布质地	尿布质地柔软，以旧棉布为好，应用弱碱性肥皂洗涤，还要用热水清洗干净，以免残留物刺激皮肤而导致红臀
治疗预防	发现腹泻时应及早治疗
培养习惯	培养新生儿良好的大小便习惯
护理措施	臀部轻微发红时，可使用护臀膏。严重时应引起注意，每次清洗后暴露新生儿的臀部于空气或阳光下，或用红外线灯照射局部皮肤

（二）要及时给新生儿换尿布

新生儿的尿中常溶解着一些代谢的废物，如尿酸、尿素等。尿液通常呈弱酸性，形成刺激性很强的化合物。吃母乳的宝宝大便呈弱酸性。喝配方奶的宝宝大便呈弱碱性；喝配方奶的宝宝大便会稍干一些。无论是干、稀便，或是酸、碱性物质对新生儿的皮肤都具有刺激性，如果不及时更换尿布，娇嫩的皮肤就会充血，轻者皮肤发红或是出现尿布疹，严重可能腐烂、溃疡、脱皮。

在换尿布时，动作要轻柔，如用力粗暴有造成关节脱臼的可能。换尿布的正确方法：用左手轻轻抓住宝宝的两只脚，主要是抓牢脚腕，把两腿轻轻抬起，使臀部离开尿布，左手将湿尿布撤下来，垫上摆好的干净尿布，然后包好。注意把尿布放在屁股中间。如果宝宝大便了，应当使用护肤柔湿巾擦拭。擦的时候要注意女宝宝要从前往后擦，切忌从后往前，因为这样易使粪便污染外阴，引起泌尿系统感染。在给男宝宝擦拭时，要查看阴囊上是否沾有大便。

换尿布要事先做好准备，快速更换。在冬天时，妈妈应当先将尿布放在暖气上烘暖，妈妈的手搓暖和后再给新生儿更换。

还要注意每天给新生儿洗 1～2 次屁股，每次大便后使用新生儿护肤柔湿巾擦拭，再敷上爽身粉。毛巾用过后应当洗净、晾干、消毒。

（三）怎样清洗尿布

现在许多年轻的父母给新生儿用纸尿裤，清洁卫生的同时也省却了清洗工序。但是新生儿的皮肤十分娇嫩，部分新生儿不适应纸尿裤，容易起尿布疹，因此传统的尿布一时无法完全淘汰，一些父母选择混合使用的方式。传统尿布往往需要重复使用，清洗一定要彻底，晾晒干透再用。

每次换下来的尿布应当存放在固定的盆或桶中，不要随地乱扔。只有尿液的尿布可用清水漂洗干净后，再用开水浸烫消毒。如果尿布上有粪便，先用专用刷子将它去除，然后放进清水中，用中性肥皂进行清洗，再用清水多冲洗几遍。为了保持尿布的清洁柔软，所有的尿布洗净后，均应用开水浸烫消毒。

尿布晾干时，最好在阳光照射下暴晒，能够达到杀菌的目的。但天气不好时可在室内晾干，或用熨斗烫干，也可达到消毒的目的，又可以去除湿气，新生儿使用后会感到舒服。

洗干净的尿布要叠放整齐，按照种类放在一起，随时备用。同时要注意防尘和防潮。

（四）纸尿裤的选择与使用

纸尿裤是一种一次性使用的尿裤，通常以无纺布、纸、棉等材料制成。随着生产工艺的不断改进，纸尿裤已从最初吸收尿液的单一功能，改进为既防漏透气又吸尿抗菌，并且增加了伸缩弹性腰围、立体防漏隔边等多种功能。

市场上售卖的纸尿裤种类很多，挑选时可参考以下内容。

1. 选择轻薄透气的纸尿裤

在宝宝排泄后要及时更换纸尿裤，不让黏附有排泄物的纸尿裤长时间附着在皮肤上。但是，因为宝宝排泄不规律，并不能做到随湿随换，因此在挑选纸尿裤的时候，不能只注重厚度和吸水度，还要针对宝宝皮肤和四季气候的特点，为宝宝选择轻薄透气的纸尿裤。

2. 选择有滋润保护层的纸尿裤

给宝宝用过纸尿裤的妈妈肯定都注意到，纸尿裤内侧通常有一层非常薄的无纺布，用以隔离宝宝的皮肤和吸收尿液。通常情况下，妈妈最关心的就是这层薄膜状的无纺布，能否很好地阻隔尿液对宝宝皮肤的刺激。有一点值得注意，优质的纸尿裤通常会在这层无纺布中添加天然护肤成分，形成一层含有润肤作用的柔软的保护层。

3. 使用质量可靠的纸尿裤

要到正规的商场及超市等信誉好的零售场所选购，选择质量可靠的产品。购买前仔细阅读说明，看看是否符合以上介绍的内容，夏季不要购买适合秋冬季节使用的加厚型纸尿裤。

质量好的纸尿裤，通常采用超薄透气设计，能够更快、更好地向外疏导热气和湿气，即使没有及时更换，也能够在很大程度上减少排泄物对宝宝皮肤的刺激，更好地确保宝宝臀部的透气和干爽。

4. 更换纸尿裤要及时

5. 纸尿裤接头要粘牢

当为宝宝更换纸尿裤时，接头一定要粘牢。如果使用了婴儿护理产品，如润肤油、爽身粉或是沐浴露等，则更要特别注意。这些东西可能会接触到接头，使粘接点的附着力降低。在固定纸尿裤时，还要确保手指的清洁和干燥。

所选择的纸尿裤，会对宝宝皮肤有直接的影响。应当仔细选择，含有高分子吸水层的一次性纸尿裤，比尿布更能保持婴儿皮肤的干燥。

6.选择纸尿裤大小

以腰部松紧度为准，可以竖着放进两个手指为宜；在腹股沟处，以能平放入一根手指为好。一般认为，纸制的尿裤带有空隙，透气性好。另外，随着婴儿尿量的增大，一定要挑选吸收比较快的纸尿裤。

六、新生儿冷热护理与睡眠护理

（一）冷热护理

新生儿刚出生时，由于环境的温度和子宫内的温度存在一定差异，加之自身的体温调节中枢发育不完善，因此体温极其不稳定，随着环境温度的变化而变化。如果温度过高，新生儿体温升高，容易发生脱水热；如果温度过低，新生儿体温也会降低，易引起感冒或其他疾病。因此，给予新生宝宝恰当的保暖是十分重要的。

室内温度通常以夏季23～25℃、冬季20℃以上为宜，相对湿度以50%～60%为宜，并保持恒定，这样可以维持新生儿体温在36～37℃。室内要保持空气新鲜、清洁，经常要开窗换气。如果在炎热的夏季，要特别注意室内通风。冬季空气干燥，要保持室内空气湿润，以防新生儿呼吸道黏膜干燥。

注意要适当调节衣服和被褥的厚度。宝宝在吃奶或是哭闹时容易出汗，这种情况下应适当减少被褥。

（二）睡眠护理

新生儿在出生后除哺乳时间外，几乎均处于睡眠状态，睡眠的时间和质量某种程度上决定这一时期宝宝的发育。因此，应确保充足的睡眠。睡眠时不能处于饥饿状态，睡前最好排空大小便，卧室要安静、清洁、通风，但不能有穿堂风。有条件的话，室内温度尽量控制在23～25℃，湿度为50%～60%。

正常情况下新生宝宝每天有18～22小时在睡眠。新生儿睡眠不安是常遇到的问题，当遇到这种情况应当怎么解决呢？

首先，看睡眠不安发生的时间，是在白天还是夜晚。有的宝宝白天睡觉很好，可是到了夜晚就哭闹不睡了。对于这样的宝宝可以让他白天少睡一些，晚上自然就能睡得好一些了。

其次，要仔细分析一下宝宝睡眠不安的原因，针对原因采取相应的处理措施。注意一下室内温度是否过高，是否给宝宝包裹的太多，太热可能导致宝宝睡不安稳。此时宝宝鼻尖上可能有汗珠，身上也会潮湿，需要降低室温，减少或松开包被，宝宝感到舒适了自然就能入睡。如果摸一下宝宝的小脚发凉，则表示宝宝是因为保暖不佳而睡不安，可以加盖棉被或用温水袋放在包被外保温。大小便使尿布湿了，宝宝不舒服也睡不踏实，应当及时更换尿布。母乳不足，宝宝没吃饱则会影响睡眠，要勤喂，以促进乳汁分泌，让宝宝吃饱。

如果上述情况都不存在，妈妈在孕期有维生素D和钙剂摄入量不足的情况，新生儿可能有低钙血症，在疾病早期表现为睡觉不踏实，可以给宝宝补充维生素D和葡萄糖酸钙以纠正。如果除睡眠不安还伴有发热、不吃奶等症状时，应当去医院检查诊治。

七、新生儿喂养

（一）母乳喂养

1. 宝宝的免疫"黄金"——初乳

分娩后，妈妈最初分泌的乳汁为初乳。初乳富含妈妈带给婴儿的第1次免疫物质，被现代围生医学誉为免疫"黄金"。

初乳虽然分泌量不多，但浓度很高，颜色类似黄油。与成熟乳相比较，初乳中含有丰富的蛋白质、脂溶性维生素、钠和锌，还含有人体所需要的各种酶类、抗氧化剂等。相对而言，初乳含乳糖、脂肪、水溶性维生素较少。初乳中分泌型免疫球蛋白（SIgA）可以覆盖在婴儿未成熟的肠道表面，阻止细菌、病毒的入侵。初乳还有促脂类排泄作用，减少黄疸的发生。

因此，初乳被人们誉为"第1次免疫"，妈妈一定要抓住给宝宝喂养初乳的机会，不要错过对宝宝的第1次免疫抗体输入。

根据对产后1～16天初乳营养成分分析表明，初乳中免疫球蛋白含量很高，还含有大量新生儿体内缺少的免疫物质，如中性粒细胞、巨噬细胞和淋巴细胞，它们有直接吞噬微生物、参与免疫反应的功能，能够增加宝宝的免疫力。母乳喂养可以使新生儿在出生后一段时间内具有抗感染能力。

此外，早产儿妈妈分泌的初乳，还具备最适合喂养早产儿的特点。如早产乳乳糖较少，蛋白质、IgA、乳铁蛋白较多，最适合早产儿生长发育的需要，千万不要忽视。

2. 母乳喂养的优点

母乳是妈妈专为宝宝准备的最理想的天然食品。有些妈妈出于保持体形或减少麻烦的理由，不愿意给宝宝喂养母乳，靠人工喂养代替母乳喂养，这样对母子双方都不利。母乳营养丰富，易消化和吸收；人体需要的三大营养物质蛋白质、脂肪和碳水化合物（糖类）的比例适当，对于消化和吸收功能弱的宝宝来说，吃母乳不会出现三大营养物质失衡；母乳中三大营养的组成成分如氨基酸、多糖也适宜于新生儿消化道功能特点，最易于消化和吸收。

母乳含钙量高，每百克含钙量达到30mg，用母乳喂养宝宝，可减少婴儿佝偻病的发生。母乳中钙与磷元素比例适宜，与正常人体内钙磷比例一致，宝宝易吸收，对发育极其有利。

母乳具有增进宝宝免疫力，增强宝宝体质的作用。母乳中含有多种抵御病原体如细菌、病毒及过敏原的免疫球蛋白，具有抗感染、抗过敏作用；还含有促进乳酸菌生长，抑制大肠埃希菌，减少肠道感染的物质。这些因素在预防宝宝肠道或全身感染方面有积极作用。母乳脂肪中含人体必需的脂肪酸比牛奶多，尤其是亚油酸更丰富。所以，母乳喂养的宝宝不容易患湿疹。母乳含糖量高，适合婴儿的需要，还能够抑制宝宝肠道细菌的繁殖，不易发生腹泻等肠道疾病。

母乳喂养的宝宝比人工喂养的宝宝智力发育要好，比较聪明。主要是母乳营养好，吸收好，宝宝从小大脑发育得好。母乳新鲜，温度适宜，直接喂养，有利卫生。婴儿的吮吸刺激，可增加母亲体内激素分泌，加快子宫收缩，促进母体尽快恢复。母乳喂养可以增强母子之间感情联系，使宝宝感受到浓浓的母爱。

3. 哺乳基本常识

了解哺乳常识，做到正确地给宝宝喂奶，是新妈妈的基本功。正确的哺喂，不仅能够让宝宝吃饱、吃好，还能让奶水源源不绝、充足供应，防止新妈妈出现乳腺壅塞和乳头皲裂，防止妈妈出现腰背痛、"妈妈手"等因为哺乳姿势不正确引起的问题。

在哺乳前，妈妈要先做好准备，洗净双手，用温开水清洗乳头。

在哺乳时，妈妈最好坐在椅子上，把宝宝抱在怀里。宝宝的头如果依偎在妈妈右侧臂膀，则先喂右侧乳房，吸空之后再换另一侧。使两侧乳房都有被宝宝吸吮排空的机会，以利于下一次分泌更多的乳汁。

哺乳完毕之后，用软布擦洗乳头。然后将宝宝抱直，让宝宝的头靠着妈妈的肩膀，用手轻轻拍打宝宝的背部，直到宝宝连打几个嗝，排出胃内空气，以防止溢奶（即宝宝吐奶现象），然后将宝宝放在床上，向右侧卧，头部略垫高一点。

要注意掌握正确的哺乳姿势。让宝宝将乳晕部含在小嘴里，宝宝吸吮得当，会吃得很香甜，妈妈也会因宝宝吸吮尽乳汁而感到轻松。宝宝的吃奶姿势正确，可以达到防止妈妈乳头皲裂和不适当哺乳的情况发生。

喂哺时可以采取不同姿势，重要的是新妈妈应当心情愉快，体位舒适，全身松弛，有益于乳汁排出。

母子紧密相贴。无论怎么样抱宝宝，在喂哺时宝宝的身体都应当与妈妈身体相贴。宝宝的头与双肩朝向乳房，嘴巴处于乳头相同水平的位置。

防止宝宝鼻子受压。喂哺过程中，应当保持宝宝的头和颈略微伸张，以免鼻部压入乳房而影响呼吸，同时还要防止宝宝头部与颈部过度伸展造成吞咽困难。

手的正确姿势。要将拇指放在乳房上方或下方，托起整个乳房喂哺。除非母乳流量过急，宝宝呛奶时，不要以剪刀式手势托夹乳房。这种手势会反向推动乳腺组织，阻碍宝宝将大部乳晕含进嘴里，不利于充分挤压乳窦内的乳汁排出。

为了方便妈妈哺喂和宝宝吸吮的需要，最常见的有3种哺乳法。

（1）摇篮式抱法　将手肘当做婴儿的头枕，前臂支撑婴儿的身体，让婴儿的肚子紧贴着妈妈的胸腹，使婴儿的身体与妈妈的乳房平行。无论在床上或是椅子上，都可采用这个姿势，让妈妈随时随地喂奶。如果坐在椅子上，可以在双脚下放一个小凳子，减轻背部压力。

（2）橄榄球式抱法　妈妈托住婴儿的头部，并用手臂夹住婴儿的身体，使婴儿呈头在妈妈胸前、脚在妈妈背后的姿势，采取这个姿势时，可在宝宝身体下方垫个枕头或是较厚的棉被，使婴儿的头部接近乳房，并协助支撑婴儿的身体，妈妈不必花力气抱起婴儿，可减少肩膀酸痛的情形。

（3）卧姿哺喂法　妈妈侧躺在床上，背部与头部可以垫个枕头，同一侧的手可以放在头下，另一只手抱着婴儿头部及背部，使婴儿贴近乳房。如果要换喂另一侧的乳房，可以先调整身体使另一侧乳房靠近婴儿，或与婴儿一同翻身后再喂。新妈妈坐月子期间，或是半夜里宝宝肚子饿时，最适合采用这个姿势。

4. 不宜哺乳的情况

（1）患有心脏病、肾病、糖尿病、精神病、活动性肺结核、恶性肿瘤等病症者，或是体质过于虚弱者不宜哺乳，以免增加母亲身体的负担。

（2）由于母亲患有疾病，乳汁也会受到一定的影响，而且患病的母亲需要用药，有些药物可以通过代谢进入乳汁，宝宝吸食后可引起药物反应，有碍健康。在哺乳期间，母亲如患乳腺炎，应当暂停喂奶，因为乳汁中很可能混入大量细菌，婴儿食后会引起细菌感染，重者造成败血症，如治疗不及时，还会危及生命。

（3）母亲患重感冒时，细菌或是病毒会借哺乳之机由消化道传染给婴儿。

（4）母亲发热时乳汁浓缩，可能引起婴儿消化不良。应注意的是，在哺乳期间，应当将乳汁吸出避免回奶，不可服用避孕药。

5. 哺乳妈妈使用药物注意事项

女性在哺乳期生病，最担心的莫过于吃药会对宝宝有害。哺乳期妇女使用药物不仅要考虑药物是否影响乳汁分泌，还要考虑药物对宝宝的影响。哺乳期合理用药的一个重要原则就是既可以有效治疗母亲的疾病，又可以尽量减少药物对婴儿的影响。哺乳期服药有八大注意事项。

（1）服用任何药物前，应当充分征询医生或药师的意见。

（2）对可用可不用的药物尽量不用，必须用者应做到不要大剂量服药、不要长期服药、不要多种药物一起服。尽可能用药单一、时间短、剂量小。

（3）尽量选用局部用药而非口服用药，如乳膏、软膏、洗剂、阴道或直肠用栓剂。

（4）应当在哺乳前或哺乳后立即服药，服药和下次哺乳的间隔时间最好在4小时以上。

（5）如乳母短期使用氯霉素、四环素类、磺胺类等药物，应当暂时停止哺乳，12小时后恢复授乳。停止哺乳期间，乳母应每隔3～4小时挤尽乳汁一次，以排空乳房，保持泌乳功能，防止乳汁分泌减少。

（6）如乳母需长期服用抗结核药异烟肼，可以采用白天哺乳、夜间停乳的方法，即晚上最后一次哺乳后，将异烟肼的全天总药量一次顿服，下半夜吸乳一次，以排尽含药乳汁，次日清晨起即可给婴儿哺乳。

（7）在乳母服药期间，如婴儿出现不明原因发热或皮疹，应当考虑到乳母服药所致，应当及时请医生诊治。

（8）当必须使用哺乳期禁用的药物时，应当暂停哺乳。

哺乳期女性常用药的选择十分重要，患病需要服药时一定要遵医嘱，不要擅自服药。

（二）人工喂养

1. 人工喂养的奶制品

如果母亲因疾病及其他原因不能进行母乳喂养，或者宝宝由于乳糖不耐受综合征等疾病，而完全用其他乳类或代乳品喂养宝宝时称为人工喂养。人工喂养首选配方奶，在不方便购买配方奶时可用鲜牛奶及牛奶制品，还有一些地区用鲜羊奶及其他代乳品。

（1）鲜牛奶　鲜牛奶的成分不同于人乳，其蛋白质含量高，但大多是酪蛋白，不好消化，糖含量低。另外，在鲜牛奶储运过程中污染机会较大，因此鲜牛奶必须调配后才能够给宝宝吃。哺喂新生儿时，通常要加水稀释，降低酪蛋白浓度；然后加热，改变酪蛋白性质，凝块变小，易消化，同时，煮沸还能够起消毒作用；最后加糖，以提高牛奶中糖类含量，提高热量。

（2）鲜羊奶　鲜羊奶的营养价值比鲜牛奶要高一些，酪蛋白含量较低，容易消化。但是鲜羊奶铁含量低，缺少叶酸，容易发生营养性贫血，因此单纯用羊奶喂养的宝宝，每天必须服用叶酸10mg。

（3）配方奶粉　营养学家根据母乳的营养成分，以牛奶为主要原料，从大豆中提取大豆蛋白和油脂，重新调整搭配奶粉中酪蛋白与乳清蛋白、饱和脂肪酸与不饱和脂肪酸的比例，以弥补牛奶中酪蛋白含量高不易消化的缺点，除去部分矿物质，加入适量的营养素，包括各种必需的维生素、乳糖、精炼植物油等物质，适合婴儿食用。

2. 鲜牛奶和奶粉的调配

（1）鲜牛奶的调配　奶水比例，1个月以内的宝宝按照鲜牛奶与水2：1的比例调配，1个月之后的可以按3：1、4：1至过渡纯牛奶喂养。目前，市场所售的鲜牛奶质量不一，有的已被稀释，如果再按比例加水，可能达不到所需营养，使宝宝发生营养不良，因此只要宝宝能适应也可以喂纯牛奶。一般配制好的100ml牛奶中加5～8g糖（约半汤匙）。鲜牛奶需用小火煮沸3～5分钟，改变酪蛋白性质，便于宝宝吸收。

（2）全脂奶粉的调配　全脂奶粉是用纯牛奶浓缩而制成的干粉。经过加工后，牛奶中的酪蛋白颗粒已经变得细软，较易消化，适合婴儿喂养。奶水比例有两种方法：按照容量配制和按照重量配制。推荐用按容量配制，比较方便，好量取，即1平匙（约4克）奶粉加4匙（约30ml）温开水，这样配制出的奶相当于纯牛奶。然后，按100ml纯牛奶加5～8g糖的比例加糖即可。调配好之后，可以直接喂哺。

（3）配方奶粉的调配　配方奶粉的品牌较多，根据包装上标注的不同年龄段宝宝奶粉用量和调配方法，喂前仔细阅读即可。

3. 人工喂养注意事项

（1）所用奶瓶以大口直立式玻璃制品为宜，便于洗刷消毒，宜多准备几个，每日煮沸消毒一次，每次喂哺用1个；奶瓶和奶嘴的取用应注意清洁卫生，以免病菌污染食具，引起腹泻、呕吐等，危害婴儿健康。

（2）每次喂哺时间20分钟左右，不宜超过30分钟，每次喂哺间隔在3小时以上为宜。不可强迫婴儿将瓶内奶汁吃完，剩余的奶汁应当立即倒掉，洗净奶瓶，避免细菌繁殖。

（3）两次喂哺中间应当喂适量温开水，因为牛奶中蛋白质和矿物质含量较高，如不喂水，可能导致婴儿大便偏干；如果气候干燥时，可适当增加喂水量。

（4）人工喂养儿与母乳喂养儿一样，要及时合理地添加辅助食品，以满足婴儿的营养需要。

（5）人工喂养时，由母亲亲自喂哺为好，可以增加母亲与婴儿的接触与沟通，有利于婴儿的心理发展。

（6）需要注意，有时喂牛奶可能会发生过敏反应。刚开始喂牛奶时，应当先给予小量，观察婴儿有无过敏症状，包括呕吐、腹痛、烦躁不安、湿疹、荨麻疹等症状，一般喂哺3小时左右婴儿便可出现症状。如发生过敏，应当立即停用牛奶改用其他代乳品。重症者要及时去医院就诊。

（三）混合喂养

如果母乳分泌量不足或因工作原因白天不能哺乳，需要加用其他乳品或代乳品喂养的称为混合喂养。混合喂养虽然比不上母乳喂养，但总体还是优于人工喂养。因此。即使母乳分泌不足也不能放弃母乳喂养。加用其他乳品或代乳品调配同人工喂养。另外，混合喂养还需要特别注意以下内容。

（1）每天母乳喂养应当按时，即先喂母乳，再喂其他乳品，这样可以保持母乳不断分泌。因为母乳量少，宝宝吸吮时间长，易疲劳，因此每次哺乳时间不宜超过10分钟，然后再喂其他乳品。补喂的其他乳品量多少，可通过观察宝宝吃完奶后，能否坚持到下一次喂养时间判断。

（2）如果母亲乳汁分泌不足，又因工作原因白天不能哺乳，可以在每日特定时间哺喂，最好不要少于3次/天，这样既保证母乳充分分泌，又可以满足宝宝的需要。其余时间可用其他乳品代替，这样每次喂奶量较易掌握。

（四）判断宝宝是否吃饱

在哺乳期间，妈妈乳汁分泌量的多少，与乳腺受到刺激的强弱有关。对乳腺的刺激越强，乳汁分泌得就越多。所以，如果乳腺内奶汁每一次都被宝宝全部吸出，乳管内空虚，乳腺就会受到较大刺激，下一次分泌的乳汁量就会增加。有时候，宝宝一次无法把乳汁全部吸尽，这时候如果不把剩余乳汁挤掉，乳腺受到的刺激减少，会慢慢地使乳汁分泌减少，造成乳汁不足。

如果剩余乳汁堵塞乳腺，还会引起乳房内出现圆形或者椭圆形的硬块，造成乳房胀痛或刺痛，甚至发生乳腺炎，影响妈妈的健康和宝宝的喂养。

因此，每次宝宝吸完乳汁后，感觉到乳房里仍有乳汁时，要将乳房里的剩余乳汁用手挤尽，或者用吸乳器吸尽。这样乳房会感到轻松，下次乳汁分泌会快而多，有利于满足宝宝的"口粮"。

判断宝宝是否吃饱，妈妈的综合感觉如下：喂奶前乳房丰满发胀，喂奶后乳房变得柔软；喂奶过程中可听见宝宝的吞咽声，连续几次到十几次；妈妈有下奶的感觉；宝宝的尿布24小时内湿6次及6次以上；宝宝的大便软，呈金黄色糊状，每天2～4次；两次喂奶之间，宝宝很满足、安静；宝宝的体重平均每天增长18～30g，或每周增加120～210g。

（五）吐奶、溢奶、打嗝 ✓

1. 吐奶

婴儿容易吐奶（溢奶）的原因包括食量大，但胃容量小；宝宝的胃较浅，容满食物时很容易因身体的扭动使腹压增加而溢出；胃与食管交界处较松弛，食管与胃交界处（贲门）有一束括约肌，功能在于防止胃内容物反流入食管内，而婴儿的肌肉发育并不完全；食物多为流质，流质食物在胃中较固体食物容易反流。预防吐奶，喂奶要尽量做到少量多餐，每次喂奶时和喂奶后，把宝宝抱直排气。在喂奶时注意别让宝宝吸食太急，中间应暂停片刻。

如用奶瓶喂奶，奶瓶嘴孔应适中，如果孔洞太小吸吮较费力，空气容易由嘴角处吸入口腔再吞入胃中；奶嘴孔洞太大，奶水会淹住咽喉，容易呛奶。喂食之后，避免宝宝激动或任意摇动。

2. 打嗝

每次喂哺以后，不要让宝宝马上平躺，应当抱直上半身并轻拍背部（妈妈手呈杯状），听到宝宝发出打嗝的声音以后，就不会吐奶。如果要躺下时，要将宝宝上半身放高，并采取右侧卧（因为食物流经胃部是由左向右）。

婴儿期如果发生自发性连续打嗝，是横膈膜反射所致，容易发生在喝完奶、肚子尚饱的时刻，可以直抱起宝宝，拍一拍背，或喂点温开水让宝宝舒服些。

八、新生儿应做的检查

（一）第一次检查："阿氏评分" ✓

时间：出生后1分钟、5分钟和10分钟分别评估。

阿氏评分是检查宝宝身体状况的标准评估方法，也是宝宝出生后接受的第一次检查，通常在出生后立刻进行。

（二）第二次检查：足跟血化验 ✓

时间：新生儿出生进食48小时后。

在新生儿出生进食48小时后，由脚跟采取少量的血液滴在特制的滤纸片上，待阴干后封袋寄至筛检中心检查，可以检验先天性甲状腺功能减退症、G-6-PD缺乏症、苯酮尿症、高胱胺酸尿症及半乳糖血症。

（三）第三次检查

时间：出生后28天。

（1）身高及体重　这是了解宝宝生长发育的重要指标。

（2）头部　观察头颅的大小和形状，轻抚宝宝的头皮，以感觉骨缝的大小、囟门的紧张度、是否血肿。

（3）眼睛　将红球放在距双眼30cm左右的地方，水平移动红球，观察宝宝的双眼能否追视红球。

（4）耳朵　耳朵发育好，耳郭直挺。

（5）颈部　有无斜颈，活动是否自如。用手指由内向外对称地摸两侧，以感觉有无锁骨骨折。

（6）胸部　观察胸部两侧是否对称。有无隆起，呼吸动作是否协调，频率应当在30～45次/分，有无呼吸困难。用听诊器听肺部呼吸音。

（7）腹部　先看有无胃蠕动波和肠型。然后用手轻轻抚摸，感觉是否腹胀及有无包块。脐部是否膨出，残端有无红肿及渗液。

（8）臀部　皮肤是否光滑，注意是否存在脊柱裂。

（9）生殖器及肛门　注意有无畸形，男婴的睾丸是否下降至阴囊。

（10）四肢　有无多指或并指（趾），双腿能否摊平，以了解有无先天性髋关节脱位。

九、新生儿怀抱方法

1. 怀抱法

这种抱法是最为常用的抱法。宝宝仰卧或侧卧，妈妈站在宝宝右（左）侧，俯身。左（右）手肘支撑，用右（左）手把宝宝的头颈部直接托起，放入左（右）肘窝处。右（左）手掌托住宝宝的外侧屁股，左（右）手掌托起内侧屁股，将宝宝抱起即可。

2. 坐抱法

方法同怀抱法。将宝宝抱起后，妈妈取坐位，将宝宝的屁股放在双腿上，使宝宝与妈妈面对面，身体上部与妈妈的腿部成一定角度，但注意不要太直立。

3. 夹抱法

这种抱法适用于给宝宝洗头。妈妈最好取坐位，用右（左）手掌托起宝宝的头颈部，左（右）手掌托起宝宝的屁股，将宝宝送至右（左）手臂腋下，然后用右（左）手肘部夹住宝宝的小屁股，左（右）手为宝宝洗头或是做其他护理。

4. 直抱法

此抱法适用于为宝宝拍奶嗝。双臂搂抱宝宝，一只手托起宝宝的头颈部，另一只手托住宝宝的屁股，使宝宝直立，趴在妈妈的肩上，然后由托头的手轻拍宝宝的背部。

5. 注意事项

（1）抱宝宝前要注意清洁手部，尤其是给宝宝换过尿布之后，要洗手。

（2）宝宝的皮肤娇嫩，尽可能除去手上的饰品，如手表、手链、胸前饰物等，以免这些东西划伤宝宝或是在抱宝宝时被拉扯掉。

（3）宝宝的颈部未发育成熟，因此抱时力气应当放在宝宝颈与背部，而不是头部。

（4）抱宝宝时，尽可能让宝宝靠近自己的身体，另一只手扶着他的臀部，这样的抱姿不但稳定，同时宝宝也会感到安全。

（5）如果宝宝挣扎，要顺着他的姿势，并放慢抱的动作。

十、新生儿穿衣要求

宝宝出生后，除了照顾他吃喝、睡眠等外，如何给宝宝穿衣、如何保暖，也是新妈妈的一个课题。

1. 衣服款式要宽松

给宝宝准备的衣物应当是柔软、透气、不掉色的棉质品；衣服的样式要简单，便于穿和脱。

在最初的几个月里，因为宝宝头大脖子软，又需要经常换衣服、换尿布，因此样式太复杂的衣服或套头衫等穿脱不方便，都不适合给宝宝穿。可以给宝宝穿样式简单的衣服。比如"和尚服"，是从侧面解开的一种款式，很适合给新生宝宝穿，如图1-6所示。

图1-6　婴儿服饰

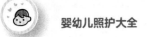
2. 穿衣多少要合适

宝宝柔弱娇嫩，于是妈妈总怕给宝贝穿得太少。特别是在秋冬交替的时候，很多宝宝被层层衣服包裹，再盖上厚厚的被褥，小脸热得红彤彤的。

其实宝宝穿衣多少有讲究，穿太多不仅手脚被束缚住使活动受影响，也不利于散热，宝宝喝奶或活动时身上的汗就无法挥发，反而容易感冒。想知道宝宝到底冷不冷，可以摸摸他的小手，手心暖暖的而且没有出汗就表示穿得正合适。

3. 换衣动作要迅速

准备换衣服前先把干净的衣服放在一旁。刚出生的宝宝并不喜欢露出光光的身体，妈妈可以一边对宝宝温柔地说话，一边继续换衣服。

穿连衣裤可能会多费些时间，可以先将衣服平铺在床上，解开正面的扣子，再把脱光的宝宝抱到衣服上，分别穿上裤腿和袖子，戴好尿布或尿不湿，整理后系上扣子。

4. 衣物清洗有讲究

在清洗宝宝衣物时要使用宝宝专用洗衣液或pH为中性的洗衣液，碱性太大的洗衣粉和肥皂对宝宝娇嫩的皮肤伤害比较大。

另外，还应将成人的衣物和宝宝的分开，因为成人衣物上沾染的细菌很多，一起洗可能会传给宝宝。还应使用单独的盆，并且尽量手洗，以免被洗衣机暗藏的细菌污染。

 ## 第三节　早产儿的照护

母亲的子宫是胎儿生长发育最良好的环境，无论温度、湿度、营养、氧气都能够满足胎儿的需要，为出生后的生存创造有利条件。如果由于某种原因，胎儿在宫内不满37周就提前出生，而且体重不足2500g，称为早产儿。

早产儿的内脏器官发育不成熟，从母亲体内得到的营养物质储备不足，免疫物质也少，因此生活能力低下，容易患病。因此，必须针对早产儿的弱点，给予耐心细致的护理。

一、早产儿的特点

（一）外观特点

早产儿的外观特点见表1-5。

表1-5　早产儿的外观特点

项目	正常新生儿	早产儿
哭声	响亮	低弱
肌张力	良好	低下
皮肤	红润、皮下脂肪丰满	红嫩、皮下脂肪少
毛发	毳毛少、头发分条清楚	毳毛多、头发细而乱
耳壳	软骨发育良好，耳舟成形	软、缺乏软骨，耳舟不清楚
指、趾甲	达到或超过指、趾端	未达指、趾端
乳腺	乳晕清楚、结节>4mm	乳晕不清楚、无结节或<4mm
跖纹	整个足底遍及足纹	足底纹少
外生殖器	男婴睾丸已降至阴囊，女婴大阴唇盖小阴唇	男婴睾丸未降至阴囊或未全降，女婴大阴唇不能遮盖小阴唇

（二）生理特点

早产儿的生理特点见表1-6。

表1-6　早产儿的生理特点

特点	具体内容
呼吸系统	（1）呼吸中枢不成熟，易发生呼吸暂停 （2）肺泡表面活性物质少，易发生肺透明膜病 （3）咳嗽反应差，易发生吸入性肺炎或肺不张
循环系统	心率快，血压较足月儿低，毛细血管脆性高，易出血
消化系统	（1）胃容量小，贲门括约肌较松弛，吸吮力和吞咽反射差，易溢奶、呛奶 （2）各种消化酶不足，胆汁分泌较少，对脂肪的消化吸收差，易发生坏死性小肠结肠炎；肝功能不完善，对胆红素的代谢不完全，因而生理性黄疸较重，且持续时间长；肝合成凝血因子和蛋白质不足易发生出血和低蛋白血症；肝内糖原储存少，易发生低血糖
免疫系统	体液免疫和细胞免疫均不完善，来自母体的IgG含量低，由于皮肤的屏障功能弱，极易患各种感染性疾病，且病情愈后差，易发生败血症
体温调节	体温调节功能不完善，产热的棕色脂肪少，基础代谢低，体表面积相对较大，皮下脂肪少，以至产热少散热多，极易发生低体温和硬肿症，同时汗腺功能差，在高温环境易发热
泌尿系统	肾功能不完善，易发生水及电解质素乱，肾小管对醛固酮反应低下，易发生低钠血症
神经系统	胎龄越小，功能越差，各种反射也越差；脑室管膜下有丰富的胚胎生发层组织，易发生颅内出血

二、早产儿照护要点

（一）喂养

喂养是早产儿护理的重点。出生时肝糖原储备少，应当指导母亲按需、日夜哺喂，一昼夜不应少于10～12次。吸吮力弱的小儿，可将乳汁挤在杯中用滴管喂养。早产儿吸吮能力差，吞咽反射弱，贲门括约肌松弛，胃容量小，容易溢奶，甚至呛入气管。每次授乳后应当密切观察数分钟，如有呕吐或面色、口唇青紫，应当及时吸出呕吐物，必要时吸氧。缺乏吸吮能力的早产儿，可用滴管授乳或鼻饲。如消化好，大便正常，可以逐渐增加奶量。每日每次可增加5～8ml，用滴管喂养者，开始每次4～8ml，每隔2小时一次，以后视消化能力而逐渐增添，有吸吮能力后改用小奶头喂奶。

早产儿对脂溶性维生素A、维生素D、维生素K等吸收较差。出生后前3天应当补充维生素K并长期补充维生素C，预防出血，降低血管脆性。出生后5天左右可给复合维生素B；第2周开始每日补充维生素D 1000单位；一个月后加用铁剂，每日每千克体重0.4mg。

仔细观察其皮肤黄疸、呼吸等情况，如发现精神差、吃奶无力、鼻塞等应尽快到医院就诊。

（二）保暖

早产儿体温调节能力差，应当采取有效的保温措施。室温以24～26℃为宜，相对湿度在55%～65%。保温方法可因条件而异，使体温保持在36.5～37℃。凡体重在2000g以下者，应入暖箱。也可包裹棉被并加放热水袋或热水瓶（水温以50℃为宜）。换尿布等清洁护理时动作要迅速，尽量减少暴露身体，以免受凉。

（三）密切观察

早产儿生活能力差，随时可发生变化，因此应细心观察。宜让其静卧少动，注意保持呼吸道畅通，发现口咽部有分泌物阻塞时，要尽快吸出。出现呼吸困难或口唇青紫时，应当及时给氧。注意氧气浓度不应超过30%～40%，间歇输氧，等症状消失即应停用。在必要时，可以在哺乳前后给氧数分钟。避免长时间输入高浓度氧，以防引起眼睛晶状体后纤维组织增生及破坏红细胞，加重贫血及生理性黄疸。

（四）预防感染

早产儿抵抗力差，护理应当注意隔离，凡与早产儿接触者均应洗净双手，穿洁净衣裤。食具必须专用，可煮沸消毒。患病者严禁接触早产儿。

三、早产儿出院回家应满足的条件

（1）首先体重要长到2000g以上。

（2）在室温下新生儿能维持其体温在正常范围，即腋温在36℃左右，而且比较稳定。

（3）能够食入必需的奶量，而且体重增加。

（4）呼吸平稳，哭声已较响亮，无呼吸暂停。

（5）一般情况良好，无其他疾病。

达到以上条件者即可出院回家，但回家后仍应密切观察，发现异常应当尽快到医院就诊，以免耽误治疗。

第四节　新生儿特殊现象与常见问题照护

一、新生儿特殊现象照护

（一）新生儿黄疸

黄疸表现为皮肤与眼白黄染的一种现象，是在新生儿期很常见的体征。只要了解病因，及时采取措施，不必太过担心。引起新生儿黄疸的常见原因见表1-7。

表1-7　引起新生儿黄疸的常见原因

项目	具体内容
生理性黄疸	很多健康的宝宝出生后第2～3天开始便会出现黄疸，称为生理性黄疸
母乳性黄疸	通常在生后2～3周开始逐渐出现黄疸，或原有的生理性黄疸迟迟不退，宝宝的精神反应及吃奶均正常
新生儿溶血病	如果宝宝出生时表现正常，但是在生后1～2天内出现贫血和黄疸，且黄疸的现象越来越严重，病情发展迅速
感染性黄疸	在新生儿期，一些轻微的感染即可引起黄疸，常见感染有肺炎、脐炎、皮肤脓疱疹等

（二）打嗝

多数新生儿常有打嗝的现象，这是正常的。打嗝是隔开胸和腹部的膈肌突然收缩而发生的一种反射动作。因为新生儿是腹式呼吸，因此更容易打嗝。新生儿的神经系统未完善，适应不了温度的变化，膈肌受到刺激时就容易打嗝。另外，由于胃和食管尚在发育的原因，会有边打嗝边呕吐的情况。打嗝一般会在几分钟内停止，因此妈妈不需要太担心。

打嗝没有特别的疗法，找出原因是最好的解决办法。用温水温热一下新生儿的奶瓶再让宝宝喝奶，或者在宝宝不喝奶时用小勺喂几口水可使打嗝停止。每次哺乳宝宝都打嗝，说明哺乳后胃胀大导致膈肌受刺激，应当调节哺乳量。如果空腹时喝得很急，就容易打嗝，因此性格急的宝宝在哺乳中应多休息几次。

凉空气进入肺部，喝凉奶或喂凉食物时，因为食管进入凉气刺激膈肌也会出现打嗝。被吓到时打嗝，妈妈可以温柔地抱一下宝宝，给他安全感，会使他在心理上得到安定，被抱住时可压迫、减少膈肌颤抖，也有助于缓解打嗝。打嗝时如果宝宝特别难受，可以用两只手揉一下宝宝耳朵。耳朵内侧有与膈肌相关的神经，适当刺激有助停止打嗝。

打嗝一般不会引发大问题。不过，长时间打嗝也不是好现象。在脑炎、脑肿瘤或是头后部脑损伤等脑疾病时也会出现打嗝。此时还会有呕吐、意识障碍、抽搐等神经症状，因此要注意观察。

（三）乳腺增大

新生儿出生后，其乳房有圆锥样增大，甚至还会分泌少量乳汁，通常2～3周消失，此属正常现象，并非病态。由于妈妈临产时体内雌激素、孕激素和催产素水平较高，这几种激素都是促进乳腺发育和乳汁分泌的物质。胎儿会从母体接受一定量的激素，因此乳房可见肿大。

新生儿乳腺增大，无需做任何处理，会自行消失，千万不要挤压。若强力挤出乳汁，有可能会损伤宝宝的皮肤，引起感染。

（四）见红和白带

部分女婴因受母体带来的雌激素影响，在出生后几天里阴道会流出一些血样黏液或白色黏液，这是假月经和白带。出现这些现象，无需治疗，数天后会自行消失。

流血量很少，通常2～3天就可自行消失，不需要处理。注意清洗外阴。若出血量过多，或伴有身体其他部位出血，应及时到医院诊治。

（五）"马牙"

新生儿牙龈上看似牙齿的白色斑块，俗称马牙。它是在牙胚发育过程中残余上皮细胞形成的角化物，不是真正的乳牙。"马牙"对宝宝来说通常没有危害，多数会随月龄增长而自行脱落，所以家长发现马牙不必过分担心，只要注意口腔卫生，无需特殊处理。注意千万不能用手抠，或者用布擦。否则容易造成口腔感染，严重者还会引起颌骨炎症。

（六）色斑素

色斑素常见新生儿后背、骶尾部、臀部，为大片灰蓝色或紫色胎生青痣，不高出皮肤，是皮肤深层色素细胞堆积而成，不影响健康，通常在生后4～5年会自行消退，无需治疗。

（七）"大肚子"

新生儿肚子大，是由于腹肌发育不完善，腹壁比较松弛而受胃肠充盈的影响所造成的，有的妈妈常把宝宝的腹部膨隆误认为是腹胀，其实它是正常现象，随着年龄的增长和腹肌逐渐发育，腹部会逐渐平坦的。

二、新生儿常见问题照护

（一）鹅口疮

鹅口疮是一种常见的口腔感染性疾病，常见于新生儿、体弱儿以及大量应用抗菌治疗的其他疾病婴儿。本病由真菌"白色念珠菌"感染口腔内黏膜所致。正常情况下，口腔内就生存有多种微生物，但多数不发病。当机体抵抗力下降时，或口腔内环境适合真菌繁殖时，就会发生鹅口疮。

1. 临床表现

口腔黏膜内出现大小不等的如乳状的白色斑点或斑片，白色斑点或斑片稍高出黏膜表面，可出现在口腔中的任何部位，多见于两颊、软腭及牙龈表面。当病情严重时，白色斑点或斑片会蔓延到咽、唇处，偶尔可涉及食管、气管。口腔黏膜可有轻度充血水肿。白色斑点或斑片上有一层白膜很容易被擦掉，多由坏死上皮细胞及食物残渣构成，白膜较久可呈淡黄色，并可自行脱落。通常不会发热，无其他全身症状。

2. 治疗方法

确诊宝宝患有鹅口疮后，可以用消毒药棉蘸2%小苏打水擦洗口腔，再用1%甲紫涂在患处。每天1～2次。对较轻的鹅口疮，可以用盐水清洗干净后，再涂上鱼肝油治疗。在擦洗的时候动作要轻，要彻底，不然容易复发。

（二）痱子

在炎热的夏天，因为天热及小儿大哭，出汗较多，加之新生儿皮肤细嫩，常易生痱子，痱子可形成脓疱，甚至发生败血症而危及生命，因此，应当预防痱子的发生。

（1）炎热的夏天应当避免新生儿大哭。置小儿于阴凉处，以防出大汗。

（2）用温热水及小儿专用香皂给宝宝洗澡。待皮肤擦干后，再扑上少许婴儿爽身粉，保持皮肤干燥。

（3）如头部生痱子，可以将头发全部剃掉，以减少出汗。

（4）如痱子形成脓疱，则须立即处理，切不可用手随意挤压，以防疱液扩散而引起全身感染，或发生败血症。早期可以用酒精棉签将小脓疱擦破后，再涂上0.5%碘酒或1%甲紫，必要时还可以使用一定量的抗生素或清热解毒药。如出现高热、拒奶、精神萎靡、不哭等异常情况，则可能发生败血症，这时必须立即予以相应的检查及治疗，以防发生不良后果。

（三）湿疹

湿疹多见于头面部，如额部、双颊、头顶部，逐渐蔓延至颈、肩、背、臀、四肢，甚至遍及全身。初起时为散发或成簇的小红丘疹或红斑，逐渐增多，并可见小水瘤、黄白色鳞屑及痂皮，可以有渗出、糜烂及继发感染。患儿常烦躁不安、到处搔抓、夜间哭闹，影响睡眠。宝宝长了湿疹后除查找诱发因素，予以纠正外，还应当采取全身、局部综合治疗。乳母可暂停吃鸡蛋等富含蛋白质的食物，湿疹可能会逐渐减轻。患湿疹的新生儿不可使用肥皂或用热水烫洗，并避免太阳照晒，避免毛线衣或其他化纤织物与皮肤直接接触，皮肤不要随意用药。

不同时期可以采取不同的处理：急性期可以用1%～4%硼酸液湿敷或用氧化锌软膏外涂；亚急性期每晚用温水洗澡1次，然后外用炉甘石洗剂，以止痒、消炎；慢性期用温水洗净皮肤之后，外用0.5%可的松冷霜类药物或糠馏油软膏。如患儿瘙痒较剧，可遵医嘱适量使用氯苯那敏、赛庚啶、苯海拉明等药物。

（四）体温偏高或偏低

正常新生儿的皮肤呈粉红色，肢体温暖，腋温正常是36.5～37.4℃，刚出生时体温（肛温）37.6～37.8℃。新生儿由于皮肤脂肪薄，肌肉不发达，运动能力弱，汗腺发育不全，体温中枢发育尚未完善，肾对水和盐的调节功能也较差，其排汗、散热的功能较差，使得体温不易保持稳定，易受环境的影响而发生变化。新生儿体温调节功能差，皮下脂肪薄，体表面积相对较大，易散热，早产儿尤甚；产热依靠棕色脂肪，早产儿棕色脂肪少，常出现低体温。因此新生儿从母体娩出后后半小时到1小时体温可以下降2～3℃，然后体温会慢慢回升至正常。波动在36～37℃之间。

1. 新生儿出现体温偏高或偏低的原因和表现

如果宝宝生后3～5天内的水分摄入过少、室内温度过高或是宝宝衣被太厚、穿着过暖等，会造成皮肤蒸发性散热增加，血液变浓，引起宝宝体温升高，甚至出现39～40℃的高热，临床上称之为"脱水热"或称"一次性发热"。这种高热往往会持续几小时甚至1～2天，对于这种生理性高热，宝宝可出现面部发红、皮肤干燥、额头发烫、哭闹不安等情况，如果体温上升过高（超过39℃）可能会引起抽搐，甚至可能导致突然死亡。

如果在寒冷的季节、周围环境温度较低或者使用风扇散热时，新手妈妈或照顾者没有采取好保温措施；或夜晚宝宝尿湿时，造成宝宝穿盖过少或衣物长期湿冷，宝宝会面色发白、四肢冰凉、全身无力等。如果宝宝体温降到35℃以下，就会出现不吃不哭，体温可不升，全身冰冷，可引起寒冷损伤，甚至出现皮下脂肪变硬，发生硬肿症。

2. 新生儿出现体温偏高或偏低时的处理方法

如果体温过高时需要立即松开包裹宝宝的衣被、给宝宝多喂养母乳或喂点温开水后，体温会很快降下来，在必要时亦也可给予温水擦浴进行物理降温。

如果体温偏低时需要采取保暖措施，如加盖棉被、穿着厚衣物、更换潮湿衣物和尿布、调节室内温度、关闭门窗等，体温会慢慢回升，在必要时亦可给予用毛巾包裹的热水袋进行保暖，如果经上述处理而体温持续不升则应当及时到医院就诊。

（五）新生儿硬肿症

新生儿硬肿症亦称新生儿皮脂硬化症，大部分由寒冷引起，因此又称寒冷损伤综合征。主要由受寒引起，其临床特征是低体温和多器官功能损伤，严重者出现皮肤硬肿。本病多发生在冬、春寒冷季节，由感染因素引起的可见于夏季。多在出生3日内或于出生后第1～2周的早产儿或是有感染窒息、先天畸形的新生儿，早产儿多见。发病初表现为体温下降，吮乳差或拒乳、哭声弱等症状；病情加重时患儿出现全身冰冷，皮肤及皮下脂肪变硬及水肿，触摸有"冷猪肉"的感觉，严重者可引起肺出血、弥散性血管内凝血（DIC）、急性肾衰竭或继发感染而死亡。研究表明，病死率可高达13.8%～37.7%。发现新生儿出现硬肿症症状时应立即前往医院进行诊治。

1. 新生儿硬肿症的预防

做好孕期保健，避免早产、窒息。加强宝宝的护理，注意防寒保暖，避免潮湿长期刺激，尽早合理喂养，积极防治感染。

（1）保持适宜的室内温度，室内温度不应低于24℃；避免风扇和空调出风口对着宝宝。用温热的衣物和包被包裹宝宝；夜间盖好棉被，在必要时可以使用睡袋，避免宝宝踢被着凉。

（2）加强母乳喂养，确保充足的奶量，如果母乳不足或无法母乳喂养时给予配方奶喂养。

（3）及时更换潮湿的尿布。洗澡时关好门窗，在必要时使用取暖器和浴霸，水温控制在40～42℃，避免水温过低、洗澡时间过长，洗完澡后及时擦干、穿衣保暖，避免着凉感冒。

（4）寒冷和阴雨天气时宝宝尽量减少外出，避免交叉感染。在必要时应当有合适的保暖措施，如厚包被包裹、婴儿车要有防风罩、避免面部迎风等，有条件者应乘坐有密闭车厢的车。

（5）妈妈怀孕期间注意营养，按时产检，根据自身情况选择合适的生产方式，如果有早产、感染、窒息等高危因素时，应当多加注意，发现体温异常及时处理和就医。

2. 新生儿硬肿症复温宝宝的营养供给

发生硬肿症的患儿多为早产儿，吸吮无力，能量摄入不足，因此应当提供足够能量和水分，保证供给。能够吸吮者可以直接哺乳，指导其喂养姿势，多给予吸乳刺激，给患儿抚触。吸吮无力者可用滴管、鼻饲或静脉高营养供给能量。喂养时，应耐心、细致、少量多次，间歇喂养，保证患儿营养、热量摄入需要，按医嘱补液、输白蛋白等，严格控制补液速度。

（六）新生儿脐带出血

新生儿脐带出血常分为两种情况。

1. 局部肉芽组织渗血

脐带脱落后局部肉芽组织渗血较为多见，常继发感染，并伴有少量脓性分泌物。可以用1%硝酸银烧灼肉芽组织，或用碘酒消毒。在必要时可以使用抗生素、维生素K等药物，以利于尽快恢复。

2. 脐动脉出血

脐动脉出血较少见，由于脐带粗大，干缩后线结松脱，容易致出血，此种出血多在生后24小时内发生。有时因脐带剪除过多，线结松弛而自行脱落，还可因为扎脐的线过细、过紧，将血管扎断而致出血。出现脐动脉出血的新生儿多未出院，应立即通知医生进行处理。这种出血应当在脐凹处重新处理、结扎，缝扎断裂血管，以防出血过多而发生贫血。严重出血者可以给予输血。

（七）新生儿肺炎

新生儿肺炎是新生儿期最常见的一种呼吸道感染性疾病，常无典型的症状与体征，主要表现为一般情况较差，哭声低、少哭或不哭，吃奶少或拒奶，精神萎靡或烦躁不安，呛奶、咳嗽、呕吐或是口吐白沫、呼吸浅短或不规则、双吸气，甚至呼吸暂停，很难听到细小湿啰音和捻发音。

（1）患肺炎的新生儿应当置身于空气清新、阳光充足、室温22～24℃的环境中，并经常在地面上洒水以使室内保持一定的湿度。由于肺炎时易发生呛奶，因此，在喂奶时应当每吸吮4～5口便拔出奶头，以便让患儿休息片刻后再吃奶，这样将会减少呛奶的发生率。由于患儿吃奶少，加之气喘、发热等因素，体内水分常消耗较多，因此，此时应当增加喂奶的次数，尽可能让患儿多吃奶，以增加水分的摄入，防止发生脱水。如已发生脱水，通过增加喂奶不能纠正时，应当予以静脉补液以纠正脱水。

（2）如体温超过39℃，则可以在物理降温（温水擦浴）的同时给予退热药，但应当防止因使用退热药而致出汗过多发生虚脱或脱水热。对营养不良儿或消瘦儿，单用物理降温效果亦很好。另外，患儿衣服应当穿得适中，不可过厚而影响散热。

（3）给患儿喂药在喂奶前半小时左右为宜，不应在喂奶后马上进行，以防呕吐。

（八）新生儿红臀

红臀主要是由于新生儿柔嫩的皮肤受尿液的刺激而致，严重时可致臀部破溃。新生儿使用的尿布应具有清洁、柔软、吸水力强等特点，而且不能在尿布下垫放塑料布或橡皮布，因为塑料布与橡皮布均不透气，在使用后可使新生儿臀部始终处于湿热的环境中，更易发生红臀。在洗尿布时应当将尿布中的皂液或碱性成分洗净，用开水烫洗后在阳光下晒干，以备再用。

如出现红臀，应当采取相应措施，除勤换尿布及每次换尿布后用温热水将臀部皮肤洗净外，尚需涂以治疗红臀的药膏（用鱼肝油滴剂与凡士林混合配制的软膏）或涂以经过消毒的植物油。还可以用灯泡或电吹风局部烘烤，以促使红臀部位的皮肤干燥、局部血管扩张，促进局部血供，加快红臀的愈合，每天2～4次，每次

10～15分钟。但须注意，烘烤应当离臀部皮肤有一定的距离，以防烫伤。

第五节　新生儿早教与交流

一、新生儿早教

从新生儿期开始的早期教育，能够促进宝宝的智力发育。而寓早教在日常生活当中，其实很简单，就是要利用一切机会和宝宝交流，能够使宝宝在和父母的交流中辨别不同人声、语意，辨认不同人脸、表情，保持愉快的情绪。

在宝宝觉醒时，可以和宝宝面对面地说话，当宝宝注视妈妈的脸后，不妨慢慢移动面部的位置，设法吸引宝宝的视线追随妈妈面部移动的方向。

在宝宝耳边（距离约10cm）轻轻地呼唤婴儿，使宝宝听到声音后转过头来看，还可以利用一些能发出柔和声音的玩具或颜色鲜艳的小球等，吸引宝宝听和看的兴趣。

在宝宝床头上方挂一些能晃动的小玩具、小花布等，品种多样，经常更换，能锻炼宝宝看的能力。平时，无论喂奶或护理新生儿时，要随时随地和宝宝多说话，使宝宝既能够看到妈妈，又能够听到妈妈的声音，也可以播放一些优美的音乐。

经常爱抚宝宝，使宝宝情绪愉快，四肢舞动。在俯卧时，可锻炼宝宝抬头和颈部肌力。但新生儿很容易疲劳，每次训练时间仅数分钟。新生儿的疲劳表现为打哈欠、喷嚏，眼不再注视，瞌睡或是哭闹等，则应当暂停片刻再进行。

细心理解宝宝哭的原因，给予适当处理，并可以用说话声和抚摩宝宝腹部，利用声音和触觉刺激给予安慰。

对于在出生前后由于窒息、早产、颅内出血或持续低血糖等原因，可能影响智力发育的高危儿，则更应当从新生儿期开始早期教育，由于大脑越不成熟，可塑性越强，代偿能力越好，早期教育可以收到事半功倍的效果。研究证明，早期教育可有效预防高危儿智力低下的发生。

妈妈是宝宝第一个和接触时间最多的交往对象，母子间目光相互注视就是交往的开端。母亲还可以利用一切机会与宝宝交流，如喂奶、换尿布或抱宝宝等都要经常说话，展示出微笑的面容，说一些诸如"看看妈妈""宝宝真乖"等亲热话语。如果宝宝在吃奶时，听到妈妈的话，会停止吸吮或是改变吸吮的速度，证明宝宝在倾听妈妈说话。

交流的方式可以是多样化的，除了和宝宝"交谈"，还可以和宝宝逗乐，比如摸一摸宝宝的头、轻轻挠宝宝的小肚皮，以引起宝宝注意，逗引微笑。婴儿在微笑时，要给予夸奖和奖励。

二、亲子交流

1. 解读啼哭声

新生儿一出生，就具备了相当的运动及判断能力。父母温柔地和宝宝说话时，宝宝会随着声音有节律地运动。一开始，会转动头，上举手，伸直腿。继续谈话时，宝宝可能会表演一些舞蹈样的动作，还可能会扬眉、伸足、举臂，有时候面部会有凝视或是微笑的表情。

新生儿一开始是用哭声和成人交流，宝宝的哭，是生命的呼唤，是提醒成人不要忽视自己的存在。如果仔细观察新生儿的哭声，会发现其中有很多学问。

正常的新生儿哭声响亮、婉转，听起来很悦耳。在正常情况下，宝宝的哭声有多种原因，会用不同的哭声表达不同的需要。可能是诉说饥饿、口渴或尿布湿了不舒服等。在入睡以前或刚醒时，可能会出现不同原因的哭闹，但一般哭过之后，宝宝都能够安静入睡或进入觉醒状况。患病的新生儿哭声往往高尖、短促、沙哑或是微弱，遇上类似情况应尽快到医院诊治。

在新生儿哭的时候，抱起来竖靠在肩上，宝宝不仅会停止哭闹，而且会睁开眼睛。这时候父母亲在前面逗嬉，宝宝会注视并用眼神与父母交流。通常情况下，通过和宝宝面对面的说话，或者把手放在宝宝腹部，或是按握住宝宝的小手臂，大多数哭闹的宝宝会接受这种触觉安慰，停止哭闹。

2. 拥抱宝宝

宝宝对最初抱自己的人，会毕生难忘。因此，在出生后2小时以内，拥抱宝宝非常重要。

3. 肌肤接触

皮肤是最大的体表感觉器官，是大脑的外感受器。给宝宝温柔的抚摸，会使关爱通过父母的手传递到宝宝的身体、大脑。这种抚摸能够滋养宝宝的皮肤，在大脑中产生安全、甜蜜的信息刺激，对宝宝智力及健康的心理发育起催化作用。常被妈妈抚摸及拥抱的宝宝，一般会性格温和安静。

和宝宝在一起时，最好让宝宝不着衣物，躺在妈妈的胸前，让宝宝能够听到在母腹内听习惯了的妈妈心脏跳动的声音。这样做能够缓和宝宝的不安情绪。

4. 吮吸乳头

让宝宝经常吮吸乳头，以此让宝宝记住妈妈的体味。

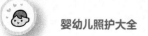

5. 多和宝宝对视

眼睛是心灵的窗户，宝宝的大脑有上千亿个神经细胞，渴望从"窗户"进入信息。宝宝喜欢看妈妈的脸，被母亲多加关注的宝宝安静、爱笑，能够为形成良好的性格打下基础。

注视宝宝：宝宝对妈妈会很感兴趣，可能会久久地注视妈妈的脸。要将宝宝抱在15cm的距离以内，以使宝宝能够看清妈妈。同时，要充满爱意地注视宝宝的眼睛，对宝宝来说很重要，能够感受到妈妈的爱意。

6. 多和宝宝说话

宝宝的耳朵是心灵的第2个窗户。宝宝醒来时，妈妈可在宝宝的耳边轻轻呼唤他的名字，温柔地说话，如"宝宝饿了吗？妈妈给宝宝喂奶"或"宝宝尿了，妈妈给宝宝换尿布"等。听到妈妈柔和的声音，宝宝会将头转向妈妈，脸上露出舒畅和安详的神态，是对妈妈声音的回报。经常听到妈妈亲切的声音，会使宝宝感到安全和宁静，为日后良好的心境打下基础。

三、新生儿抚触

（一）新生儿抚触的条件

（1）保持室内温度在25℃左右，每次做抚触的时间以30分钟内为宜。

（2）妈妈和婴儿均应采用舒适的体位，环境应当安静、清洁，可以放一些轻柔的音乐作背景，有助于妈妈和婴儿彼此都放松。

（3）不宜选择在婴儿太饱或是太饿的时候进行。

（4）为婴儿预备好毛巾，尿布以及替换的衣服。

（二）新生儿抚触准备工作

（1）确保舒适，在15分钟内应当不受到打扰，放一些轻柔的音乐。

（2）最方便做抚触的时候为婴儿沐浴或给婴儿穿衣服的过程中，房间要保持适当温度。

（3）在做抚触前妈妈应当先温暖双手，倒一些婴儿润肤油于掌心或将润肤油置于开口容器中，这样妈妈能很容易用手蘸润肤油，另一只手无需停止抚触，勿将润肤油直接倒在婴儿肌肤上。

（4）妈妈双手涂上足够的润肤油，轻轻在婴儿肌肤上滑动，开始时轻轻按摩，然后逐渐增加压力，以使婴儿慢慢适应按摩的过程。

（三）新生儿基本抚触手法

抚触没有固定的模式，因此妈妈可以根据婴儿的情况不断调整，以适应婴儿的需要，对新生儿，每次按摩15分钟即可，对大一点的婴儿，20分钟左右，最多不超过30分钟。一旦婴儿觉得足够了，应当立即停止，一般每天进行三次为宜。

1. 头部按摩

轻轻按摩婴儿的头部，如图1-7所示。用拇指在婴儿上唇画上一个笑容，同一方法再按摩下唇。

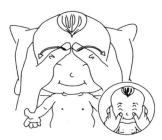

图1-7　头部按摩

2. 胸部按摩

双手放在婴儿两侧肋缘，右手向上滑向婴儿的右肩，再复原。左手以同样的方法进行按摩。

3. 腹部按摩

按顺时针方向按婴儿腹部（图1-8）。

图1-8　腹部按摩

在脐痂未脱落前不要按摩该区域。

4. 背部按摩

双手平放在婴儿背部，从颈部向下按摩（图1-9），然后用指尖轻轻按摩脊柱两边的肌肉，再次从颈部向下做迂回抚摩运动。

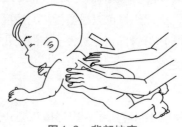

图1-9　背部按摩

5.手臂按摩

将婴儿双手下垂，用一只手捏住其胳膊，从上臂到手腕轻轻挤捏（图1-10），然后用手指按摩手腕。用同样方法按摩另一侧手臂。

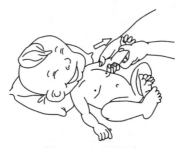

图1-10　手臂按摩

6.腿部、足部按摩

按摩婴儿的大腿、膝部、小腿，从大腿至膝部轻轻挤捏，然后按摩及足部（图1-11）。在保证脚踝不受伤害的前提下，用拇指从脚后跟按摩至脚趾。

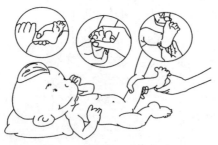

图1-11　腿部、足部按摩

温馨提示：

（1）婴儿觉得累时，任何刺激均不适宜，应当让他休息，等睡醒后再替他做抚触。

（2）抚触不是一种机械运动，应当由妈妈和婴儿协同完成。抚触不仅是身体的接触，更是妈妈和婴儿心与心的交流，它传递着爱、关怀、亲吻和拥抱，是一种爱，也是一种治疗。任何一个动作、一次接触，都是妈妈和婴儿共同的心灵语言，妈妈可以将这种语言用手法表达出来。

四、新生儿被动操

给新生儿做婴儿被动操，完全不同于婴儿抚触。婴儿抚触，是对宝宝做局部的皮肤抚摸、按摩，需要手有一定的力度，进行全身皮肤的抚摸。而新生儿被动操则是全身运动，包括骨骼和肌肉。

婴儿抚触在宝宝刚出生就可以做，而婴儿被动操则要在10天左右才开始做。室内温度21～24℃。新生儿操每节做6～8次。一天一次，甚至两天一次也可以。

1. 第一节：两手胸前交叉（图1-12）

预备姿势：婴儿仰卧，母亲双手握住婴儿的双手，将拇指放在婴儿手掌内，让婴儿握拳。

（1）两臂左右张开。

（2）两臂胸前交叉。

上肢动作，一共两个八拍。

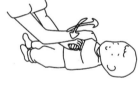

图1-12　两手胸前交叉

2. 第二节：拉伸手臂（图1-13）

预备姿势：婴儿仰卧，母亲双手握住婴儿的双手，将拇指放在婴儿手掌内，让婴儿握拳。

（1）向上拉伸手臂。

（2）还原。

图1-13　拉伸手臂

上肢动作，每个动作为一个节拍，一共两个八拍。

3. 第三节：肩关节运动（图1-14）

预备姿势：婴儿仰卧，母亲双手握住婴儿的双手，将拇指放在婴儿手掌内，让婴儿握拳。

（1）握住婴儿左手做旋转肩关节动作。

（2）握住婴儿右手做与左手相同的动作。

上肢动作，每个动作为四个节拍，左右交替轮换，一共两个八拍。

图1-14　肩关节运动

4. 第四节：伸展上肢运动

预备姿势：婴儿仰卧，母亲双手握住婴儿的双手，将拇指放在婴儿手掌内，让婴儿握拳。

（1）双手向外展平。

（2）双手前平举，掌心相对，距离与肩同宽。

（3）双手胸前交叉。

（4）双手向上举过头，掌心向上，动作轻柔。

上肢运动，每一个动作为一拍，一共两个八拍。

5. 第五节：伸屈踝关节（图1-15）

预备姿势：婴儿仰卧，母亲左手握住脚踝，右手握住脚掌，将拇指放在婴儿脚背。

（1）向上屈伸踝关节。

（2）向下还原。

下肢运动，每一个动作为一拍，左右脚各一个八拍。

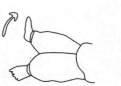

图1-15　伸屈踝关节

6. 第六节：两腿轮流伸屈（图1-16）

预备姿势：婴儿仰卧，母亲双手握住婴儿双腿，交替伸展膝关节，做脚踏车样动作。

（1）左腿屈缩到腹部。

（2）伸直。

（3）右腿动作同左侧。

下肢运动，每一个动作为一拍，左右脚交替，一共两个八拍。

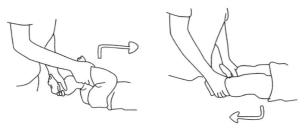

图1-16　两腿轮流伸屈

7. 第七节：下肢升直上举（图1-17）

预备姿势：婴儿仰卧，两腿伸直平放，母亲两手掌心向下，握住婴儿膝关节。

（1）将两下肢伸直上举90°。

（2）慢慢还原。

下肢运动，每一个连贯动作为四拍，一共两个八拍。

图1-17　下肢升直上举

8. 第八节：转体、翻身（图1-18）

预备姿势：婴儿仰卧，大人一手扶婴儿胸部，一手垫于婴儿背部。

（1）帮助婴儿从仰卧转为侧卧。

（2）或从仰卧到俯卧再转为仰卧。

全身运动，每一个翻身动作作为四拍，一共两个八拍。

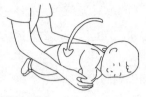

图 1-18　转体、翻身

五、新生儿视听训练

婴儿出生 1 周之后，就能够分辨出人和物的声音。从出生起，婴儿就有了对于声音的需求，从中产生"诱发效应"，很快能以声音辨别是不是自己的母亲。不要小看与婴儿之间被误认做"毫无意义"的"对话"，只要细心观察就会发现，在对婴儿说话时，宝宝会手脚齐动、一副心满意足的样子。这种对话，能够使大脑在急速发育中的婴儿很快达到牙牙学语的程度，为日后的语言发展奠定良好的基础。

视觉训练，婴儿出生 1 个月左右，视网膜已经形成，视中心凹尚未发育成熟，可见距离不超过 40cm，能见区域局限在 45°，几乎只能看见正前方的物体。但是对于人脸，特别是人眼已经具有识别能力。母亲在授乳时，会发现宝宝总是边吃边用眼睛直视着母亲的眼睛，这是婴儿情感发育过程中的视觉需要。有了这种交流，婴儿能够在吃奶的速度和量上达到标准，如果失去这种交流，婴儿吃奶时将会频繁转身、摇头，甚至烦躁不安。平时，母亲多和婴儿做对视交流，多数能够得到婴儿甜蜜的微笑回报，也有益于婴儿心理健康发育。

第二章
婴儿期宝宝的照护

BABY

 第一节 婴儿期宝宝常规照护

一、婴儿期宝宝的基本发育状况

（一）2个月宝宝

1. 身体发育

（1）身高 新生儿出生时平均身高50cm，到2个月时，男宝宝平均身高为56.9cm（52.3～61.5cm），女宝宝平均身高为56.1cm（51.7～60.5cm）。这个月宝宝的身高不受遗传影响，虽然存在个体差异，但差异比较小。影响身高的因素多为营养、疾病、环境、睡眠、运动等。

（2）体重 2个月宝宝的体重几乎较出生时的体重增长近1倍，男宝宝平均5.1kg（3.84～6.36kg），女宝宝平均4.8kg（3.67～5.92kg）。但这只是平均数值，宝宝的体重增长存在个体差异。要参考宝宝的出生体重，宝宝每月增长800～1000g为正常。另外，这个时期的宝宝体重增长还有一个显著的特点，呈阶梯性、跳跃性的不均衡增长。

（3）头围 头围是大脑发育的直接象征，反映脑和颅骨的发育程度，关系和影响宝宝今后智力发展的好坏。宝宝刚出生时，平均头围为34cm。到第2个月时，男宝宝平均头围为38.1cm，女宝宝平均头围为37.4cm。头围的增长并不是平均增长的。

（4）胸围 胸围反映了胸廓生长发育的情况。测量胸围使用软尺，从前面经乳头，齐着肋骨绕胸1周。取其吸气和呼气两个数值的平均值。一般出生时，宝宝的胸围比头围小1～2cm。2个月时。男宝宝的平均胸围为37.3cm，女宝宝的平均胸围为36.5cm，比刚出生时增加了6～7cm。

（5）前囟 这个月宝宝的前囟大小与新生儿期没有太大区别，对边连线1.5～2cm。每个宝宝的前囟大小存在个体差异，只要不大于3cm，不小于1cm都是正常的。正常情况下，前囟平坦，张力不大，可看到一直在跳动。如果前囟过于凹陷或是过于突出均属异常，过于凹陷可能是脱水，过于突出可能是颅内压增高。

2. 感觉发育

（1）视觉 到第2个月时，宝宝眼睛比以前更加清澈，眼球的转动更加灵活，对周围环境更为警觉，有更多、更明显的应答，会四下观看，视力也明显增强，但仍然不能看清楚30cm以外的物体。而在视力范围内感兴趣的物体，宝宝不仅能够注视静止的，还能追随物体移动而转移视线，注意的时间也逐渐延长。

（2）听觉　到了第2个月时，宝宝双耳敏感度较刚出生时有了一个飞跃，会对近旁10～15cm处的响声产生反应，头会转向声源。不仅如此，还能够区别语言声和非语言响声，以及不同的语音，如家人的脚步声、开门声、放水声、碰撞声以及窗外的车喇叭声、雨声等。宝宝最喜欢听父母对自己说话，并能表现出愉快的表情。在宝宝哭闹时，妈妈如果哄他，即使声音不高，宝宝也会很快地安静下来；如果宝宝正在吃奶时听到爸爸或妈妈的说话声，便会中断吸吮动作；宝宝对突如其来的响声会表现出惊恐和不愉快，还可能会因此受到惊吓而啼哭。

（3）嗅觉　到了第2个月时，宝宝已经可依靠嗅觉能力来辨别母亲，寻找乳头。能区别母乳香味，对刺激性气味表示厌恶，会有目的地逃避。在大多数环境中，宝宝都有机会练习嗅觉，如母乳味、母亲的体味、家里的做饭味等。除非宝宝显得对异味特别过敏，否则这些都是锻炼宝宝嗅觉及认识环境的好机会。

（4）味觉　本月的宝宝最喜欢有甜味的水，而对咸的、酸的或苦味的水会做出不愉快的表情，表现出明确的厌恶。

3. 宝宝的能力

（1）运动能力　到了第2个月，宝宝的身体逐渐开始有劲了，俯卧时可以用小手支持大约10秒，但还有些摇摆，也能够将头抬起约5cm；或头贴在床上，身体呈半控制的随意运动，会交替踢腿；如果将宝宝竖直抱起来，宝宝的头不但能颤颤巍巍地挺直片刻，并能随视线转动90°左右；仰卧时，宝宝的双臂会弯曲放在头部的旁边，有时双手张开，手指能够展开合拢；宝宝开始注意到手的存在，能够抬起手在胸前玩；如果把玩具放到宝宝手中，宝宝会抓得很牢，并能在手里握较长时间；有时还能无意中抓住身边的小东西玩。在吃奶时初步能用手扶奶瓶，还经常将手指或是拳头放在嘴里吸吮。在愉快时，手脚都能够做较大幅度的舞动，经常高高举起又放下。

（2）语言能力　2个月的宝宝语言能力发育的特点是会笑出声。当父母把宝宝逗得高兴时，宝宝会发出短暂而真实的笑声。此外，宝宝开始有模仿妈妈爸爸说话的意愿，父母同宝宝说话时，可以发现宝宝的小嘴在做说话动作，而且还能够从喉咙中发出"咕咕"的细小喉音。

（3）认知能力　第2个月时，宝宝还没有形成一定的记忆力、思维能力、想象力、意志力等。但已经开始观察周围的人并聆听他们的谈话，对于时常与自己亲密接触的父母已经有了记忆，能够把父母和其他陌生人区别开来。可以很专注地凝视父母，高兴的时候还会莞尔一笑。逗玩时，宝宝开始有微笑、发声或手脚乱动等反应。此外，宝宝还喜欢看彩色的图画，开始表示自己的兴趣。当看到喜欢的图画时会笑。看个不停，挥动双手想去摸；看到不熟悉的图画时，会因为新奇而长久注视，父母要记录宝宝所表现出的喜好，作为日后进一步培养的参考。

（4）社会交往能力　2个月的宝宝还不会用语言表达自己的意愿，与人交流更多是用笑和啼哭的方式。笑是告诉父母自己身体很健康，心情很好。啼哭是想告诉父母自己哪里不舒服了。一般大声无间断的啼哭是说明饿了，刺耳的尖叫是说明胃肠膨胀或有其他疼痛，有气无力需人援助的啼哭说明可能生病了，抱怨性的呜咽是说明感到寂寞了，断断续续的啼哭是说明受委屈了，爆发性的啼哭是说明受到惊吓了。

（二）3个月宝宝

1. 身体发育

（1）身高　到了3个月时，宝宝的身高比初生时增长了约1/4，比第2个月增长3.5cm左右。男宝宝平均身高为60.4cm，正常范围为55.6～65.2cm；女宝宝平均身高为59.2cm，正常范围为54.6～63.8cm。

（2）体重　第3个月仍是宝宝体重增长比较迅速的一个月。平均每天可增长40g，一周可增长250g左右，一个月可增长0.9～1.25kg。男宝宝平均体重为6.16kg，正常范围为4.72～7.6kg；女宝宝平均体重为5.74kg，正常范围为4.44～7.04kg。

（3）头围　相对于身高和体重的增长，宝宝的头围增长速度比较慢。到3个月时，头围比第2个月增长约1.9cm。男宝宝平均头围为39.7cm，正常范围为37.1～42.3cm；女宝宝平均头围为38.9cm，正常范围为36.5～41.3cm。

（4）胸围　由于胸部器官发育较快，因此3个月的宝宝胸围增长较快。本月宝宝的胸围开始达到或超过头围。男宝宝的平均胸围为39.8cm，正常范围为37.1～43.4cm；女宝宝平均胸围为38.7cm，正常范围为35.1～42.3cm。

（5）前囟　3个月宝宝的前囟大小与上个月没有太大区别，不会明显缩小，也不会增大。由于前囟门处没有颅骨，要注意保护。

2. 感觉发育

（1）视觉　3个月的宝宝视力已经发育较完善，眼睛更加协调，两只眼睛可以同时运动并聚焦。能够看4～5m远，注视、追视（眼睛追着一个物体看）、移视（眼睛由一个转向另一个物体）都已经较完善地发展起来。开始对颜色产生了分辨能力，对黄色最为敏感，其次是红色、橙色，表现为见到这三种颜色的玩具很快能够产生反应，对其他颜色的反应要慢一些。

（2）听觉　随着月龄的增长，宝宝的听觉能力也逐步提高。到3个月时，宝宝已具有一定的辨别方向的能力，听到声音后，头能够顺着响声转动180°，并且表现出极大的兴趣。能够区分大人的讲话声，听到妈妈的声音会很高兴，同时会发出声音来表示应答。因此，在日常生活中，父母应当多和宝宝说话，适当让宝宝听一些轻松愉快的音乐，有利于宝宝的听觉发育。

（3）嗅觉　宝宝的嗅觉与2个月时一样，能够辨别不同气味，并表示自己的好恶。宝宝特别喜欢妈妈的气味。而遇到不喜欢的味道会退缩、回避。此时父母千万不要吝惜宝宝认识新气味的机会：在初春的草地上，能够闻出青草的味道；在秋天的树林里，能够闻出树皮的味道；如果经过一家面包房，不妨进去，让宝宝闻闻新鲜出炉的面包味道。

（4）味觉　到了第3个月时，宝宝在味觉方面已经积累了相当丰富的经验了。如果拿酸的水果给宝宝吸吮，宝宝会皱起小眉头，张大嘴巴。对于一些更加讨厌的味道，甚至会用啼哭来抗议。

3. 宝宝的能力

（1）运动能力　3个月的宝宝已经可根据自己的意愿将头转来转去了，同时眼睛随着头部的转动而左顾右盼。当扶着宝宝的腋下和髋部时，宝宝能够坐着，头会向前倾并与身体保持平衡。当移动身躯或转头时，头偶尔会晃动，但基本稳定。将宝宝脸朝下悬空托起胸腹部，宝宝的头、腿和躯干能保持在同一高度。当宝宝趴在床上时，能够抬起胸部，用肘支撑上身，头可以稳稳当当地抬起。

（2）认知能力　宝宝到3个月时比较突出的情感表现就是亲近妈妈。当妈妈向宝宝走去时，宝宝会显出快乐和急于亲近的表情，有时还会呼叫、手舞足蹈。只有经常和宝宝逗乐的爸爸才能够引起宝宝这种亲切的激情。当妈妈离开时，宝宝的视线也会跟随着妈妈移动的方向转移。将宝宝带到户外时，会惊奇地发现宝宝可以追视达180°。宝宝最喜欢观看快跑的汽车、溜达的小狗、飞翔的鸟儿。

（3）语言能力　宝宝出生后第一声啼哭，就是最早的发音，满月后的哭就是在和别人交流了，但都属于表达的消极状态。到了3个月，宝宝开始咿呀学语，发出一连串类似元音字母的声音，例如a、e、i、o、u等，主要是韵母，声母很少。一般是h音，有时有m音，有时还会长声尖叫。宝宝在有人逗他时，会非常高兴、会笑，并能够发出"啊""呀"的语音，咕咕哝哝的与人交谈，有声有色地说得挺热闹。如发起脾气来，哭声也会比平常大得多。这些特殊的语言是宝宝与大人情感交流的方式，也是宝宝意志的一种表达方式，父母应当对宝宝的表示及时做出相应的反应，多进行亲子交谈，比如跟宝宝说说笑笑或给宝宝唱歌。还可以用玩具逗引，让宝宝主动发音，要轻柔地抚摸和鼓励宝宝。宝宝越高兴，发音就越多。给宝宝创造舒适的环境，宝宝就会不断练习发音，这是语言学习的开始。语言的发育不是孤立的，听、看、闻、摸、运动等能力都是相互联系互为因果的，要综合训练宝宝说话的能力。

（4）社会交往能力　到第3个月末时，宝宝已经会用"微笑"表达感情，见到熟悉的面孔，能够自发地微笑，并发声较多。有时也会通过有目的微笑与人进行"交谈"，并且咯咯地笑以引起大人的注意。当有人靠近时，宝宝会躺着等待，并且静静观察大人的反应，直到大人开始微笑，宝宝才以喜悦的笑容作为回应。宝宝的整个身体都将参与这种对话，两只小手张开，一只或两只手臂上举，而且上下肢可以随大人说话的音调进行有节奏的运动。宝宝也模仿大人的面部运动，大人在说话时宝宝会张开嘴巴，并且睁开眼睛，如果大人伸出舌头，宝宝也会做同样的动作。照镜子时，宝宝会注意到镜子中自己的影像，还会对着镜中的自己微笑、说话。此时父母要多微笑着和宝宝说话，引逗宝宝发出"哦哦""嗯嗯"的声音。也可以模仿宝宝发出的声音，鼓励宝宝积极发音，对人微笑，这可以促进宝宝喜悦情绪的产生，激励宝宝与人交往。

（三）4个月宝宝

1. 身体发育

（1）身高　到了第4个月，宝宝眉眼长开，五官分明，更显露出活泼、可爱的模样。发育的增长速度也渐渐较出生的前3个月缓慢下来，但仍处于快速生长期，通常身高平均每月增加约2.5cm，比出生时长高10cm以上。男宝宝平均身高为63.0cm，正常范围为58.4～67.6cm；女宝宝平均身高为61.6cm，正常范围为57.2～66.0cm。

（2）体重　4个月的宝宝体重可以增加0.9～1.25kg，为出生时的2倍左右。男宝宝平均体重为6.98kg，正常范围为5.4～8.56kg；女宝宝平均体重为6.42kg，正常范围为5.20～7.87kg。

（3）头围　4个月宝宝的头围依然是发育最缓慢的，比3个月时增长1.4cm左右。男宝宝的平均头围为41.0cm，正常范围为38.4～43.6cm；女宝宝的平均头围为40.1cm，正常范围为37.7～42.5cm。

（4）胸围　宝宝胸围的增长速度比头围要快一些，4个月的宝宝胸围已经和头围大致相等。男宝宝的平均胸围为41.55cm，正常范围为37.4～45.7cm；女宝宝的平均胸围为39.5cm，正常范围为36.5～42.7cm。

（5）前囟　这个月宝宝的前囟大小在1～2cm，可能会出现假性闭合。

2. 感觉发育

（1）视觉　4个月的宝宝可以跟踪他面前半周视野内运动的任何物体。当宝宝仰卧时，如果将玩具从一侧拿给宝宝时，宝宝便会注意到，双臂活动起来，但手不一定会靠近玩具，或是仅有微微抖动。这个月宝宝视觉发育最明显的一个特点是头眼协调能力好，视线灵活，能够从一个物体转移到另外一个物体，也能够随移动的物体从一侧到另一侧，移动180°，如果玩具从手中滑落掉在地上，宝宝会用眼睛去寻找。

（2）听觉　如果在宝宝的一侧耳后大约15cm的地方晃动摇铃，宝宝能转过头向发声的方向去寻找声源。不仅如此，更神奇的是4个月的宝宝已经能辨别不同音色，分辨熟悉和不熟悉的声音，听到妈妈的声音特别高兴，眼睛会朝着发出声音的方向看。区分男声女声，先给宝宝播放一个女声的歌曲，等到宝宝"适应"歌曲后，马上换男声，宝宝会有不同的反应。宝宝对语言中表达的感情已很敏感，能够出现不同反应，如对愤怒的声音感到害怕，对玩具发出的声音会很有兴趣等。

（3）嗅觉　2个月末时，宝宝已经可以对两种不同的气味进行分化，但还不稳定。随着大脑的不断发育和经验的不断积累，到4个月时，宝宝嗅觉的分化才比较稳定，能够对有气味的物质做出各种反应，表现为面部表情发生变化，不规则地呼吸，脉搏加强，打喷嚏，转头躲开有他不喜欢气味的物质，四肢和全身出现不安宁动作等。

（4）味觉　4个月的宝宝只要手上拿着东西，不管是能吃的还是不能吃的，都会一股脑儿往嘴里送。父母可能很担心，宝宝会把细菌吃进肚子里，但这是宝宝凭借舌头来认识世界的方式，大人不要阻拦，父母要做的就是将宝宝的玩具定期消毒，时刻注意不要让宝宝拿到对身体有危害的东西。这个月里。有些宝宝已经开始添加辅食了。为宝宝添加了辅食的父母可以发现宝宝对食物的微小改变已很敏感，并会做出反应。喜欢的味道会多吃点，不喜欢的味道会很抗柜，甚至会呕吐。

3. 宝宝的能力

（1）运动能力　4个月的宝宝已经出现手眼协调动作。躺着时，四肢伸展，可以抬起头，可以把脚拉至嘴边，吸吮踇趾，会自然踢腿来移动身体。宝宝从这个月开始就会翻身了，先是从仰卧到侧卧，逐渐发展到从仰卧到俯卧。在趴着时，身体会像飞机状摇摆，四肢伸展，背部挺起和弯曲，会伸直腿并可以轻轻抬起屁股，膝盖向前缩起。用肘部支撑时可以抬起头部和胸部，并根据自己的意愿向四周观看。

（2）认知能力　4个月的宝宝头部运动的自控能力更加强了，对新鲜事物能够保持更长时间的注视。注视后进行辨别差异的能力也不断增强。如果将玩具放在宝宝可以触及的地方，宝宝会伸手靠近并抓住玩具；如果将玩具放在稍远的位置，有时宝宝会有试图探取的迹象。

（3）语言能力　到了第4个月时，宝宝开始进一步学习发出新的音节，丰富自己的"语言库"，有些宝宝已经会努力地发出像"m"和"b"这样的辅音。而且不停地重复。宝宝对自己的声音开始感兴趣，可以自言自语，虽然听起来仍像胡乱发出的音调，但仔细听，会发现宝宝已经会升高和降低音调，好像在发言或询问一些问题。此时的宝宝在语言发育和感情交流上进步较快。在高兴时，会大声笑，笑声清脆悦耳。当有人与他讲话时，宝宝会发出咯咯咕咕的声音，好像在跟人对话。

（4）社会交往能力　宝宝开始能够区分出陌生人和熟人。如果听到街上或电视中有儿童的声音，宝宝也会扭头寻找。相比之下，宝宝对陌生人只会好奇地看一眼或微笑一下。可以看出，宝宝已经开始分辨生活中的人了。在与人互动时，宝宝会用微笑、发声进行情感交流，当看到家人时会流露出期待之情，挥手或是举手臂要大人抱。

当宝宝看到一个他渴望接触和触摸的东西而自己又无法办到时，就会通过喊叫、哭闹等方式要求大人帮助他；当宝宝看到奶瓶、妈妈的乳房时，会表现出愉快的情绪；当他吃到奶时，会用小手拍奶瓶或是母亲的乳房。在照镜子时，宝宝能分辨出镜子中的妈妈与自己，对镜中的影像微笑、"说话"，可能还会好奇地敲打镜子。

（四）5个月宝宝

1. 身体发育

（1）身高　5个月宝宝身高的增长速度开始缓慢下来，比上个月平均增长1.7～1.8cm。男宝宝平均身高为65.1cm，正常范围为60.7～69.5cm；女宝宝平均身高为63.8cm，正常范围为59.4～68.2cm。

（2）体重　5个月宝宝的体重与身高的增长速度一致，宝宝的体重增长速度较之前也缓慢下来，宝宝这个月的体重比上个月平均增长0.4kg。男宝宝平均体重为7.56kg，正常范围为5.94～9.18kg；女宝宝平均体重为7.01kg，正常范围为5.51～8.51kg。

（3）头围　5个月宝宝的头围比上个月平均增长0.6～0.8cm。男宝宝平均头围为42.1cm，正常范围为39.7～44.5cm；女宝宝平均头围为41.2cm，正常范围为38.3～43.6cm。

（4）胸围　5个月宝宝的胸围比4个月时平均增长0.7～0.8cm。男宝宝平均胸围为42.3cm，正常范围为38.3～46.3cm；女宝宝平均胸围为41.1cm，正常范围为38.8～44.9cm。

（5）前囟　5个月时，有些宝宝的前囟可能会缩小，有些宝宝可能仍然没有变化。

2. 感觉发育

（1）视觉　细心的父母会发现，5个月的宝宝眨眼的次数明显增多，能够看清楚几米远的物体了，并且还在继续扩展。宝宝的眼球能够上下左右移动，注意一些小东西，如桌上的小玩具。当宝宝看见妈妈时，眼睛会紧跟着母亲的身影移动。5个月的宝宝已经完全能分辨红色、蓝色和黄色之间的差异，而且这些颜色似乎是这个月龄段宝宝最为喜欢的颜色。

（2）听觉　5个月的宝宝开始对各种新奇的声音感到好奇，并且会定位声源。如果从房间的另一边和他说话，宝宝就会将头转向传来声音的一边，并试图寻找同他对话的人；当宝宝啼哭的时候，如果放一段音乐，宝宝就会停止啼哭，扭头寻找发出音乐的地方，并集中注意力倾听；听到柔和动听的曲子时，宝宝会发出咯咯地笑声；听到鞭炮声或打雷声，宝宝就会感到害怕，甚至会大声啼哭。

（3）嗅觉　5个月的宝宝嗅觉分化的更加稳定了，对于气味的反应与成人类似，闻到花香会微笑，闻到腐臭味会出现厌恶表情。在其他感官能力尚未发育成熟之前，宝宝主要依靠嗅觉来认识世界。因此，应当为宝宝安排空气流通的生活空间，保持嗅觉的敏锐度。父母可以准备一些小罐子，放入有不同味道的物品，做成许多不同味道的嗅觉瓶，以训练宝宝的嗅觉辨识能力。

（4）味觉　第5个月仍然是宝宝味觉发育和功能完善最迅速的时期。这个月的宝宝对食物味道的任何变化，都会表现出非常敏锐的反应并留下"记忆"。宝宝能比较清楚地区别出食物酸、甜、苦、辣等各种不同的味道。此时，父母应当利用宝宝的味觉发育敏感期，让宝宝品尝各种食物的味道，不但可以促进宝宝感知觉发育，更是培养宝宝良好的饮食习惯，避免日后出现挑食的重要措施。

3. 宝宝的能力

（1）运动能力　随着宝宝背部和颈部肌肉力量的逐渐增强，以及头、颈和躯干的平衡发育，宝宝开始迈出"坐起"这一小步。当父母扶宝宝坐起来时，宝宝的头和躯干能保持在一条线上，头可以转动，也能自由地活动，不摇晃；把宝宝放在床上，宝宝能用手支撑在床面上独坐5秒以上，但头身向前倾；当父母握住宝宝的双手，轻轻地拉他坐起，宝宝的头能自始至终与躯干保持在一条水平线上；当父母用双手托住宝宝胸背部，向上举起，然后落下，宝宝的双臂能向前伸

59

直，做出保护性的动作。当父母用双手扶住宝宝腋下，让宝宝站立，宝宝的臀部能伸展，两膝略微弯曲，支持大部分体重。

（2）认知能力　5个月的宝宝会用表情表达想法，能够辨别亲人的声音，能认识妈妈的脸，总爱抬起胳膊，期望着父母去拥抱他，当愿望不能满足时，宝宝就会大声地叫。宝宝还能够区别熟人和陌生人，对陌生人感到焦虑、害怕，不让生人抱，对生人躲避，也就是常说的"认生"。这时的宝宝视野扩大了，对周围的一切都很感兴趣，会将看到的东西准确地抓到手里。抓到手里以后，还会翻过来倒过去地仔细看，把东西从这只手换到另一只手。

（3）语言能力　5个月的宝宝语音越来越丰富，发音逐渐增多，除"哦""啊"之外，已经开始将元音与较多的辅音（通常有f、s、sh、z、k、m等）合念了，而且声音大小、高低、快慢也有变化，还试图通过吹气、咿咿呀呀、尖叫、笑等方式来说话。宝宝已经可以清楚表达自己的感情。当看到熟悉的人或物时会主动发音，可以通过发声表达高兴或不高兴，会抱怨地咆哮、快乐地笑、兴奋地尖叫或大笑。

（4）社会交往能力　这个阶段的宝宝特别招人喜爱，每天都长时间的展现愉悦的微笑，除非生病或不舒服；会在妈妈怀里咿咿呀呀的撒娇；已经能够清晰地分辨出熟人和陌生人、成人与儿童；当听到父母或熟悉的人说话的声音时，就会非常高兴，不仅仅是微笑，有时还会大声笑；当看到陌生人时，表情会比较严肃，而不是像对待家人那样放松；会用伸手、发音等方式主动与其他宝宝交往，会对陌生的宝宝微笑，还会伸手去触摸其他宝宝；当父母给宝宝照镜子时，宝宝仍然会对镜子中的影像微笑，但已能分辨出自己与镜中影像的不同，他会明确地注意镜中自己的脸或手，轻拍镜中自己的影子，而不仅仅是无目的地抚摸镜子；当父母给宝宝洗脸时，如果他不愿意，会将父母的手推开。

（五）6个月宝宝　

1. 身体发育

（1）身高　6个月的宝宝，体格进一步发育，身高比上个月平均增长2.2～2.3cm。男宝宝平均身高为67.0cm，正常范围为62.4～71.6cm；女宝宝平均身高为65.5cm，正常范围为60.9～70.1cm。

（2）体重　6个月宝宝的体重每周增加150～180g，比上个月平均增长0.6kg。男宝宝平均体重为8.02kg，正常范围为6.26～9.78kg；女宝宝平均体重为7.53kg，正常范围为5.99～9.07kg。

（3）头围　6个月宝宝的头围比上个月平均增长1.0～1.1cm。男宝宝平均头围为43.6cm，正常范围为40.6～45.4cm；女宝宝平均头围为42.1cm，正常范围为

39.7～44.5cm。

（4）胸围　6个月宝宝的胸围比上个月平均增长0.9～1.0cm。男宝宝平均胸围为43.0cm，正常范围为39.2～46.8cm；女宝宝平均胸围为41.9cm，正常范围为38.1～45.7cm。

（5）前囟　这个月宝宝的前囟直径在0.5～1.5cm，个别宝宝在0.5cm×0.5cm，大部分宝宝在0.8cm×0.8cm。如果有的宝宝生下来前囟在3cm×3cm，到了这个月，前囟可能是2cm×2cm，甚至2.5cm×2.5cm。

2. 感觉发育

（1）视觉　从第6个月开始，宝宝就能够注视远距离的物体了，如天上的飞机、路上的汽车、阳台上的花等。两眼可以对准焦点，会调整自己的姿势，以便能够看清楚想要看的东西。当坐起来玩时，双手可以在眼睛的控制下摆弄物体，会盯住他拿到的东西，手眼开始协调。在宝宝眼前出示玩具，并上下左右缓慢移动，宝宝会有意识地主动追随。这个阶段宝宝的视觉功能已较为完善，开始能辨认不同的颜色，喜欢红色、黄色、橙色等暖色，特别是红色的物品和玩具最能引起宝宝的兴趣。

（2）听觉　6个月的宝宝听力比之前更加灵敏了，已经能集中注意力倾听音乐。并且对柔和的音乐声表现出愉悦的情绪，会拍拍小手、蹬蹬小腿，而对于嘈杂或强烈的声音会表现出不快，甚至会哇哇大哭。当父母在另一个房间叫他，他会将头转向发出声音的方向，并且能够区分爸爸、妈妈的声音，听见妈妈的声音就会高兴起来，并且开始发出一些声音，似乎是对成人的回答。

（3）嗅觉　6个月的宝宝已经能比较稳定地区分好的气味和不好的气味了，喜欢的气味会让宝宝愉悦起来。一旦闻到不喜欢的气味，宝宝便会产生极大的厌恶感，皱眉头，甚至会啼哭。

（4）味觉　6个月的宝宝已经能够比较明确而精细的区别酸、甜、苦、辣、咸等不同的味道，对食物任何细微的变化都会非常敏感。比如，因为习惯母乳，极强烈的拒绝牛奶和奶粉，对于味道香甜的米粉和水果泥表现出浓厚的兴趣。6个月是味蕾发育和功能完善最迅速的时期，对食物味道的任何变化都会表现出非常敏感的反应并留下"记忆"，此时宝宝也比较容易接受新的食物。所以，这个阶段最适合给宝宝尝试添加不同的辅食。

3. 宝宝的能力

（1）运动能力　随着颈肌发育的成熟，这个月龄的宝宝在平躺时能够稳稳当当地把头抬起来，喜欢把两腿伸直举高，并拉着脚放进嘴里。能够用抬高、放落臀部来移动身体，或侧坐在弯曲的腿上用左手右脚、右手左脚的方式前进。可以侧身用双臂支撑着坐起来或以爬行的姿势将两腿前伸而独立坐起。当父母拉着宝宝坐起时。宝宝腰背比较直挺并主动地举头，还能自由活动身子不摇晃。

（2）认知能力　宝宝6个月的时候，对周围的事物有了自己的观察力和理解力，似乎也会看大人的脸色了。宝宝对陌生人亲切的微笑和话语也能报以微笑，看到严肃的表情时，就会不安地扎在妈妈的怀里不敢看。随着认知能力的发育，他很快会发现一些物品（例如铃铛和钥匙串）在摇动时会发出有趣的声音。当宝宝将一些物品扔在桌上或丢到地板上时，可能启动一连串的听觉反应，包括喜悦的表情、呻吟或者导致对象重现或重新消失的其他反应。宝宝开始故意丢弃物品，让父母帮他拣起。这时千万不要不耐烦，因为这是他学习因果关系并通过自己的能力影响环境的重要时期。

（3）语言能力　6个月的宝宝，只要不是在睡觉，嘴里就一刻不停地发出"mama、baba、dada"等双唇音，但他并不明白话语的意思。宝宝已经开始尝试不同的声调和音量来引起父母的注意，会根据声音和身体语言来表达自己的情感，对自己玩弄出来的声音很感兴趣，同时对大人在和他接触时所发出的一些简单声音会有反应动作。宝宝还会制造出不同的声音，能模仿咳嗽声、咂舌声等，喜欢兴致勃勃地喷口水声音。

（4）社会交往能力　到了第6个月时，宝宝可以认出熟悉的人并朝他们微笑，但有些宝宝开始明显地认生，对陌生人表现出害怕的样子，不让陌生人抱，也害怕陌生的环境。如果宝宝不顺心，发起脾气也很厉害，会长时间地啼哭，拒绝吃东西，拒绝比较亲近的人的搂抱，而只让父母抱。很明显的，宝宝已有比较复杂的情绪了，高兴时会笑，不称心时会发脾气，父母离开时会害怕、恐惧。所以父母要特别注意不要在生人刚来时突然离开宝宝；也不能用恐怖的表情和语言吓唬宝宝；不能把自己的情绪发泄在宝宝身上，对宝宝冷落、不耐烦，甚至打骂。要让宝宝在快乐中成长，父母首先要保持良好的心态，因为父母的一言一行对宝宝的性格养成起着重要作用。

（六）7个月宝宝

1. 身体发育

（1）身高　7个月宝宝的身体发育开始趋于平缓，腿部和躯干生长速度加快，形成更高、更瘦、更强壮的外表。身高比上月增长1.5cm左右。男宝宝平均身高为68.6cm，正常范围为64.0～73.2cm；女宝宝平均身高为67.0cm，正常范围为62.4～71.6cm。

（2）体重　7个月宝宝的体重比上月增加300～400g。男宝宝平均体重为8.48kg，正常范围为6.66～10.3kg；女宝宝平均体重为7.84kg，正常范围为6.16～9.52kg。

（3）头围　7个月宝宝头围的生长速度开始减慢，头围比上月增长0.5cm。男宝宝的平均头围为44.1cm，正常范围为41.5～46.7cm；女宝宝的平均头围为43.0cm，正常范围为40.4～45.6cm。

（4）胸围　7个月宝宝的胸围比上月增长1.3cm左右。男宝宝的平均胸围为43.9cm，正常范围为39.7～48.1cm；女宝宝的平均胸围为42.9cm，正常范围为38.9～46.9cm。

（5）前囟　7个月前囟明显缩小，个别宝宝会出现膜性闭合，从外观上检查似乎闭合了，但是经X线检查并没有闭合。

2. 感觉发育

（1）视觉　宝宝的远距离视觉进一步发展，能够辨别物体的远近和空间。眼睛可以慢慢根据物体靠近或远离调整焦距来对焦了，能够注意远处活动的东西，如天上的飞机、小鸟等。这时的宝宝最喜欢寻找那些突然不见的玩具，父母可以经常跟宝宝玩"躲猫猫"的游戏，观察宝宝的兴奋程度和反应及时与否。

（2）听觉　7个月宝宝的听力比以前更加灵敏了，能够分辨不同的声音，并学着发声，在倾听自己发出的声音和别人发出的声音时，能够将声音和声音的内容建立联系，如在宝宝面前呼唤"妈妈"，宝宝会把头转向妈妈。能熟练地寻觅声源，听懂差别语气、语调抒发的差别意义。

（3）嗅觉　到7个月时，随着宝宝大脑的发育，认知能力的提高，宝宝已经开始逐渐将气味记忆下来。此时，父母可以用醋和妈妈常用的比较清淡的香水，放在宝宝鼻子下方轻轻地晃动两三下，给予宝宝嗅觉刺激，并告诉宝宝这是什么气味，那是什么气味。

（4）味觉　7个月时，父母可以尝试给宝宝多一些味蕾的锻炼机会。随着辅食的逐渐增加，当宝宝吃甜品的时候，告诉宝宝这是甜味，给宝宝微酸的食物时，告诉宝宝这是酸味。

3. 宝宝的能力

（1）运动能力　当宝宝平躺时，他会不停地运动，还会抓住自己的脚或身边的任何东西塞进口中。但他很快就不满足于仰卧位，现在他可以随意翻身，一不留神就会翻动。此时的宝宝翻身已经相当灵活了。当宝宝趴着时，会弓起后背，以使自己可以向四周观看。宝宝已经有了爬的愿望和动作，父母可以推宝宝的足底，给宝宝一点向前爬的外力，会帮助宝宝体会向前爬的感觉和乐趣，为以后的爬行打下基础。宝宝从卧位发展到坐位是动作发育的一大进步，这个月的宝宝已

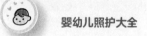
经能够独坐了，如果父母把宝宝摆成坐直的姿势，他将不需要用手支持而仍然可以保持坐姿。

（2）认知能力　7个月的宝宝已经有了观察力的最初形态。这个时期的宝宝，对于周围环境中新鲜的和鲜艳明亮的活动物体都能够注意。拿到东西后会翻来覆去地看看、摸摸、摇摇，表现出积极的感知倾向，这是观察的萌芽。这种观察和动作分不开，可以扩大宝宝的认知范围，引起快乐的情感，对发展语言有很大作用。但是，宝宝的观察往往是不准确的、不完全的，而且不能够服从于一定的目的。可以理解简单的词义。懂得大人用语言和表情表示的表扬和批评；记住离别一星期的3～4个熟人；会用声音和动作表示要大小便。宝宝会的越来越多了，而父母参与宝宝的活动也越来越多了。

（3）语言能力　7个月宝宝的语言发展已经进入了敏感期，他已经能够发出比较明确的音节，与人玩或独处时会自然地发出各种声音，很可能已经会说"papa""mama"了。宝宝开始模仿别人嘴和下巴的动作，如咳嗽等。也开始主动模仿说话声，会模仿大人的语调，会大叫，感到满意时会发声。在开始学习下一个音节之前，他会整天或几天一直重复这个音节。当宝宝听到"不"等带有否定意义的声音时，能够暂时停下手里的动作，但很快可能又继续做他停下来的动作。当宝宝听到附近熟悉的声音时，会做出反应

（4）社会交往能力　宝宝可以区别亲人和陌生人，看见看护自己的亲人会高兴。开始观察大人的行为，当大人站在他面前，伸开双手招呼他时，他会微笑，并伸手要求抱。会模仿大人的行为，如大人给他一个飞吻，要求他也给一个，他会遵照大人的要求表演一次飞吻；当大人与宝宝玩拍手游戏时，他会积极配合并试图模仿。能够听懂、理解大人的话和面部表情，并逐渐学会辨识情绪，如被表扬时会高兴地微笑、被训斥时会显得很委屈、看到妈妈高兴时就微笑、听到爸爸责备时就大哭、强迫做他不喜欢做的事情时会反抗等。从镜子里看见自己，会到镜子后边去寻找；有时还会对着镜子亲吻自己的笑脸。如果和他玩"藏猫猫"的游戏，他会很感兴趣。此时的宝宝还会用不同的方式表示自己的情绪，如用哭、笑来表示喜欢和不喜欢；见到新鲜的事情会惊奇和兴奋。能够有意识地较长时间注意感兴趣的事物，表现出想要融入小圈子的愿望。

（七）8个月宝宝

1. 身体发育

（1）身高　8个月宝宝的身高继续以每月1cm的速度增长。男宝宝的平均身高为70.1cm，正常范围为65.5～74.7cm；女宝宝的平均身高为68.4cm，正常范围为

63.6～73.2cm。

（2）体重　8个月宝宝体重增加的速度会继续放慢，比上个月增长约200g。男宝宝的平均体重为8.82kg，正常范围为6.92～10.72kg；女宝宝的平均体重为8.24kg，正常范围为6.37～10.05kg。

（3）头围　8个月宝宝的头围比上个月增长约0.4cm。男宝宝的平均头围为45.0cm，正常范围为42.4～47.6cm；女宝宝的平均头围为43.8cm，正常范围为42.2～46.3cm。

（4）胸围　8个月宝宝的胸围较上个月增长1.4cm左右。男宝宝的平均胸围为44.9cm，正常范围为40.7～49.1cm；女宝宝的平均胸围为43.7cm，正常范围为39.7～47.7cm。

（5）前囟　8个月宝宝的前囟基本与7个月一样。

2. 感觉发育

（1）视觉　8个月宝宝视觉的清晰度和深度已经基本上和大人一样了，距离感更加精细，并突然开始害怕边缘和高处。视神经充分发育，已经可以看到远处的物体，如远处的高楼、街上的汽车等。虽然宝宝的注意力更多的还是集中在靠近他的物体上，但他的视力已经足以辨认房间另一边的人和物体了，目光还能够随着下落的物体移动，分辨颜色的能力也基本固定了，喜欢鲜艳明亮的颜色，尤其喜欢红色。也许以后还会有细微的变化。

（2）听觉　8个月宝宝的听力越来越敏感，将微弱声源靠近宝宝的耳朵，宝宝都能够听见并转头寻找声源。对外界的各种声音，如车声、雷声、犬吠声表示关心，会突然转头看。当听到一种声音突然变换成另一种声音时，能够立刻表示关注。

（3）嗅觉　8个月宝宝的嗅觉已相当成熟。之前，宝宝对特殊刺激性气味有类似轻微受到惊吓的反应，此时宝宝渐渐地变为有目的地回避，表现为翻身或扭头等，说明这时宝宝的嗅觉已经变得更加敏锐。

（4）味觉　8个月宝宝的味觉已经接近成人。这一生长阶段的宝宝，较能接受新的口味和不同的食物材质。因此，父母需要给宝宝提供多种口味的食物，将来宝宝能接受的食物范围就会越宽。

3. 宝宝的能力

（1）运动能力　8个月时宝宝学会了爬行，可以双手握着玩具独自坐稳。坐得很稳不摔倒，可以一边坐一边玩，还会左右自如地转动上身，转向达90°，也不会使自己倾倒。尽管他仍然不时向前倾，但能用手臂支撑。随着躯干肌肉逐渐加强，最终他将学会如何翻身到俯卧位，并重新回到直立位。现在宝宝已经可以随意翻身，一不留神他就会翻动，可以由俯卧翻成仰卧位，或由仰卧翻成俯卧位。

所以父母要注意在任何时候都不要让宝宝独处。

这个月宝宝能手扶着物体站一会儿，站起来后会自己蹲下，少数宝宝可能还会扶着墙或家具侧走。宝宝的手指更为灵巧，会用手指挖洞或勾住东西，可以拿住细小的东西，有时一次能够捡起3个左右的小物件。

（2）认知能力　8个月的宝宝对周围的一切充满好奇，对别人的游戏非常感兴趣，但注意力难以持续，很容易从一个活动转入另一个活动。对镜子中的自己有拍打、亲吻和微笑的举动，会移动身体拿自己感兴趣的玩具。看到盒子中的积木后，能够从盒子中取出积木。当宝宝从盒子中取出积木后，会拿积木拍打盒子。当父母用布将积木盖住一大半，只露出积木的边缘时，宝宝能够找出被布盖住的积木。懂得大人的面部表情，能辨别出友好和愤怒的声音，大人用温柔的语气、微笑着夸奖时，宝宝会很高兴；用大声的类似于训斥的声音、严肃的表情时，宝宝会表现出委屈或者会哭。此时的宝宝已经会区分"一个""两个"的概念了，数理逻辑能力有了很大的提高。宝宝的思维能力经过前面的积累已经有了很大的提高，这时已经会去学着理解"里""外"的概念，还会回忆自己做过的行为，对不同大小、颜色和材质的物品，也有着强烈的兴趣，并且能够进行适当的区分。宝宝能够理解简单的语言，并在父母的指导下用动作表示词组的含义，如用拍手表示欢迎，用挥手表示再见。

（3）语言能力　8个月的宝宝明显变得活跃了，发音明显地增多。当他吃饱睡足情绪好时，常会主动发音，发出的声音不再是简单的韵母声"a""e"了，而是试着模仿声音及发音的顺序，在倾听自己和周围人的说话声时，将元音和辅音结合在一起发出各种声音，如"爸爸""妈妈""拜拜"等。当然，宝宝可能还不明白这些词的含义，还不能和自己的爸爸、妈妈真正联系起来。但有了这样的基础，为时不久，宝宝就能真正地喊爸爸、妈妈了，最终他会在想进行交流时才说。

（4）社会交往能力　如果对宝宝十分友善地谈话，他会很高兴；如果训斥他，宝宝会哭。从这点来说，此时的宝宝已经开始理解别人的感情了。喜欢让大人抱着，当大人站在宝宝面前，伸开双手招呼宝宝时，宝宝会露出微笑，并伸手表示要抱。对其他宝宝比较敏感，看到别的宝宝哭，自己也会跟着哭。看见妈妈拿奶瓶时，会等着妈妈来喂自己。宝宝喜欢玩捉迷藏、拍手等游戏，并会模仿大人的动作。

（八）9个月宝宝

1. 身体发育

（1）身高　细心的妈妈会发现，从9个月开始。宝宝本来圆滚滚的婴儿体形正在逐步转换成幼儿的体形。腿部和躯干生长速度加快，身高较上月增长

1.28～1.32cm。男宝宝的平均身高为71.5cm，正常范围为66.5～76.5cm；女宝宝的平均身高为70.0cm，正常范围为65.4～74.6cm。

（2）体重 9个月宝宝的体重较上月增加约300g。男宝宝的平均体重为9.10kg，正常范围为7.16～11.04kg；女宝宝的平均体重为8.56kg，正常范围为8.72～10.4kg。

（3）头围 9个月宝宝头围的增长速度减慢。男宝宝的平均头围为45.1cm，正常范围为42.5～47.7cm，女宝宝的平均头围为44.2cm，正常范围为41.5～46.7cm。

（4）胸围 9个月男宝宝的平均胸围为45.2cm，正常范围为41.0～49.4cm；女宝宝的平均胸围为44.1cm，正常范围为40.1～48.1cm。

（5）前囟 9个月的前囟基本与8个月一样。

2. 感觉发育

（1）视觉 从第9个月开始，宝宝会有目的地看，对看到的东西记忆能力能够充分反映出来了。对颜色的认识能力也增强了，视觉范围也越来越广了，视线能随移动的物体上下左右移动，能够追随落下的物体，寻找掉下的玩具，并能够辨别物体大小、形状及移动的速度。宝宝能看到小物体，能区别简单的几何图形，观察物体的不同形状。宝宝开始出现视深度感觉，实际上这是一种立体知觉。

（2）听觉 9个月宝宝的听觉越来越灵敏，可以确定声音发出的方向，能够区别语言的意义，能够辨别各种声音，对严厉或和蔼的声调会做出不同的反应。能够区分音的高低，如在和宝宝玩击木琴时，宝宝有时会专门敲高音，有时又专门敲低音。玩一会儿宝宝就知道敲长的木条声音低，敲短的木条声音高。

（3）嗅觉 9个月的宝宝开始对食物的气味表现出很大的兴趣，喜欢吃辅食，并且会对辅食的气味产生喜好表现，通过亲自尝试，开始理解"香""臭"的含义。

（4）味觉 8～9个月的宝宝味觉发育最敏感。尤其喜好甜味和咸味，这可能是人的天性和本能。因为"甜"代表着糖，而糖类是人类发育和生长的重要物质；"咸"代表着盐，它能够保持宝宝体内电解质平衡。

3. 宝宝的能力

（1）运动能力 9个月的宝宝已经可以坐得稳稳当当，坐着的时候会转身，也会自己站起来，站起来之后可以坐下；可以用手掌支撑地面独立站起来。可以扶着家具一边移动小手一边抬脚横着走。宝宝能够自如地爬上椅子，再从椅子上爬下来。爬行时四肢已经能伸直。大人扶住宝宝鼓励其迈步，宝宝能迈

2～3步。这个阶段的宝宝手指更加灵活了，拇指和食指能够捏起细小的东西。宝宝可用一只手拿两件小东西。有些宝宝可能还会分工使用双手，一手持物，一手玩弄。将悬吊玩具用线悬挂好之后，宝宝能够用手推使玩具摇摆。此时的宝宝会出现一个非常重要的动作，就是伸出食指，表现为喜欢用食指抠东西，例如抠桌面、抠墙壁。这些动作的出现不是偶然的，是宝宝心理发展到一定阶段表现出来的能力。父母应提供机会让宝宝做一些探索性的活动，而不应阻止或限制他。

（2）认知能力　9个月的宝宝也许已经学会随着音乐有节奏地摇晃，可以认识五官，会用手指出身体的部位，如头、手、脚等。宝宝能够认识一些图片上的物品，例如宝宝可以从一大堆图片中找出他熟悉的几张。有意识地模仿一些动作，如喝水、拿勺子在水中搅等。宝宝在这个阶段的数理逻辑能力已经有所发展，玩玩具的时候已经学着去观察不同物品的构造。会将玩具翻来翻去看不同的面。宝宝在摆弄物体的过程中能够初步认识到一些物体之间最简单的联系，如敲打物品可以发出声音，因此宝宝才会不厌其烦地去敲，这是宝宝最初的一些"思维"活动，是宝宝认知发展的一大进步。

（3）语言能力　9个月的宝宝在有人逗他时，会发笑，并能发出"啊""呀"的语声。如宝宝发起脾气来，哭声也会比平常大得多。宝宝会叫"妈妈""爸爸"，还可能会说一两个字，但发音不一定清楚。宝宝会一直不停地重复某一个字，不管问什么都用这个字来回答。宝宝对熟悉的字会很有兴趣地听，能够将语言与适当的动作配合在一起。对于某些指令能听懂并能照着做，如"欢迎"与拍手、"再见"与挥手等。宝宝可以理解更多的语言，父母的交流具有了新的意义。

（4）社会交往能力　9个月的宝宝与大人的交流变得容易、主动、融洽一些，宝宝会通过动作和语言相配合的方式与大人交往，当给宝宝穿裤子时，他会主动将腿伸直；听到他人的表扬和赞美会重复动作；对其他宝宝较敏感，如果看到父母抱其他宝宝就会哭；别的宝宝哭时他也会哭。这时候的宝宝偶尔有点"小脾气"，例如他会故意把玩具扔在地上，让人捡起，然后再扔，他觉得这样很好玩。这个阶段的宝宝已经会抗议了，如果要从宝宝的手中夺走他喜欢的玩具，已经不容易了。如果是硬抢，宝宝会大声哭，以示抗议。宝宝开始表现出自己的个性特征。如有的宝宝不让别人动他的东西；有的宝宝看见别人的东西自己也想要；有的宝宝很"大方"地将自己的东西送给别人或与别人一起分享，也有的宝宝会伸手把玩具给人，但不松手。这个阶段的宝宝不喜欢大人总是用同样的方式逗他；会记得好几天前玩过的游戏；宝宝喜欢听到大人的赞扬，多赞扬宝宝，会让宝宝更加喜欢话语交谈。

（九）10个月宝宝

1. 身体发育

（1）身高　10个月宝宝的身体生长进一步放慢，体形开始变得修长，给人感觉是瘦了，较上个月宝宝的身高增长1～1.5cm。男宝宝的平均身高为72.7cm，正常范围为67.9～77.5cm；女宝宝的平均身高为71.3cm，正常范围为66.6～76.1cm。

（2）体重　10个月宝宝的体重较上个月平均增加150～250g。男宝宝的平均体重为9.29kg，正常范围为7.23～11.36kg；女宝宝的平均体重为8.75kg，正常范围为6.71～10.79kg。

（3）头围　宝宝的头围增长速度虽然放缓，但是大脑发育仍处于快速时期。10个月男宝宝的平均头围为45.5cm，正常范围为43.0～48.0cm；女宝宝的平均头围为44.5cm，正常范围为42.1～46.9cm。

（4）胸围　10个月宝宝的胸围越来越接近头围。男宝宝的平均胸围为45.6cm，正常范围为41.6～49.6cm；女宝宝的平均胸围为44.4cm，正常范围为40.4～48.4cm。

（5）前囟　到了10个月，有少部分宝宝还能看到囟门跳动，大部分宝宝的前囟已经看不到囟门跳动了。

2. 感觉发育

（1）视觉　宝宝此时视觉的清晰度和深度感觉几乎与成人相同，而先前最多有1/2。虽然现在宝宝的视力仍是近处比远处要清楚，但他的视野已足够看清和识别整个室内的人和物了。此时，宝宝最大的特点是不但手眼协调能力进步很大，而且懂得常见人及物的名称，会用眼注视所说的人或物；能准确地观察父母及其他人的行为，对父母训斥或赞扬，有委曲或兴奋的不同表情。

（2）听觉　10个月的宝宝对细小的声音也能够做出反应，声音定位能力已发育很好，有清楚的定位运动，能够主动向声源方向转头，也就是有了辨别声音方向的能力。父母手拿风铃，分别在宝宝的上方和下方晃动出声，宝宝会跟着声音抬头、低头。

（3）嗅觉　10个月宝宝的嗅觉近于完善，和成人基本无差异，已经拥有了灵敏的嗅觉，能够记住及辨别各种味道，借助嗅觉了解外界环境。因此，父母要多带宝宝到公园去接触花草树木的气味，家中也可以定期更换不同香味的精油或者花来促进宝宝的嗅觉发育。

（4）味觉　10个月的宝宝不仅能够分辨味道，还能够记忆味道，并逐渐适应

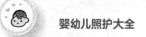

和接受各种辅食的味道。要使宝宝的味觉得到良好的发育，父母应当特别重视辅食添加期的味觉体验。如果在这个感受性较强的时期，宝宝有了对各种食物的品尝体验，他就会拥有广泛的味觉，以后就乐于接受各种食物。这个过程不仅对宝宝的味觉发育有益，对宝宝的智力发展也有着非常重要的意义。

3. 宝宝的能力

（1）运动能力　10个月宝宝的活动量显著增加，身体动作变得越来越敏捷，能够很快地将身体转向有声音的地方，并可以迅速爬行。宝宝现在经常能自得其乐地独自坐着玩一会儿，一只手可以拿两块小积木，手指的灵活性增强，两只手也学会了分工合作，能够有意识地将手里的小玩具放到容器中，但动作仍显笨拙。

（2）认知能力　10个月的宝宝可以认识常见的人和物。宝宝开始观察物体的属性，从观察中宝宝会得到关于形状（有些东西可以滚动，其他则不能）、构造（粗糙、柔软或光滑）和大小（有些东西可以放入别的东西中）的概念，如将两块积木放在一起仔细揣摩，估计积木的高度、距离，比较两个积木的不同之处。宝宝开始探索容器与物体之间的关系，会摸索玩具上的小洞。如将小球放进玻璃制的广口瓶中，宝宝会用手指瓶中的小球，可能还想绕过玻璃瓶抓到小球。宝宝喜欢用手指拨弄小物品，如摇铃里的小铁片或小纸片等。宝宝的模仿动作也开始增加。

（3）语言能力　10个月宝宝的语言能力开始逐渐体现。喜欢发出咯咯、嘶嘶、咳嗽等有趣的声音，笑声也更响亮，并反复重复会说的字，已能有意识地叫爸爸、妈妈。除了可以主动地叫爸爸、妈妈之外，可能还会说些有意义的单字，如走、拿、水等。能够主动地用动作表示语言，也很喜欢模仿人发声，在模仿大人说话时，模仿的语调缓急、脸部表情比模仿的语音要准确；会不停地重复说一个词；懂得父母的命令，会遵照父母的要求去做，诸如"请把那个球给我"等简单指令。宝宝的语言能力在实际锻炼中不断地提高，每天的语言变化都会使父母充满惊喜。

（4）社会交往能力　10个月的宝宝特别喜欢和父母在一起玩游戏，看图书，听大人给他讲故事，喜欢被表扬。宝宝喜欢和成人交往，并且会模仿成人的举动。宝宝会主动亲近小朋友，喜欢看其他小朋友玩耍，当有其他小朋友在旁边或想分享他的玩具时，宝宝会显出对玩具明显的占有欲。宝宝认为全部的东西是自己的，不愿和别人分享。随着时间的推移，宝宝的自我概念变得更加成熟。以前宝宝只要吃饱睡足情绪好，就会听父母的话，但是现在通常难以办到，宝宝会以自己的方式表达需求。当宝宝变得更加活跃时，父母会发现要经常说不，以警告宝宝远离不应当接触的东西。但是即使宝宝可以理解词汇以后，宝宝也可能根据自己的意愿行事。父母必须认识到这仅仅是强力反抗将要来临的前奏。

（十）11个月宝宝

1. 身体发育

（1）身高　11个月宝宝的身体看上去越来越强壮了，与刚出生时的样子完全不一样了，这个月宝宝比上月身高增加1.5cm左右。男宝宝的平均身高为73.9cm，正常范围为68.94～78.9cm；女宝宝的平均身高为72.5cm，正常范围为67.7～77.3cm。

（2）体重　11个月宝宝的平均体重每月增加300～500g。这个月男宝宝的平均体重为9.54kg，正常范围为7.50～11.58kg；女宝宝的平均体重为8.96kg，正常范围为7.02～10.09kg。

（3）头围　11个月男宝宝的平均头围为45.8cm，正常范围为43.2～48.4cm；女宝宝的平均头围为44.8cm，正常范围为42.4～47.2cm。

（4）胸围　11个月男宝宝的平均胸围为45.9cm，正常范围为41.9～49.9cm；女宝宝的平均胸围为44.7cm，正常范围为40.7～48.7cm。

（5）前囟　到11个月会有一部分宝宝前囟接近闭合。囟门缩小不明显的宝宝要分析具体情况。

2. 感觉发育

（1）视觉　从半岁到1岁，是宝宝视觉的色彩期。11个月的宝宝能够准确分辨红、绿、黄、蓝四色。此时宝宝特别喜欢看颜色鲜艳的、对称的、曲线形的图形。更喜欢人脸和小动物图画，喜欢看活动的物体。

（2）听觉　这个时期的宝宝说话处于萌芽阶段，尽管可以使用的语言还很少，但令人吃惊的是他们能够理解很多大人说的话。对成人的语言由音调的反应发展为能听懂语言的词义。

（3）嗅觉　11个月宝宝的嗅觉已经发育接近成熟，几乎和成人一样，能够区别不同的气味。开始闻到一种气味时，有心率加快、活动量改变的反应，并可以转过头朝向气味发出的方向，这是宝宝对这种气味有兴趣的表现。父母可以给宝宝闻各种花的味道或者一些香水的味道，能很好地锻炼宝宝的嗅觉，也可以适当地给宝宝闻醋的酸味和臭豆腐的臭味，让宝宝的嗅觉更全面。但是不要过多的让宝宝闻不好的味道，这会让宝宝难受。

（4）味觉　11个月宝宝的味觉已经很敏锐，对味道的包容也各不相同，味觉非常敏感的宝宝通常食量都较小；不管什么都吃得很多的宝宝，对食物的味道就不太计较。因此父母要更加耐心给挑剔的宝宝喂食。

3. 宝宝的能力

（1）运动能力 11个月宝宝的运动能力比上个月进步很大。11个月宝宝的特点是能独自站立、弯腰和下蹲。发育快的宝宝，能独自站立一会儿。挪动方式也是多种多样的，有爬的，有扶着东西走的，有坐着挪动的，有东倒西歪地独自走的等。如果父母握住宝宝的双手，让他站立起来，许多宝宝就会双脚交替地迈步，可以让宝宝少量的练习走步。

（2）认知能力 11个月宝宝的认知能力发展仍较快，宝宝乐于模仿大人的面部表情和熟悉的说话声，自言自语地说些别人听不懂的话。不过，宝宝现在已经会听名称指物，当被问到宝宝熟悉的东西或画片时，会用小手去指，大人给予鼓励时，能够激发宝宝的学习兴趣；还会试着学小狗或小猫的叫声。现在，宝宝开始将事物的特征和事物本身（如狗叫声与狗）联系起来，对书画的兴趣越来越浓厚。

（3）语言能力 11个月大的宝宝，在大人的提醒下会喊爸爸、妈妈，会叫奶奶、姑姑、姨等；会一些表示词义的动作，如竖起手指表示自己1岁；能够模仿大人的声音说话，说一些简单的词。宝宝还可以正确模仿音调的变化，并开始发出单词。宝宝开始明白很多简单词语的意思，所以，这时候不断和宝宝说话比以往任何时候更重要。父母应当用成人的语言把宝宝说的词语重复说给他听，这样宝宝会从一开始就会接受良好的语言模式。例如，如果宝宝要"叭叭"（杯子），要很温和地强调这个词的正确发音，反复问他"你要杯子吗？"在这个阶段，父母最好避免使用儿语。

（4）社会交往能力 11个月的宝宝意识到他的行为能使大人高兴或不安，所以也会想尽办法令父母开心。宝宝已经能够很清楚地表达自己的情感。有时，他独立得像个"小大人"，而有时又表现得很淘气。宝宝有时会将玩具扔在地上，然后希望大人帮他捡起来，但大人捡起来后宝宝还会再扔，并在反复扔玩具的过程中体会乐趣。宝宝对陌生的人和陌生的地方依然感到害怕，和妈妈分开会有强烈的反应。宝宝会表现出对人和物的喜爱。

这个阶段的宝宝，心情也开始受妈妈的情绪影响。宝宝喜欢和成人交往，并模仿成人的举动。在不断的实践过程中，宝宝会有成功的愉悦感；当受到限制、遇到"困难"时，仍然会以发脾气、哭闹的形式发泄因受挫而产生的不满和痛苦。

宝宝现在和其他宝宝在一起时，也会坚持自己的意愿了，为宝宝找一些经常在一起玩的小伙伴，是鼓励宝宝发展社交技能的好方法。但是，父母要知道这个月龄的宝宝仍然太小，还不能理解交朋友是怎么回事，安排宝宝和小伙伴一起玩能够为宝宝学习与别人交流、互动打下良好基础。

（十一）12个月宝宝

1. 身体发育

（1）身高　12个月宝宝看上去更匀称和机灵了，生长指标也呈现缓慢的增长，比11个月时平均增长1.2cm左右，比出生时增长25cm左右，大约为出生时的1.5倍。男宝宝的平均身高为75.3cm，正常范围为70.1～80.5cm；女宝宝的平均身高为74.0cm，正常范围为68.6～79.2cm。

（2）体重　12个月宝宝的体重达到出生时的3倍，比11个月时平均增长230g左右。男宝宝的平均体重为9.78kg，正常范围为7.68～11.88kg；女宝宝的平均体重为9.2kg，正常范围为7.21～11.21kg。

（3）头围　12个月宝宝的头围比11个月时平均增长0.33cm左右。男宝宝的平均头围为46.3cm，正常范围为43.7～48.9cm；女宝宝的平均头围为45.2cm，正常范围为42.6～47.8cm。

（4）胸围　12个月宝宝的胸围几乎等同于头围。男宝宝的平均胸围为46.2cm，正常范围为42.2～50.2cm；女宝宝的平均胸围为45.1cm，正常范围为41.1～49.1cm。

（5）前囟　宝宝的前囟继续缩小，一般到12～18个月时闭合。这个月里宝宝前囟接近闭合。

2. 感觉发育

（1）视觉　12个月宝宝的双眼调节功能已经比较好了，能够区别垂直线与横线，可以分别物体的大小，目光能够跟随坠地的物体。视觉能力发展较快，能够有意识的集中注意力，视觉记忆也不断提高，宝宝喜欢认图片。并可以对物品的细小部分进行区别，比如能够区别一个带红色小花的玩具和一个不带红色小花的玩具。

（2）听觉　12个月宝宝的听觉已经越来越灵敏了，并且对声音的理解与转化能力也越来越强。不仅可以听懂大人一些简单的吩咐，而且可以明白大人语调变换的含义，能够按大人的指令行事。对一些轻音乐，比如"催眠曲"等会表现出愉快的情绪，而对于那些节奏强烈的声音，则会表现出不愉快。

（3）嗅觉　12个月的宝宝，嗅觉发展到了一个比较灵敏的时期，宝宝尤其喜欢芳香的气味，但偶尔用一些稍稍刺鼻的宝宝不太喜欢的气味（如酸醋），或者宝宝的大便味道等刺激宝宝，也能够增加宝宝的嗅觉经验，间接让宝宝知道大便的气味不好闻而不能随处大小便，养成良好的生活习惯。

（4）味觉　12个月宝宝的味觉已经和成人的能力大体相当了，对于自己喜好的甜味或者咸味，宝宝会用表情表现出来。这个时候是宝宝味觉发育的关键期，此时最好让宝宝尝试尽可能多种类的食物增加不同经验。宝宝通过品尝各种食物，可促进对很多食物味觉、嗅觉及口感的形成和发育，也是宝宝从"流食-半流食-固体食物"的适应过程。如果在这个感受性较强的时期，宝宝有了对各种食物的品尝体验，他会拥有广泛的味觉，以后就乐于接受各种食物。

3. 宝宝的能力

（1）运动能力　12个月的宝宝会站起、坐下，绕着家具走的行动更加敏捷，爬行的速度越来越快，各种体位转换都更加熟练了。在宝宝站着时，能够弯下腰去捡东西，也会试着爬到一些矮的家具上去。可以独自行走2～3步，有的宝宝甚至已经可以蹒跚走路了，尽管时常会摔跤，但对走路的兴趣很浓，总想到处转转。宝宝双手的协调能力越来越强了，喜欢将东西摆好后再推倒，喜欢将抽屉或是垃圾箱倒空，喜欢将玩具一样样扔进箱子里。

（2）认知能力　12个月的宝宝记忆力发展飞速，已经可以指认身体的4～5个部位，还能够认出几种简单的动物，可以分清物品的大小，对生活中的各种事物都充满了好奇。宝宝将逐渐知道所有的东西不仅有名字，还有不同的功用，他将这种新的认知行为与游戏融合，喜欢用新方法玩玩具，而不是单纯的敲敲打打。比如，宝宝拿起电话的时候，已经不满足于用整个手掌抓或是在桌子上敲，而是会细心的观察上面的按键，会用手指去按。宝宝可能已经会反射性地意识到，当父母不在家的时候，用电话就能找到他们。

（3）语言能力　12个月的宝宝见到爸爸和妈妈时，能够主动称呼"爸爸""妈妈"。出现有意义的语汇，还会说"爷爷""奶奶""娃娃"等。宝宝还会使用一些单音节动词。如"拿""给""掉""打""抱"等，用以表示自己的一个特定的动作或意思。宝宝会利用惊叹词，例如"ohoh"等。宝宝能够听懂大人的命令，听故事的时候还会有表情反应等。日常生活中宝宝可以和父母进行简单的语言对话了。

（4）社会交往能力　12个月的宝宝比以前更喜欢情感交流活动，已初步建立起害怕、生气、喜爱、妒忌、焦急、同情等感情。宝宝对父母的情感依赖也更加强烈，对特定的人有强烈的正面或负面的情绪反应。独自玩简单的玩具让他觉得惊奇时，宝宝也会突然自己发笑。此时的宝宝开始倔强，还会当众炫耀自己，当宝宝做了某件事引起父母或客人哈哈大笑或夸奖时，他会得意地一遍遍重复这个动作，逗别人高兴。宝宝已经能意识到什么是好，什么是坏，而且能够听从父母的劝阻，对大人否定的语言、语气甚至眼神也能应答。比如听到妈妈喊"不要动、不要拿"的时候，宝宝会将正要拿起的物品放下，或用手势表示自己简单的需要。此时的宝宝还显示出更大的独立性，不喜欢被大人搀扶和抱着，喜欢自由自在的活动；喜欢和成年人交流，为了引起大人的注意，宝宝会主动讨好大人或者故意淘气；还特别喜欢模仿大人做一些家务事。

二、婴儿喂养

（一）婴儿喂养方法

1.2个月宝宝

（1）母乳喂养　母乳喂养的原则是按需哺乳。到了第2个月，宝宝吃奶的动作已经练习得很熟练了，吸吮的力量也增强了，基本可以一次完成吃奶。比较上个月，吃奶间隔也会有所延长，一般2.5～3小时一次，一天8～9次。但是，由于每个宝宝的情况不同，每天具体要喂几次，要根据宝宝的反应。这个月的宝宝比新生儿更加知道饱饿，吃不饱就不会满意地入睡，即使睡着了，也很快就会醒来要吃奶。

（2）人工喂养　到了第2个月，采用鲜奶或是配方奶粉喂养的宝宝，这个月就可以喂全奶了，无需稀释。每次喂奶量80～120ml。宝宝有个体差异，不能完全生搬硬套，食量少的婴儿不吃到标准量也可以，食量大的婴儿可以吃到150ml，但是最好不要喂150ml以上。如果喝了150ml后，宝宝还是哭闹，可在30ml左右的温水中加入一些白糖喂给婴儿。那么，这个月宝宝到底应当吃多少？可以根据宝宝的反应，只要宝宝吃就喂，宝宝不吃就停止。不要宝宝一哭闹，就认为是宝宝饿了，反复往宝宝嘴里塞奶头，只要宝宝将奶头吐出来了，就说明宝宝吃饱了。

（3）混合喂养　混合喂养时，母乳少，宝宝吸吮困难。奶嘴容易吸吮，宝宝吃起来省力，因此混合喂养的宝宝容易喜欢吃配方奶而放弃吃母乳。因为妈妈乳汁少，宝宝吃完没多长时间，就又要奶吃，会影响宝宝睡眠，妈妈也很疲劳，因此容易放弃母乳喂养。但是无论怎样，妈妈一定要坚持母乳喂养，因为这个月的宝宝仍然以母乳为最佳食物，母乳是吃得越空，分泌得越多。另外，不能因为奶少，就憋着攒够宝宝一顿吃，母乳不能攒，如果奶受憋了，就会减少乳汁的分泌。因此，如果有了就喂宝宝吃，慢慢的或许就够宝宝吃了。

2.3个月宝宝

（1）母乳喂养　只要妈妈的母乳比较充足，就应当继续坚持纯母乳喂养。不过这个月宝宝吃奶的时间可能会延长一些，根据宝宝的实际情况，两次喂奶时间间隔拉长1小时，夜间喂奶时间延长到6～7小时。只要宝宝不醒就不要叫醒宝宝吃奶。因为在入睡阶段，宝宝消耗的能量比较少，吃饱后宝宝睡6～7

小时不会有问题。对于每次吃奶量较小的宝宝，不要刻意延长喂奶时间间隔。只要宝宝想吃就给宝宝吃，如果宝宝将乳头吐出来了、转过头不吃了，就不要硬给宝宝吃。

（2）人工喂养　到了第3个月，宝宝的食欲更好了，食量也会有所增加，可以将原来每次120～150ml，增加到每次150～180ml，甚至可以达到200ml。不过，对于胃口比较大的宝宝，也不能无限制地添加奶量。一般每天吃6次的宝宝，每次150ml；每天吃5次的宝宝，每次180ml。

（3）混合喂养　宝宝又长大了，原本母乳分泌不足的妈妈，更担心自己的母乳不够宝宝吃。请妈妈一定要记住，6个月前母乳是宝宝最佳的食品，过量添加奶粉，会影响母乳摄入。母乳喂养还是按需喂养。奶粉的喂养量，如果按照上个月的喂养量，宝宝每周体重增长在200g以上，就表明喂养充足。如果按照上个月的喂养量，宝宝一次就喝完，好像还不饱时，下次冲奶就增加30ml，如果吃不了，就减下去，最好不要超过180ml。

（4）哺乳妈妈用药需谨慎　哺乳期妈妈服用的药物，大多可以通过血液循环进入乳汁中，经过宝宝的吸吮，药物又会进到他们的身体里。因此，哺乳期妈妈不能自作主张，自我诊断，自己给自己开药吃，需要用药时，应当向医生咨询，必须在医生的指导下，采取合理用药原则，否则对宝宝的身体会造成很大的损害。注意，哺乳期间是不能吃避孕药的。

3. 4个月宝宝

（1）母乳喂养　宝宝到了第4个月时，每天吃奶的次数基本固定了。如果母乳充足，可以不用添加辅食。相反，如果宝宝夜里睡眠时间明显缩短，开始出现哭闹，每周体重增长低于100g，排除疾病因素，提示母乳不足，应当及时添加配方奶。有些宝宝吃惯了母乳，可能一时不愿意喝配方奶，父母也不用着急，慢慢帮助宝宝适应。

（2）人工喂养和混合喂养　宝宝满百天后，已经掌握了很多的技能，每天的活动量也加大了。宝宝每次喝奶量可达到200ml，每天的总奶量应当到1000ml。有些妈妈只考虑每次宝宝能喝多少，而忽略了喂奶次数，如果每天6次，每次200ml，总奶量超出。短时间的超量，宝宝不会有什么不适表现。很多妈妈还觉得自己的宝宝很能吃，能长大个。事实上，可能出现下列问题。

① 导致宝宝体重超重，这个问题对于很多家长，可能觉得问题不大，但对于过胖的宝宝来说，由于身体内堆积了不必要的脂肪，会使心脏的负担加重。并且因为身体过重，宝宝的动作较一般宝宝迟缓，进而导致宝宝的大动作发育，比如站立、行走等时间也会较其他宝宝晚。因此，应控制宝宝每天摄奶的总量在

1000ml以内。超重的宝宝可将总奶量调整到900ml左右，再适当喂些果汁、酸奶（婴儿能喝的低浓度酸奶）等。

② 宝宝3个月前，肠胃无法完全吸收牛奶中的蛋白质，3个月后，宝宝肠胃功能增强了，同时奶量也增加了，此时宝宝的肝和肾全部动员起来帮助消化、吸收奶液中的营养成分，容易加重肝肾负担。

③ 这个月的宝宝对妈妈更加依恋，并且会利用增加吃奶次数让妈妈抱着，尤其是混合喂养的宝宝，总要吃妈妈的奶，而且吃母乳很难计算每次的吃奶量，因此宝宝比较容易吃多。

4.5个月宝宝

到了第5个月时，可以为宝宝增加辅食了。如果妈妈的母乳充足，宝宝体重正常增长（一周增加约140g），那么只需要给宝宝添加一些果汁、菜汁和鸡蛋黄。果汁和菜汁每次50ml，一天2次。鸡蛋黄每天1/4个，可将蛋黄压碎后，用小勺喂宝宝吃，同时可以锻炼宝宝的咀嚼能力。

注意：在为宝宝添加果汁时，最好购买新鲜水果在家自制，因为大多瓶装饮料中都含有防腐剂或色素。

有的父母认为宝宝的奶量要随着月龄的增加而增加，这种理解是错误的。还有的父母发现自己的宝宝比书上说的或是奶粉袋上说的同月龄的宝宝吃得少，就认为宝宝可能是厌食了，缺锌了，或是消化不好等，开始盲目给宝宝补锌，吃助消化的药物。这些想法和做法都是错误的。到了第5个月，宝宝的奶量基本不变。宝宝奶量不增加，并非宝宝吃奶不好。而是因为宝宝的胃肠功能逐渐完善，奶量虽然没有增加，但是宝宝对奶的消化吸收能力增强了，同样可以满足宝宝生长的需要。只要宝宝精神好，体重稳定增长，就不用担心宝宝会饿着或是厌食了。

混合喂养的宝宝，到了这个月出现厌食奶粉或牛奶的现象比较多。母乳不足，宝宝又不吃奶粉或是牛奶，就意味着需要添加乳类以外的辅助食品了。可先添加20～30g米粉，然后观察宝宝的大便情况，如果出现腹泻，就减量或停掉，或换成米汤、面汤等。

5.6个月宝宝

到了第6个月，宝宝所需要的热量以及各种营养成分与上个月相比并无多大变化。本月宝宝对乳类以外的食物消化能力进一步增强，因此无论是母乳喂养、人工喂养，还是混合喂养，在上个月的乳类摄入量的基础上，继续添加辅食。如果添加辅食过晚，宝宝对乳类以外食物的兴趣就会减弱，咀嚼、吞咽功能也无法得到充分的锻炼。5～6个月时，宝宝体内的储备铁显著减少。蛋黄含铁多，又容

易被宝宝消化吸收，因此是宝宝补充铁的最佳食品。

不要让宝宝吃太多动物肝。宝宝容易缺乏维生素A，而维生素A主要贮藏在肝和脂肪组织中。肝是动物体内的解毒器官，含有特殊的结合蛋白质，与毒物的亲和力较高，可以把血液中已与蛋白质结合的毒物夺过来，使它们长期储存在肝细胞里。所以，过量食用动物肝会损害宝宝的健康。宝宝只需要吃少量的肝，就可以获得足够的维生素A。

6. 7个月宝宝

到了7个月，母乳分泌量仍然是很多的，除了确保添加一定量的辅食外，没有必要减少宝宝吃母乳的次数，只要宝宝想吃，就给宝宝吃，即使是在晚上，宝宝想吃还可以继续吃，这样也可以防止宝宝闹夜。

对于母乳分泌较好的混合喂养宝宝，妈妈总是感到奶胀，宝宝又不爱吃母乳，只吃奶粉和辅食的，可适当减少奶粉量，宝宝饿了，自然会多吃一些母乳。有些宝宝可能在添加辅食之后，开始喜欢辅食，从而变得不爱吃母乳，也不爱吃牛奶（奶粉），此时妈妈可不要认为，既然宝宝爱吃饭了，就断奶吧，这是不对的。

1岁以内的宝宝应以乳类为主，过早断奶不利于宝宝的生长发育。此时，可以不给宝宝添加米面类辅食，只添加蔬菜、水果、蛋类，宝宝饿了就会吃母乳或奶粉。如果宝宝不吃母乳或奶粉，可以将母乳挤出来或奶粉冲调好后用小勺喂宝宝，大多宝宝会接受，对于不接受的宝宝，父母也不要着急，可以缓几天，先吃辅食，然后再试着用小勺喂宝宝奶粉或母乳。另外，也可以给宝宝吃酸奶、奶酪等。总之，对于不喜欢吃乳制品的宝宝，要想办法让宝宝习惯喝奶。乳类仍是这个时期宝宝的主要营养来源。

食盐中所含的钠和氯，是人体内必需的元素，可以起到调节生理功能的作用。宝宝从出生到6个月后，其肾发育较为完善后，才能够将体内多余的钠和氯等物质排出体外。根据宝宝这一生理特点，专家建议8个月以后再给宝宝添加少许的盐，1岁以下的宝宝每日用盐量不应超过1g，以添加了盐大人吃不出咸味为准。1岁以后可逐渐增加到2g左右。宝宝2岁以后逐渐与成人同食，但还须注意口味不要过重，以避免加重宝宝的肾负担或引起儿童高血压。如果平常活动量较大、出汗多的宝宝，可以适当增加盐用量。

7. 8个月宝宝

这个月宝宝的营养需求与上个月差不多。到了这个月，宝宝基本都喜欢吃辅食。不喜欢喝奶粉或牛奶的宝宝，可通过多吃肉蛋来补充蛋白质；不喜欢吃蔬菜的宝宝，可以通过多吃水果来补充维生素。这个月的宝宝可以直接拿着吃水果了，父母可以把水果皮消掉，切成小块，让宝宝自己拿着吃。

这个月宝宝的咀嚼、吞咽能力都增强了，可以吃一些半固体食物，例如软米饭、鸡蛋羹、软面条。最好给宝宝单独制作，因为大人的饭菜难免口味较重，会加重宝宝的肾负担，对口味影响也较大。

8. 9个月宝宝

到了9个月时，宝宝的胃肠功能更加完善，宝宝更喜欢吃辅食。母乳喂养的重要性逐渐减弱，断奶进入第二个阶段——半断奶期。母乳或奶粉的喂养次数和时间可以延续上个月的标准。注意，如果母乳不多或是已经没有奶水了，不要让宝宝一直吸着乳头玩。辅食的量要根据宝宝的食量而定，一般情况下一天两顿，每次约100g，中间可以让宝宝穿插吃两次饼干、水果等小零食。

8个月以后的宝宝，每天吃奶的目的是补充足量的蛋白质和钙。这个月的宝宝每日奶粉或牛奶摄入量不要少于500ml，也不要多于800ml。不喜欢喝奶粉或牛奶的宝宝，可以用肉类补充蛋白质和钙，但是不要彻底停掉奶粉或牛奶。半夜仍要喝奶的宝宝，还是要坚持给宝宝喝，保证宝宝安稳入睡。

9. 10个月宝宝

这个月的宝宝，乳牙已萌出，多者可有6颗乳牙，咀嚼能力更强了。随着宝宝对食物接受能力的增强，这个月开始可以试着将宝宝的辅食转变成主食——一日三餐。

宝宝食物的形态变化。稀粥可由稠粥、软饭代替，由烂面条可过渡到挂面、面包和馒头。肉末不必太细，碎肉、碎菜较适合。每日三餐要变换花样，使宝宝有食欲。关于每餐的食量，要因人而异，一日三餐中总有一餐吃得多些，一餐吃得少些，这属于正常现象。10个月以后的婴儿生长发育较之前减慢，因此食欲也较以前下降，只要每日摄入的总量不明显减少，体重继续增加即可。

宝宝从添加辅食开始到第10个月时，对淀粉的消化吸收较为完全，但是对鱼和肉类蛋白质还不能完全适应，而且吃的量也不足，无法完全满足生长发育所需的营养物质，尤其是蛋白质，因此1岁以前的宝宝每日奶粉或牛奶摄入量还应当保持在500～600ml。不爱吃肉、爱喝奶粉或牛奶的宝宝，每日的奶粉或牛奶摄入量不能超过1000ml。不爱吃蔬菜的宝宝，要适当多吃些水果。

10. 11个月宝宝

这个月宝宝营养需求和上个月差不多。到了这个阶段，宝宝开始表现出饮食个性化差异，有的宝宝喜欢吃米饭，有的喜欢吃面条；有的宝宝就喜欢吃肉，一点蔬菜也不吃，有的宝宝喜欢吃火腿肠等熟肉食品。宝宝的食量大小差异也很大，食量大的宝宝每顿能吃一小碗米饭，而食量小的可能就吃几小勺。

无论宝宝的食量大小，从这个月开始，要培养宝宝良好的进食习惯。只有好的进食习惯才能够确保宝宝的进食量，让宝宝的身体得到充足的营养供给，身体才会健康。对于爱喝奶粉或牛奶的宝宝，妈妈要通过变化食物的花样，让宝宝对食物产生兴趣和好感，激发宝宝的食欲，同时有助于消化腺分泌消化液，使食物得到较好的消化。虽然宝宝的消化能力增强，但是宝宝的胃容量有限，仍不能一次消化很多食物，一日三餐不能够满足宝宝生长发育的营养需求。除了喝奶粉或牛奶外，还应给宝宝添加两次点心，时间一般安排在上午10点、下午3点。点心不要选择太甜或者耐饥的，否则会影响下一餐的正常进食。注意，巧克力等糖果不能作为点心。

这个阶段，对于食量较大的宝宝，妈妈要提防肥胖。这个阶段的宝宝单纯减少食量比较困难，因此可以从控制宝宝的饮食结构入手，多吃蔬菜、水果，多喝水，少吃主食，饭前也可以先喝一些淡果汁，这些都是控制体重的好方法。由于宝宝生长发育蛋白质需要量较大，因此不能控制奶和肉蛋的摄入。

到了这个阶段，如果母乳还较好，只要不影响宝宝对其他食物的摄入，可以继续喂下去。有的妈妈觉得现在的配方奶粉较好，就让宝宝以奶粉为主，这种做法是不对的。摄入的食物太少会让宝宝失去锻炼咀嚼和吞咽能力，也可能会影响宝宝味觉的发育，日后可能会出现偏食。

11. 12个月宝宝

到了这个月大部分宝宝都要断离母乳了。一直吃母乳的宝宝，可以用配方奶粉代替。这个月的宝宝每天的奶量为200～500ml。一日三餐两点心，要确保宝宝吃的营养均衡。

有的家长怕宝宝的营养不足，盲目给宝宝补充多种维生素片、牛初乳、蛋白粉等高营养食品。过多的食入蛋白质，而减少碳水化合物的摄入，身体为了有足够的热量，将会利用蛋白质产热，蛋白质分解产热时会间接产生一些有害物质，加重宝宝的肝肾负担。另外，蛋白质代谢还会造成血液酸化，引起厌食、烦躁、哭闹等不适。

这个月的宝宝大部分可以轻松进食固体食物。因此有的家长会给宝宝购买一些儿童零食，而且大多宝宝都喜欢零食，因为零食一般口味较重。要注意零食的质量参差不齐，很多不符合宝宝的营养需求，不能让零食填充了宝宝的肚子而影响正餐的摄入量。

（二）辅食添加原则和制作方法

1. 辅食添加应注意的原则

宝宝的胃肠非常脆弱，在添加辅食时需要注意以下原则。

（1）辅食添加的量要由少到多。每添加一种新的食品，必须先从少量喂起。持续几天，密切观察宝宝排便、食欲、情绪及皮肤等全面状态。如果宝宝没有什么不良反应，再逐渐增加量。

（2）辅食添加品种由单一到多种。宝宝适应了一种辅食后，再添加新的品种。

（3）辅食添加的制作方法要由稀到稠。最初只让宝宝吃一些易消化、水分较多的汤水，然后过渡到羹粥糊类食品，接着过渡到泥状食品，最后添加较柔软的固体食品。

（4）添加固体辅食形态要由细到粗。固体食物要先做成稀泥状的，待宝宝长大一些，可以做成碎末状或糜状，随后做成块状的食物。例如，肉泥→肉糜→肉末→肉丁，菜泥→菜末→菜碎。

（5）添加辅食期间，如果宝宝生病或对某种食品不适应、不消化，就不能添加或者要暂停添加。

（6）给宝宝添加辅食忌过快过量，这样会加重宝宝肠胃负担，引起消化系统的不适或是疾病。

（7）添加辅食最好安排在上午宝宝喝奶之前，一方面宝宝因为饥饿会比较容易尝试辅食；另一方面在上午添加辅食，如宝宝有不适，下午还可以去看医生。

（8）开始给宝宝喂辅食，妈妈一定要有耐心。宝宝刚开始用小勺吃辅食，很可能会把食物都吐出来，这种情况大多数是因为宝宝还不会用舌头帮助咽下食物，只要宝宝不躲避，而且对吃到的食物表现得很感兴趣，妈妈一定要耐心地一点一点喂。宝宝将食物吐出时，千万不要责备和催促，以免引起宝宝对进餐的厌恶情绪。

2. 制作添加食物的原则

随着婴儿不断生长发育，奶类无法完全满足宝宝所需要的营养物质，辅食成为保证婴儿获得必需营养素的必要途径。烹饪食物必须包括3大要素。

（1）卫生要素　满足安全与健康的需要。

（2）营养要素　满足生理、运动消耗的需要。

（3）美感要素　满足感官、精神的需要。

在为婴儿制作辅食时，应参照这3项要求，而卫生要求在制作工程中应当特别重视。婴儿的消化系统非常娇嫩，免疫系统的发育又不完善，一旦摄入不洁食物，会引起腹泻。这样一来，不但没有补充营养素，反而使体内的营养素丢失。

因此，在制作婴儿辅食时一定要严把卫生关，例如制作的辅食要熟透，盛辅食的容器要严格消毒，制作者的手要清洗干净。

3. 添加菜汁、菜泥

菜汁可以由新鲜的蔬菜加水煮沸后制成，其中溶解有大量的维生素C和其他水溶性维生素。维生素C具有保持人体正常生理功能、促进健康、增强机体抵抗力的作用，体内如果缺乏维生素C会引起坏血病。

4个月之内吃母乳的婴儿，哺乳妈妈膳食中维生素C含量直接影响母乳中的维生素C含量，只要母亲多吃一些富含维生素C的蔬菜、水果，婴儿就无须再喂菜汁；而人工喂养的婴儿，由于奶粉或牛奶中维生素C的含量极低，可以适当喂一些菜汁，以补充维生素C。

蔬菜中还含有许多与婴儿健康关系十分密切的无机盐类，例如钙、磷、铁等。由于这些营养素不溶于水，在菜汁中不可能摄取到，因此有必要把蔬菜制成菜泥或碎菜。

4. 添加蛋黄

蛋黄是一种营养比较丰富的食物，含有优质蛋白质、卵磷脂、维生素，还含有无机盐铁、钙、磷等，是补充铁的良好来源。在婴儿即将耗尽体内储存铁时，一般在4～6个月龄，开始添加蛋黄。

作为一种新添加的辅食，应从少量开始，给婴儿一个适应的过程。在添加时，将鸡蛋煮熟，取出四分之一个蛋黄，碾成糊状，然后与奶、奶糕、米粉、水等混合均匀后给宝宝食用。连续几天，观察宝宝吃了蛋黄后的消化情况。如果大便正常，可以逐渐从四分之一加到半个，再观察1周，如果没有异常反应，可逐步加到1个整蛋黄。

在添加蛋黄的过程中，如果宝宝出现消化不良，可暂时停止添加蛋黄，或是维持所能够接受的蛋黄量，待到宝宝大便正常之后再少量增加。

5. 泥糊类食物

较大的宝宝应当喝粥，在粥中要添加副食品，这一类副食品需精细加工，否则，婴儿难以吞咽。这里介绍菜泥、猪肝泥、肉末及虾泥的制作方法，供家庭制作参考。

（1）菜泥　先将菜叶（如青菜、苋菜、卷心菜等）洗干净，去茎后将叶子撕碎，在沸水中略焯一下后捞起，放在滤器中用勺刮或用勺子挤压捣烂，滤出菜泥。如果没有滤器，可以用菜刀把菜剁细碎。随着宝宝月龄的增长，菜泥可以剁得粗一些。菜叶弄碎之后，用武火上油锅炒一下即成。

（2）鱼泥　把鱼段（如青鱼、带鱼）洗净之后，放在碗内加料酒、姜，清蒸10～15分钟，冷却后去鱼皮、去骨，把留下的鱼肉用勺压成泥状，即成为鱼泥。

（3）肉末　瘦肉洗净、去筋，切成小块后用刀剁碎，或是放在绞肉机中绞碎，加一点淀粉、料酒和调味品拌匀，放在锅内蒸熟。

（4）肝泥　将猪肝（或牛肝、羊肝）洗净，用刀剖开，用刀在剖面上慢慢刮，然后将刮下的泥状物加上料酒和调味品，放在锅内蒸熟，然后研开即成肝泥。如果用鸡肝或鸭肝，则要先洗净，加料酒、姜，放在锅内整只煮熟，冷却后取出用勺压成泥状。

（5）虾泥　鲜虾去壳，剥出虾仁，将虾仁洗净，剁碎成茸，然后加料酒、淀粉和调味品，拌匀以后上锅蒸熟即可。

（三）婴儿喝水量

水是机体赖以维持最基本生命活动的物质，在机体内的含量最多，占成年人体重的50%～65%，占婴儿体重的75%，是生命必需营养素中最重要的一种。多给宝宝喝水，是确保宝宝健康成长发育，免遭疾病侵害的最主要哺养手段之一，也是育儿的关键要素。

人体是由细胞组成的，水是机体细胞和细胞外液的重要组成成分。细胞内的水分，已成为细胞的重要构成材料；细胞外液，要从血管中输送营养和代谢产物到细胞中。还有约10%的水循环在人体各器官中，输送氧、营养素和代谢产物到身体的各部分，在体温调节中枢的控制下，参与体温调节。由于机体每日都要经由皮肤、呼吸、大小便中排出相当数量的水分，因此每天必须从膳食或饮料中补充丢失的水分。

人体每日摄入的水量应当与排出体外的水量保持大致相等。婴儿生长发育旺盛，对水的需求相对比成年人要高得多，每天消耗水分占体重的10%～15%，而成年人仅为2%～4%。婴儿每日的需水量与年龄、体重、摄取的热量及尿的相对密度（比重）均有关系。

婴儿期的宝宝，每天需水量为每千克体重120～160ml。人体组织和某些食物代谢氧化过程中也会产生，称为内生水。每1g碳水化合物产生0.6g水；每1g蛋白质产生0.4g水；每1g脂肪产生1.1g水。

（四）补钙和补充维生素C

1.补钙

婴幼儿缺钙，除了摄入钙量不足引起的低钙之外，主要包括一些妨碍钙吸收的因素。

（1）维生素D摄入不足，会引起钙吸收障碍。

（2）脂肪摄入过多，可使钙元素不易溶解，随大便排出。

（3）摄入的钙、磷比例不当，也会影响钙的吸收。

（4）钙在碱性环境中不容易溶解。

（5）婴儿生长有一定的规律性，而婴儿专用的补剂如何添加，需要严格遵照医嘱。不仅钙剂，从新生儿期开始，为宝宝添加的维生素D制剂、鱼肝油口服剂等，也都要请教医生，严格按照宝宝生长的进程服用，防止出现滥用的问题。

当宝宝体内缺乏维生素D时，会产生钙、磷代谢失常、骨样组织钙化障碍，引起一系列症状，可能还会让宝宝患上佝偻病。

患佝偻病的宝宝夜间睡眠不稳，容易惊醒，并且多汗，由于酸性汗液刺激皮肤，造成宝宝头部来回摆动摩擦枕部，使头后形成一圈脱发，医学上称为枕秃，俗称"缺钙圈"。较为严重的佝偻病，颅骨出现软化，用手按上去，像乒乓球一样；逐渐出现方颅、胸廓下部肋骨外翻。当宝宝学走路时，由于骨骼软而吃力，致使腿部弯曲，形成"O"形或"X"形腿。有的还会出现脊柱弯曲等症状。患有佝偻病的宝宝，走路、说话、长牙齿都比正常宝宝要晚。

预防佝偻病的方法，首先是给宝宝多晒太阳，6个月以上的宝宝每天户外活动时间应当越来越长，即使在冬天，也要注意户外锻炼，让宝宝接触阳光，同时还应当坚持继续服用钙片和鱼肝油。已经患有佝偻病的宝宝，要根据医嘱，使用维生素D制剂。

2. 补充维生素C

维生素C主要来源于新鲜蔬菜和水果，因为婴儿不能独立进食，因此容易造成维生素C缺乏症。通常说来，每100ml母乳含有维生素C 2～6g，母乳喂养的宝宝基本上不存在维生素C缺乏问题。

但人工喂养的宝宝就不同了，牛奶中维生素C含量本来就少，经过加热，又会被破坏掉一部分，就所剩无几了。因此，要给人工喂养和混合喂养的宝宝增加一些绿叶蔬菜汁、番茄汁、橘子汁和果泥等。这些食品中均含有较丰富的维生素C。

维生素C接触到氧、高温、碱或铜器时，容易被破坏掉。因此，给宝宝制作这些食品时，要用新鲜水果和蔬菜，现做现吃，既要注意卫生，防止病从口入，又要避免过多地破坏维生素C。

对混合喂养和人工喂养的婴儿，每天都要适量添加蔬菜汁和新鲜果汁，以补充维生素C，一般每天2次，在喂奶的间隙哺喂。

3. 鲜果、菜汁的制作

由于宝宝身体功能的增长和新陈代谢活动旺盛，每天要补充足够的水分，以满足于需求。一般婴幼儿每天每千克体重需要水120～160ml。例如，某一个月龄的宝宝如果体重5kg，每天需水量在600～960ml，包括喂奶量在内。适当喂哺温热的白开水之外，家庭还可以自制一些新鲜蔬菜、水果汁给婴儿，补水的同时补充维生素。

（1）水果汁　取苹果、梨等新鲜水果，去皮和核后切成小丁，加入清水煮沸，然后滤掉果渣，晾温后即可。

（2）青菜汁　青菜或其他新鲜绿叶蔬菜叶片50～100g，洗净后切碎，加入清水煮沸，至水变为绿色后，篦出菜水或是滤去菜叶，待温度适宜时喂哺。

（3）西瓜汁　去皮取西瓜肉，以榨汁机取汁即可。4～6个月大婴儿，每次喂食1～2小匙（15～30g）。西瓜多汁，含水量达93%，同时又是含钾量很高的水果，有利尿作用，在晚上睡前不宜给宝宝食用，免得宝宝因为尿多而影响睡眠。

（4）胡萝卜汁　胡萝卜洗净切碎，放入锅内加水煮沸2～3分钟后，用纱布滤去渣，晾温即可，也可以加入适量的白糖。

（5）橘子汁

① 橘子半个，白糖、温开水若干。剥去橘皮，将其中一半用汤匙捣碎后放入纱布里，挤出汁液后，加入适量的水和白糖调匀。

② 橘子一个，外皮洗净切成两半，分别以半只放上榨汁器盘上旋转压榨，果汁即流入槽中，再以纱布或滤网过滤即可。每个橘子可榨取果汁40ml左右，在饮用时，应兑加等量温开水，也可以放少量糖。

（五）婴儿换乳期的辅食营养

婴儿的换乳期，是指从出生4个月后到1岁左右。在这一时期，宝宝的主要食物开始由液体（母乳、配方奶等）过渡到固体（饭菜等），中间约有半年，要逐步添加糊状食物，例如多种菜泥、肉泥等。此阶段的食物被称之为辅食。有很多家长并不重视这一类食物的均衡搭配与喂养，使宝宝无法全面吸收营养，影响健康生长发育。其实，宝宝换乳期所添加的食物，不应当称为"辅食"，因为它对宝宝的健康生长而言是必需的。

一般来说，宝宝从4～6个月开始，除了母乳或配方奶，要开始逐步添加蔬菜泥、苹果泥、香蕉泥等泥糊状食物。5～6个月时，宝宝体内储存的铁已基本耗尽，仅喂母乳或配方奶已满足不了生长发育的需要。因此需要添加一些含铁丰富的食物。5个月时，可添加蛋黄、米粉、水果泥、青菜泥等食物。宝宝6个月时，可添加鱼泥、豆腐等食物，晚餐开始以添加食物为主。

从7个月到1岁左右，可以开始大量增加泥糊状食物，在增加食量和次数的同时，还要考虑到各种营养的平衡。为此，每餐最起码要从以下4类食品中选择1种。

（1）第1类淀粉　面包、米粥、面条、薯类、通心粉、麦片粥、热点心等。

（2）第2类蛋白质　鸡蛋、鸡肉、鱼、豆腐、干酪、豆类等。

（3）第3类蔬菜、水果　蔬菜包括萝卜、胡萝卜、南瓜、黄瓜、番茄、茄子、洋葱、青菜类等；水果包括苹果、蜜柑、梨、桃、柿子等。还可加海藻食物，如紫菜、海带等。

（4）第4类油脂类　黄油、植物油等。

母乳至少要坚持12个月。宝宝24个月时可以完全断奶（母乳），饮食也固定为早、中、晚三餐，并由稀粥过渡到稠粥、软饭，由肉泥过渡到碎肉，由菜泥过渡到碎菜，到快1岁时可以训练宝宝自己吃饭。

如果宝宝不太肯吃成人食品，不要勉强喂哺，有可能过上2～3天，宝宝就会喜欢新的食物。

三、婴儿断奶照护

（一）断奶方法

断奶是育儿过程中，尤其是母乳喂养的宝宝成长过程中的必经阶段。母乳哺育的妈妈，需要提前准备给宝宝离乳。一方面，妈妈的哺育假期即将终结；另一方面，宝宝需要的营养增加，而且消化系统也开始逐渐发展到能接受成人食物，需要建立健全消化吸收系统的功能。

给宝宝断奶，是一个循序渐进的过程，要让宝宝慢慢适应。从4～6个月开始，要给婴儿添加辅食，逐步使辅食变为主食。

开始时，每天少喂1次奶，用辅食补充，在后几周内慢慢减少喂奶的次数，逐渐增加辅食，最后停止夜间喂奶，最终完全断奶。有的父母给宝宝强行快速断奶，结果宝宝哭闹不止，易上火，吃不好，睡不好，影响健康。也有的父母按照老辈人教给的传统做法，平时不为宝宝断奶做准备，要断奶时，就往乳头上抹辣椒水或苦味的东西，以此来胁迫宝宝。这种突然断奶的方法很不好，会使宝宝感到不愉快，影响情绪，容易引发疾病，也会因为不适应饮食的变化造成营养不良。

自然断奶法，是不断诱导宝宝吃其他食物，同时允许宝宝吃奶，逐步使宝宝自己停止吃奶。但是，断奶最晚不要超过1岁半。实际上，给宝宝断奶，并非彻底"断"绝了奶类食物供应，而是换成以一般的固体食物为营养的主要来源。因此，称为"换乳"或"离乳"才更加合适一些。

无论母乳哺喂还是牛奶、配方奶哺喂的婴儿，从4～6个月开始添加固体食物都是必需的过程，让宝宝的肠胃、饮食习惯都得到锻炼和适时发育，开始逐渐形成食物转换的方式。而在这个过程中，甚至在成年之前，最好每天都要继续供给一些新鲜牛奶或配方奶，继续补充营养。因为，牛奶、配方奶等奶制品，是宝宝生长发育过程中最好的营养补充源之一。

（二）断奶后的饮食

断奶，并非停止一切乳品，而是戒断母乳喂养，以代乳品及其他食物来替代。这是一个渐进的过程，需要一定的时间让婴儿逐渐适应，在添加辅食的基础上，逐步过渡到普通饮食，以利宝宝的消化吸收、利用、代谢，保证日常生活及生长发育的营养需要。

断奶后的宝宝，必须完全靠尚未发育成熟的消化器官来摄取营养。由于消化功能尚未成熟，容易引起代谢功能紊乱，因此断奶后宝宝的膳食，要适应这个时期宝宝机体的特点。

断奶后，宝宝每日需要热量为4600～5020千焦（1100～1200千卡），蛋白质35～40g，需求量较大。由于婴幼儿消化功能较差，不宜过多进食固体食品，应当在原辅食的基础上，逐渐增添新品种，逐渐由流质、半流质饮食改为固体食物，首选质地软、易消化的食物。在烹调时应当切碎、烧烂，可煮、炖、烧、蒸，不宜油炸和使用刺激性调料。

给宝宝断奶后，不能全部食用谷类食品，也不能与成年人吃同样的饭菜。主食应当给予稠粥、烂饭、面条、馄饨、包子等，副食可包括鱼、瘦肉、肝类、蛋类、虾皮、豆制品及各种蔬菜。主食大米、面粉每天约需100g，随着年龄增长逐渐增加；豆制品每天25g左右，以豆腐和豆干为主；鸡蛋每天1个，蒸、炖、煮、炒都可以；肉、鱼每天50～75g，逐渐增加到100g；配方奶或牛奶每天500ml，1岁以后逐渐减少到250ml；水果可根据具体情况适当供应。

断奶后宝宝的进食次数，一般每天4～5餐，分早、中、晚餐及午前点、午后点。早餐要保证质量，午餐宜清淡些。例如，早餐可供应牛奶或豆浆、蛋或肉包等；中餐可以为烂饭、鱼肉、青菜，加鸡蛋虾皮汤等；晚餐可以进食瘦肉、碎菜面等；午前点可以给一些水果，如香蕉、苹果、梨等；午后点为饼干及糖水。每天的菜谱尽量做到多轮换、多翻新，注意荤素搭配，避免餐餐相同。此外，烹调技术及方法，也会影响宝宝的饮食习惯和食欲，如果色、香、味俱全，能促进宝宝食欲，增多食物摄入，加强消化及吸收功能。

从婴幼儿期起就要养成良好的饮食习惯，防止挑食、偏食，要避免边走边喂、吃吃停停的坏习惯。宝宝应当在安静的环境中专心进食，避免外界干扰，不打闹、不看电视，以提高进餐质量。

在三餐两点之外，尽量少给宝宝零食，特别是少吃巧克力，以免影响宝宝的食欲和进餐质量；如果进食量过多，也会导致营养失调或营养缺乏症。

四、婴幼儿眼睛呵护

眼睛是心灵的"窗户"。让宝宝有一双明亮而美丽的眼睛，是每一位父母的心愿。

宝宝刚出生时，对光线会有反应，但眼睛发育不完全，视觉结构、视神经尚未成熟，视力只有成人的1/30。1个月的宝宝，视力只有光感或者只能感觉到眼前有物体移动，并不能看清物体。一般出生3个月后，才会注意人，能够追随眼前的物体看，但视野只有45°左右，而且只能追视水平方向和眼前18～38cm远的人或物。

在视网膜上，有一种圆锥细胞，是颜色的感受器。红、绿、蓝是自然界3种基本颜色，圆锥细胞中，含有对这3种颜色相适应的组织，是感色成分。每种感色成分主要被一种基本颜色引起兴奋，对其他有色光线虽然也起反应，但程度有限。因此，宝宝多喜欢红、绿、蓝3种颜色。

（一）预防眼外伤

这一点需要全家人格外小心。对1岁以内的宝宝，不要拿任何带有锐角的玩具玩。宝宝长到1岁以后渐渐地会走、会跑了，更要小心预防眼外伤。千万不要给宝宝拿刀、剪、针、锥、弓箭、铅笔、筷子等尖锐物体，以免宝宝走路不稳摔倒后被锐器刺伤眼球。

另外，不能让宝宝独自燃放鞭炮，因为宝宝不能掌握燃放技术，爆竹爆炸时外力巨大，对眼球的猛烈冲击会导致眼损伤，如眼睑皮肤和结膜破裂、烧伤，角膜、结膜多发性异物，角膜裂伤，前房和眼内出血，眼底损害和青光眼，严重者完全失明。

（二）洗涤剂、清洁剂误入眼睛

洗涤剂、清洁剂种类繁多，含有不同程度碱性化学成分，如果不小心进入宝宝的眼睛，对结膜、角膜上皮有损害，会使结膜充血、角膜上皮点状或片状破损，影响角膜透明度。由于刺激角膜上皮丰富的感觉神经末梢，宝宝会出现怕光流泪、不敢睁眼和疼痛等情况。所以，在使用洗涤剂时，千万不要溅进宝宝眼里，一旦发生，要立即用清水冲洗。

（三）异物入眼睛

异物进入眼里，会出现怕光流泪、不敢睁眼等现象。此时，千万注意不能让宝宝用手揉眼睛，因为用手揉眼睛，不仅异物出不来，反而会摩擦角膜上皮，使异物深深嵌入角膜，加重疼痛，还容易引起细菌感染，发生角膜炎。

正确的做法是帮助宝宝轻轻提起眼皮，如此反复进行，使异物随着眼泪的冲洗而自行排出。如果无，可以把宝宝上下眼皮翻开，检查眼睑、结膜、睑穹窿部有无异物，如有，再用消毒棉签或干净的手帕把异物拭除。如果异物在角膜（俗称乌眼珠）上难拭除，必须带宝宝上医院请医生清除。

（四）眼睛发育异常早发现

正常情况下，宝宝的眼睛晶莹明亮，眼球大小适中，活动自如。要观察宝宝的眼睛发育有没有异常，可以从宝宝双眼的大小、外形、位置、运动、色泽等几个方面入手，能尽早发现一些问题。

（1）瞳孔区内有白色物，可能患了白内障。

（2）如果宝宝总是眯着眼睛看东西，要注意是否有近视。

（3）眼球变大，可能患了先天性青光眼。

（4）如果眼球向左右（或上下）来回摆动，有可能患眼球震颤。

（5）如果眼球偏向一侧，则有可能是斜视。

（6）如果把玩具放在宝宝面前，宝宝无动于衷，不去拿取，宝宝可能视力很差，很可能患有视神经萎缩等眼底疾患。

（7）如果夜间在暗处发现宝宝瞳孔内有白色的反光物，形同猫眼，则应当考虑患有"视网膜细胞瘤"。

（8）如果眼球突出，尤其是单眼眼球突出，要警惕"球后肿瘤"。

以上病症都要及早发现，找眼科医生诊治。

（五）眼屎过多的治疗

眼屎多主要是因为宝宝的免疫功能不够健全，结膜上皮和淋巴组织没有发育完善，加上缺乏泪液分泌，一旦被细菌感染，极易发生结膜炎，使分泌物——眼屎增多。也有的宝宝患结膜炎，是由于母亲患有子宫颈炎、阴道炎等疾病，在分娩期间因感染而发生结膜炎。

在治疗时，须根据具体情况选择用药。对细菌引起的结膜炎，要确定细菌的种类，针对性地选用抗生素眼药水或眼膏局部治疗。

（六）呵护眼睛需精心

许多家长喜欢和宝宝一起阅读书籍或看图画（图2-1）。此时，要注意不能让宝宝用眼过度。婴幼儿的眼睛还处在不完善、不稳定阶段，长时间、近距离用眼，会导致视力下降和近视的发生。一般来说，婴幼儿每次阅读的时间不应超过20分钟，要经常带宝宝向远处眺望，引导宝宝努力辨认远处的一个目标，有利于眼部肌肉的放松，预防近视。

图2-1　和宝宝一起阅读

噪声能够使眼睛对光亮度的敏感性降低，还能使视力清晰度的稳定性下降。噪声达70分贝时，视力清晰度恢复到稳定状态时需要20分钟，而噪声达到85分贝时，至少需要1小时。此外，噪声还会使色觉、色视野发生异常，使眼睛对运动物体的对称性平衡反应失灵。因此，宝宝的居住环境要保持安静，不要摆放高噪声的家用电器，看电视或是听音乐时，不要把声音放得太大。

宝宝的洗盥用品，包括毛巾、脸盆和洗涤剂等，应当单独配制，不能与家人混用。

此外，应当注意对宝宝的视力进行监测，特别要分别检查两眼的视力，最好每3～6个月给宝宝做一次视力检查，有条件的还可以在这一阶段进行一次散瞳验光。

（七）营养因素对眼睛很重要

宝宝的眼睛正处于发育阶段，像身体发育一样需要丰富的营养。各种维生素对宝宝的视力发育影响不同。当维生素A缺乏时，会引起夜盲症，还可能导致视神经损害，严重缺乏时会引起泪腺萎缩，泪液分泌减少，发生眼睛干燥及角膜水肿、混浊（即幼儿角膜软化症），乃至角膜穿孔失明。维生素B_1在糖类代谢中起着重要作用，一切神经组织都要消耗糖，视神经也一样。当体内维生素B_1不足时，碳水化合物（糖类）代谢中间产物丙酮酸等的氧化不能正常进行，会引起一系列功能障碍，从而发生视神经炎。维生素B_2缺乏时，会引起组织呼吸减弱及代谢强度减退，从而发生结膜炎、角膜炎，甚至还可引起白内障。维生素C缺乏也能引起白内障。

（八）日常饮食摄取所需营养

胡萝卜素能够在体内转变成维生素A，含胡萝卜素丰富的食物有胡萝卜、番茄和各种绿色蔬菜，以及动物肝、奶油、全脂牛奶、蛋黄等。维生素B_1可由日常所食用的糙米、面粉及各种豆类中摄取。烟酸（维生素B_3）维生素B_6的天然食物来源是动物肝、牛奶、蛋黄、花生、菠菜等。至于维生素C，则从各种新鲜的蔬菜、水果中获得。

预防近视，需要从婴幼儿抓起。近视的发生，与身体里缺少铬与钙两种矿物质有关。如果宝宝吃大量的糖果和碳水化合物（糖类）食物，会使身体里微量元素铬的储存量减少。吃了过多的烧煮太过的蛋白质类食物，会使身体里钙的代谢发生异常，造成缺钙。

所以，要预防近视，除了注意用眼卫生外，还要培养宝宝合理的饮食习惯，讲究营养卫生，少吃糖果和含糖分高的食物，少吃精米、白面，多吃糙米粗面，限制高蛋白、动物脂肪和精制糖类食品的摄入，减少身体铬的排出。同时，消除宝宝偏食的不良饮食习惯，多吃动物肝、蛋类、牛奶、虾皮、豆类、瘦肉、蘑菇等。

（九）宝宝常见五种眼科疾病及预防措施

宝宝老用手揉眼睛，妈妈就应当想到是不是眼睛出问题了。眼睛发痒、发疼都会使宝宝不自觉地去揉。下面介绍在婴幼儿期容易发生的5种常见眼科疾病。

1. 急性结膜炎

急性结膜炎即常说的"红眼病"，是细菌通过直接或间接接触而传染的疾病。该病发病急，可双眼同时发病或先后发病，通常3～4天达高峰，整个病程为7～14天。具体内容见表2-1。

婴幼儿照护大全

表2-1　急性结膜炎

症状及措施	具体内容
症状表现	① 眼睛分泌物多，开始为液体，后逐渐变为黏液，早晨起床时分泌出的眼屎常把睫毛黏住，严重时甚至睁不开眼睛 ② 结膜充血，翻开眼皮能看到在眼球与下眼皮之间的位置有非常明显的红红的一片 ③ 有时在结膜表面形成一层灰白色的假膜 ④ 眼睛又痒又涩、怕光、流泪
何时就诊	如果宝宝感染了急性结膜炎，应当立即去医院就诊，因为本病是细菌感染所致，治疗时必须使用抗生素，不能自行用药
如何预防	① 夏季是"红眼病"高发期，游泳池等公共场所是细菌和病毒的集中地，因此要特别注意 ② 阻断传染途径，不碰病患的毛巾、枕巾、洗脸盆等用品 ③ 宝宝专用的清洁用品必须单独放置，避免感染 ④ 勤洗手，尤其是在接触病患后，必须用肥皂彻底清洗双手 ⑤ 不要让宝宝用手去揉眼睛，以防手上的细菌进入眼睛

2. 过敏性结膜炎

灰尘、花粉、睫毛，甚至是小飞虫，都会刺激宝宝的眼睛引起不适，严重时导致结膜发炎，这叫做"过敏性结膜炎"。具体内容见表2-2。

表2-2　过敏性结膜炎

症状及措施	具体内容
症状表现	① 眼睛发红、发痒，但没有沙砾感 ② 同时伴有流鼻涕、鼻塞等症状
何时就诊	如果宝宝患上了过敏性结膜炎，必须及时带宝宝去医院
如何预防	① 避免让宝宝接触过敏原 ② 每天洗脸时检查宝宝的眼睛，看看是否有发红现象

过敏性结膜炎多在春夏季节发生，如果宝宝出现揉眼睛的动作，要观察他只是一时难受，还是因为疾病刺激得不舒服。容易患上过敏性结膜炎的宝宝，通常也容易发生其他过敏反应，比如哮喘或湿疹。有些学者认为，这可能与家族遗传有关。

3. 倒睫

倒睫是宝宝常见的一种眼病，占眼病的第二位。眼睑也就是眼皮。如果宝宝比较胖，眼皮上的脂肪就多，眼皮边缘较厚，容易使睫毛向内倒卷，造成倒睫。从侧面观察便能发现，当宝宝闭眼时睫毛会扫到眼球。宝宝的睫毛通常纤细柔软，因此不会对眼睛造成很大的损伤。但如果宝宝的睫毛又粗又短，就可能会带来麻烦。具体内容见表2-3。

表2-3　倒睫

症状及措施	具体内容
症状表现	① 眼睛发红，结膜充血，怕光流泪 ② 宝宝因为眼睛受到刺激而不断揉眼睛，容易继发感染
应对措施	① 可以用手轻轻地把眼皮向下向外翻，让睫毛离开眼球，每天做几次，时间长了情况会慢慢有所改善 ② 不要自己试着拔掉宝宝的睫毛，睫毛被外力强行拔掉后，露出的毛囊容易被病菌感染诱发炎症 ③ 如果宝宝的症状比较严重，应立即到医院诊治 ④ 宝宝长到两三岁倒睫仍然十分严重的话，必须去眼科治疗

4. 斜视

斜视有外斜视与内斜视之分，宝宝的斜视以内斜视居多，俗话称之为"斗鸡眼"，是常见眼病之一。具体内容见表2-4。

表2-4　斜视

症状及措施	具体内容
症状表现	宝宝看东西时双眼的视线不一致，眼球无法向同一个方向转动，是斜视的明显症状
应对措施	先带宝宝去眼科做检查，检查过眼睛状况后医生会建议矫正的最佳时机和具体方法，通常采用配眼镜、用药及手术等手段来治疗
改善办法	先天性斜视目前还没有办法可以预防，但后天的斜视除了治疗外，还可以通过下列方法改善： ① 经常改变宝宝睡觉时的体位 ② 在小床边挂上颜色鲜艳的玩具，并不断变换位置 ③ 多和宝宝玩眼睛看东西的游戏，训练眼珠转动 ④ 让宝宝远离电视

5. 弱视

患有弱视的宝宝，表面看上去很正常，但其实一只眼睛或双眼的视力不良，即使是矫正后的最佳视力，也达不到标准。具体内容见表2-5。

表2-5　弱视

症状及措施	具体内容
症状表现	① 宝宝看不清东西 ② 学步时期走路总是容易摔倒，走得磕磕绊绊
危害与治疗	弱视的危害不仅仅在于视力低下，而是它会影响宝宝的眼部发育，使宝宝没有完善的双眼视觉功能，继而影响未来的生活

在日常生活中，父母要注意别让宝宝揉眼睛。经常揉眼睛会把手上的细菌和病毒带入眼睛。只有养成良好的用眼习惯才能预防眼部疾病。

五、婴儿皮肤护理

皮肤是人体最为重要的组织之一，皮肤的功能极重要。因为皮肤在人体表层，受伤的机会较多。婴幼儿的皮肤娇嫩，更加容易受到伤害。家庭护理中，宝宝的皮肤保健尤应注意。

护理婴幼儿皮肤，首要是要保持清洁和干燥。冬天至少每周洗1次澡，夏季应当每天洗澡。洗完澡后换上清洁柔软的衣物。用尿布的婴儿要经常更换尿布，保持婴儿臀部皮肤干燥，防止发生尿布性皮炎。婴幼儿皮肤娇嫩且容易受损，要选用刺激性较小的中性洗涤用品，最好用婴幼儿专用洗涤香皂和护肤品。夏季做好散热防痱子，冬季注意防冻疮。

此外，要保持居室空气的通畅，勤晒被褥和衣物。室内物品要摆放有序，利器、电器、加热器具要放到宝宝够不着的地方，防止宝宝被碰伤、划伤、撞伤和烫伤。

合理的营养是保持皮肤健康的基础。要培养宝宝不挑食的习惯，粗细搭配，平时的饮食中，要多让宝宝吃新鲜蔬菜和水果，特别是胡萝卜和绿叶蔬菜，以保证皮肤上皮细胞新陈代谢所需要的维生素。

充足的阳光有增强皮肤健康、抑杀细菌的功效。阳光中的紫外线有助于宝宝骨骼正常发育，还能刺激血液再生，提高血红蛋白，使皮肤红润，还能增强机体免疫力，减少疾病发生，应当多带宝宝到户外活动，接受阳光的照射。

婴幼儿皮肤细腻娇嫩，丽质天生，有一种清纯、天真的自然美，人见人爱。所以，用不着用化妆品来给宝宝"增色"，无论什么化妆品，难免含有对皮肤有害的物质，少用一点对皮肤无大碍，但时间长了，会成为损害宝宝皮肤的"杀手"。尽量不要使用成人化妆品给婴幼儿化妆，反倒会掩映了宝宝的天真无邪之美，还会遗留隐患于宝宝娇嫩的皮肤。

一旦宝宝皮肤发生疾病，应当立即到医院诊治。

六、婴儿乳牙保健与口腔卫生护理

人一生共有两副牙齿，乳牙和恒牙。乳牙共有20颗，出牙有先后顺序，最先萌出的是下腭的2颗中切牙，然后是上腭的2颗中切牙。出第1颗牙的年龄每个宝宝的情况不一样，早的4个月就开始出牙了，迟一点可能到10～12个月，平均在7～8个月龄出牙，以后陆续萌出。到2岁半左右时，20颗牙出齐。6岁以后开始脱乳牙换恒牙。

有些父母看到人家宝宝出牙了，自己的宝宝还不出牙就感到非常奇怪。一般来说只要在1岁以前出牙都不算迟。如果到1岁以后还没有出牙的，就应当找儿科医生检查一下。

乳牙一般要持续使用6～10年时间，这段时间正是宝宝生长发育的高峰期，如果牙齿不好，会影响对营养物质的消化吸收，妨碍健康，还会影响容貌和发音，因此，必须注意保护乳牙。

（一）保持口腔清洁

婴儿期虽然不刷牙，但每次进食后和临睡前，都应该喝一些白开水，以起到清洁口腔、保护乳牙的作用。

（二）保证足够的营养

及时添加辅食，摄取足够营养，以确保牙齿的正常结构、形态以及对齿病的抵抗力。如多晒太阳、及时补充维生素D可帮助钙质在体内的吸收。肉、蛋、奶、鱼中含钙、磷十分丰富，可促使牙齿的发育和钙化，减少牙齿发生病变的机会。缺乏维生素C会影响牙周组织的健康，因此要经常吃新鲜蔬菜和水果，其中的纤维素还有清洁牙齿的作用。饮水中的微量元素氟的含量过高或过低时，对牙齿的发育都是不利的。

（三）注意用药

四环素等药物会使宝宝的牙齿变黄及牙釉质发育不良。因此，服用药物要慎重。

（四）正确的吃奶姿势

人工喂养的宝宝，会因吃奶姿势不正确或奶瓶位置不当，形成下颌前突或后缩。宝宝经常吸吮空奶嘴，会使上腭变得拱起，使以后萌出的牙齿向前突出。这些牙齿和颌骨的畸形，不但会影响宝宝的容貌，还会影响咀嚼功能。因此，在喝奶时宝宝要取半卧位，奶瓶与口唇成90°，不要使奶嘴压迫上、下唇。不要让宝宝养成吸空奶嘴的习惯。

（五）适当锻炼牙齿

出牙后要经常给宝宝吃一些较硬的食物，如饼干、烤面包片、苹果片、白萝卜片等，以锻炼咀嚼肌，促进牙齿与颌骨的发育。1岁以后臼齿长出后，应经常吃些粗硬的食物,如蔬菜等。如果仍然吃过细过软的食物,咀嚼肌得不到锻炼,下颌骨不能充分发育,牙齿却继续生长,会导致牙齿拥挤、排列不齐或是颜面畸形。

（六）发现乳牙有病要及时治疗

乳牙因病而过早缺失,恒牙萌出以后位置会受影响,造成咬合关系错乱,会导致多种牙病的发生。因此,如果发现宝宝的乳牙有问题,必须要及时诊治。

七、婴儿期宝宝日常生活照护

（一）饮食习惯

婴儿生长发育迅速,新陈代谢旺盛,必须供给充分的营养。但婴儿消化吸收能力弱,胃容量小,胃壁肌肉发育还不健全。从小培养良好的饮食习惯,进食有规律,这样才能够更好地消化食物,吸收营养,满足身体的需要,促进生长发育。

1. 培养良好饮食习惯的方法

（1）喂哺要根据婴儿的月龄增长调整食量和时间,逐步实现定时定量。如果不注意培养时间规律,总是一哭就喂奶,会因进食奶量过多而造成消化不良。

（2）养成专心吃奶的好习惯。妈妈应当让婴儿安静地吃奶,不受外界干扰,不要逗引宝宝,也不要让婴儿边吃边玩,以免延长喂奶时间。偶尔遇到婴儿在吃奶中途停顿一会儿,那是因为吸吮很费力,需要休息片刻后再继续吃奶。

（3）满月后即可训练婴儿用奶瓶吸吮温开水。5～6个月的婴儿已能用手抓握,可以帮助他用双手捧扶奶瓶吸吮水、菜汁、果汁等,自理能力的培养从此开始。

2. 注意事项

让婴儿适应吃各种辅食。添加辅食应从少量开始。此外,还要由稀到稠,由淡到浓,由细到粗,由一种到多种,循序渐进,使婴儿乐于接受,逐步适应各种辅食。婴儿不愿意进食时,可以在每次喂奶前,趁婴儿饥不择食之际,先喂少量辅食,然后再喂奶。待婴儿适应之后仍先喂辅食,再补以喂奶。3个月时可以训练婴儿用小茶匙吃东西,先学喝水或奶,到4～6个月时才可以逐步用小茶匙吃添加的蛋黄、蒸蛋羹、菜泥、果泥、鱼泥、肝泥、奶糕及粥等。

（二）卫生习惯

给婴儿洗澡和清洁身体时,有几个细节是需要注意的。

1. 皮肤清洁

婴儿的皮肤一般是干性的，干性皮肤的宝宝头皮也会有干性、薄屑状的皮肤碎片。

从头到脚的全身清洗，能保持宝宝重要器官的清洁。由于宝宝的免疫功能正在成长中，要用温水为宝宝洗脸，使用小毛巾或者柔软的纱布团。在能吃固体食物前，宝宝的脸是不会很脏的。有时，用奶瓶喂哺宝宝，乳汁会从嘴里溢出，流到脖子上，要及时擦拭下巴和脖颈上的乳汁。宝宝的头部和脖子容易出汗，注意用清水清洗，避免生痱子。宝宝几周大的时候，鼻子和脸颊上可能会出现红色小疹子，这多为喝配方奶或牛奶所致，妈妈不必担心，它对宝宝没有伤害，会在几天至几周内消退。

2. 保护眼睛

宝宝的各种器官功能都在成长中，宝宝眼睛的瞬间反射以及泪腺分泌功能也在逐步成熟，给宝宝洗澡时，要避免使用沐浴液与洗发液，用清水为宝宝洗澡最好。清洗眼睛周围区域时，可以使用纱布蘸温水轻轻按压。注意两只眼睛用不同的纱布擦拭，以防眼病互相传染。

3. 关注耳朵

宝宝的小耳朵能自动清洁，千万不要用棉花棒清洁耳朵里面。给宝宝洗脸之后，用干纱布轻轻按压净耳朵边的水迹。

宝宝也会有耳屎，这是正常的。如果看到宝宝耳朵里有液体流出，一定要带宝宝及时去医院，这可能是感染的症状。

4. 手指清洁

应当为宝宝及时修剪指甲，以免宝宝抓伤自己。为宝宝修剪指甲所用的工具，最好是专用的圆头指甲钳或特制的婴儿修甲刀剪。如果宝宝总是不停地晃动胳膊，可以试着唱歌谣来稳定情绪，或趁宝宝睡熟时进行。洗澡后是修剪指甲的好时机，温热水会把宝宝的指甲泡软利于修剪。

5. 牙齿与齿龈清洁

出牙期一般在4～6个月，此时可以每2天为宝宝清洁1次牙齿，如果宝宝不喜欢，就别强迫他。为宝宝清洁牙齿的工具可以是特制的婴儿牙刷、清洁过的成人手指以及一片细长、柔软的小纱布，也可以使用一点婴儿牙膏。注意要清洁齿龈，确保宝宝每颗长出的牙齿都是健康的。清洁牙齿时，可以让宝宝拿一个婴儿牙刷玩，从小让宝宝知道刷牙的必要性。

6. 私处清洁

男宝宝在半岁以前，不必刻意清洗包皮，因为在4岁前，包皮和阴茎完全长在一起。过早的翻动柔嫩的包皮会伤害生殖器。也不要过早地清洗女宝宝的生殖器外侧，以免弄破宝宝柔嫩的皮肤，宝宝的生殖器有自动清洁的能力。

7. 防止尿布湿疹

要注意定时察看、更换尿布，保持宝宝小屁股的干燥和清洁。如果使用棉布质地的尿布，在清洗时不要使用洗衣粉类的化学品。每次换尿布和洁净小屁股后，不要立刻换上尿布，等待宝宝的小屁股自然干燥。为宝宝护理屁股时，注意避免使用肥皂或者含有乙醇（酒精）以及香精的清洁用品。

8. 确保洗澡时的安全

宝宝进入浴盆之前，试一试水温，注意水温在40℃左右为宜。洗澡中要添加热水时，应先抱起宝宝或用厚毛巾包好，避免宝宝被热水烫伤。注意在浴盆中放置防滑垫。6个月宝宝洗澡时，浴盆中的水深10～13cm为宜，新生儿浴盆中水深5～8cm为宜。保证洗澡时的室温在24℃左右。千万不要让宝宝有单独在浴盆中的时候，哪怕几秒钟，以防意外的发生。

（三）排便习惯

新生儿的肠道排空时间，即食物从口腔摄入到肛门排出的时间为9～12小时，到3个月以后，大约需要20小时。宝宝的生理特征决定，食物进入贲门时，会引发"胃-大肠反射反应"，会使得肠蠕动增加，肠道内的粪便随即排出体外。宝宝越小，这种反射反应越强，因此会发生"刚吃就拉"甚至"边吃边拉"的现象。

一般来说，让母亲常感到烦恼的，是宝宝的排便次数。

1. 婴儿排便训练

通常，在刚出生时，婴儿每天排便4～5次，满月后一天1～3次，到1岁以后，有的宝宝2～3天才排一次大便。6个月以内的宝宝，一昼夜要排尿20次左右，每次约30ml，6个月至1岁时减少到15次，每次约60ml，到2～3岁时，每天仅10次左右。

3个月以上的宝宝，往往会在大便时，显出与平时不同的表情，小嘴用力、憋气、扭腿、眼神发直、四肢僵硬、表情异样等。这些表现，往往能够被细心的妈妈发现，以免排便弄脏衣物。

大小便习惯的形成，可以通过培养和训练，使宝宝在排便过程中建立起良好的条件反射。培养排尿习惯，可以从3～4个月开始，仔细观察宝宝排尿时的表情，记下间隔时间。

大便训练可以选择早、晚进食后进行，用宝宝憋气排便的"嗯嗯"声提示和鼓励排便，逐渐养成习惯。另外，宝宝排便前，往往会有臭屁排出，也是将要排便的预示。

宝宝排尿时，如果发生遇尿则哭，要怀疑是否存在感染。当肾和膀胱感染时，就会出现排尿时的啼哭现象。同时伴有食欲减退、脸色发青、时常哭闹。遇到类似情况时，要给宝宝多喝水，加快代谢，还须在医生指导下用药物治疗。

2. 进一步训练

宝宝长到半岁，学会独坐以后，就可以培养和训练宝宝坐盆大便的习惯。

（1）坐盆大便（图2-2）训练宝宝坐盆大便，最好定时、定点让宝宝坐盆，并教会宝宝用力。在宝宝有大小便的表示，比如说，正在玩着突然坐卧不安，或用力"嗯嗯"的时候，就要迅速让宝宝坐盆，逐渐形成习惯，不要养成宝宝在床上、在玩的时候随处大小便的习惯。

开始宝宝不一定能坐稳，一定要扶着。从培养习惯入手，如果宝宝不习惯，一坐就打挺就不要太勉强，但每天都坚持让宝宝坐，多训练几次就形成习惯了。

（2）控制小便 训练宝宝小便比大便要困难得多，因此需要的时间也要更多。因为宝宝小便的生理信号没有肠蠕动那么明显。训练宝宝小便时，必须学会抑制小便信号，即膀胱紧张的反射性反应。训练宝宝控制小便，包括清醒时和睡眠中两种状态。一般清醒时的控制较容易，刚开始时，宝宝知道自己尿湿了，继而知道正在尿湿自己，渐渐地会表达出自己尿湿了，然后，才会预知到自己要撒尿了。在训练之前，可以帮助宝宝把这几层意思表达出来，教宝宝一些相关的语句如"宝宝尿尿了"或"宝宝要小便了"等，让宝宝了解表达生理功能的这些简易词汇。等到开始进行膀胱控制时，让宝宝注意到自己已经可以在便盆上小便，让宝宝顺其自然地排出小便。

图2-2　坐盆大便

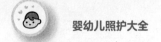
培养宝宝坐便习惯，最好用塑料的小便盆，盆边要光滑。这样的便盆不管是夏天还是冬天都适用，如果用搪瓷便盆，到了冬天因为凉，宝宝会不愿意坐盆。

（四）衣物选择

1. 衣服

0 ～ 1岁的婴儿长得快，一定要选购宽松样式的衣物。应挑选棉布制成的衣物，既吸汗，又不会引起皮肤过敏。

更大一些的宝宝在穿着方面，要求不像成年人那么多。比如睡衣，不论白天、晚上宝宝都能穿，天气凉爽时，可以穿长睡衣，这样可有效防止睡着后把被子蹬掉，天热时则可以选择短睡衣。应当备上3 ～ 4套，以方便替换。

婴儿的衬衣的类型见表2-6。

表2-6　婴儿的衬衣的类型

类型	用途介绍
侧开口式	适合较小婴儿用，较小的婴儿腿伸不直，用侧开口的衬衣方便穿着。有些型号的衬衫上有一块垂片，可以把尿布别在上面，能防止尿布掉下来
单片式衬衫	优点在于可以防止婴儿的腹部受凉
套头式	前面不开口，没有扣子，不会硌着宝宝

婴儿睡醒后，可以将套头衫穿在睡衣里面或外面，保护宝宝不受凉。选购时，应注意领口是否宽松。如果是肩上开口的，按扣一定要结实牢固。宝宝穿衣应当简单、方便、舒适。给宝宝穿衣前，别忘记把标签和说明取下来，避免擦伤宝宝皮肤。

2. 袜子

穿袜子对宝宝是必需的。因为婴儿身体的各项功能发育都尚未健全，体温调节能力也差，尤以神经末梢的微循环最差。如果不穿袜子，极其容易受凉。随着宝宝不断长大，活动范围扩大，双脚活动项目增多，如果不穿袜子，容易在蹬踩过程中损伤皮肤和脚趾。穿上袜子还可以保持清洁，避免尘土、细菌等对宝宝皮肤的侵袭。

注意选择透气性能好的纯棉袜，尼龙袜不吸汗，影响宝宝的皮肤。还应注意选择适合宝宝脚型的袜子，避免过大或过小的袜子影响脚的发育。

3. 鞋子

给婴儿选购鞋子应注意婴儿生长发育很快，鞋子要买得稍大点，鞋尖部必须有空间，让宝宝的脚趾自由活动。选购鞋底松软的鞋子，鞋底较硬的鞋子会使宝宝脚部感觉不适。

（五）卧具选择

卧具是宝宝睡眠必需的硬件，伴随宝宝的时间要占到一天的大半，因此，事关健康成长，马虎不得。

为了宝宝选择适合的卧具，不仅需要达到美观、实用、便于清洁的日常生活需要，还有一些事关健康的环节。

1. 婴儿床

婴儿床应有护栏，护栏不能低于宝宝身长的2/3；护栏的木栅不应太窄，以防止卡住头；最好让宝宝睡木床，木床要光滑无刺，免得扎伤皮肤。有的家庭出于心疼宝宝，让宝宝睡软床，铺厚垫，用软枕，其实不好，容易造成婴儿窒息，由于太软的床不利于宝宝滚动，一旦被被褥等误堵住口鼻后难以挣扎；同时，床太软不利于宝宝的骨骼发育，更不利于宝宝练习翻身、坐起、站立、爬行和迈步等大动作。

2. 枕头

新生儿不必用枕头，宝宝满月以后，可以用毛巾对折2次垫在头下。婴儿3个月龄时，考虑到不要把头睡"偏"、影响脸形，可以选用小枕头。宝宝的枕头不能太硬，过于硬的枕头会让宝宝睡成偏头；枕头也不宜太软，太软会造成婴儿面部埋陷进去，容易发生窒息。通常说来，枕头的高度以3～4cm为宜。枕头应当吸汗、通气，防止头部生痱子。枕芯可以选用木棉、茶叶、荞麦皮。

3. 褥子

褥子可用棉布和棉花充填做成，褥子上面不要为防尿液浸湿而铺放不透气的塑料布，以防婴儿会被塑料布蒙住头而发生意外，塑料布因为不透气，容易造成宝宝皮肤感染。

4. 被子

被子也应当是全棉的，大小要依照宝宝身长制作，太大、太长会很不方便，也容易让宝宝睡梦蒙住头；宝宝易出汗，被子不宜太厚；用薄被子更贴身，真正起到保暖作用。

5. 床单

床单也要用全棉的，用浅色为好，尽量少用深色，以防止颜色脱落，污染皮肤。婴儿的卧具，最好多准备几套，尤其是床单和褥子，容易被弄脏，需要多备几套更换。

（六）睡眠问题

1. 睡眠周期

睡眠是人体一种主动休息的过程，是恢复体力所必需的行动。人体的睡眠可分为四个周期：入睡期、浅睡眠期、深睡眠期、延续深睡眠期。人体睡眠过程，呈现节律性，由深睡眠和浅睡眠交替反复进行，直到清醒。在深睡眠期，人的大脑皮质细胞处于充分休息状态，对稳定情绪、平衡心态、恢复精力极为重要，而且此期间一般的动作或响声一般不会惊醒睡眠者。

2. 新生儿与婴儿时期的睡眠

人类的正常睡眠，通常是由浅睡眠期到深睡眠期再到浅睡眠期，这样反复几个周期，宝宝也同样。新生儿期与婴儿期的睡眠时间长，浅睡眠和深睡眠各占50%。婴儿不太能分清昼和夜，浅睡眠期到深睡眠期周期很短，而且次数多，特别是在新生儿期。随着婴儿的成长和脑神经的发育完善，婴儿的总睡眠时间相应减少，渐渐会养成夜里长睡、白天小睡的节律，浅睡眠期到深睡眠期的周期也相应延长，深睡眠时间占总睡眠时间的比例相应提高。

3. 不同月龄宝宝的睡眠要求

3个月以内的宝宝，每天应当睡18小时左右，白天平均睡4次，每次2小时左右，晚上睡10～11小时。宝宝每天基本除了吃奶、换尿布、玩一会儿，剩下的时间都是在睡觉。

4～6个月的宝宝，每天应当睡16小时左右。这一时期，宝宝视觉能力、运动能力等有了提高，白天的睡眠时间会减少，平均2次，一般上午一次1～2小时，下午一次2～3小时。

7个月以后的宝宝，总睡眠时间为14～15小时，但是宝宝的睡眠时间以及睡眠质量个体差异逐渐明显。白天通常为上午、下午各睡一次，每次1～2小时；晚上的睡眠情况不尽相同，有的宝宝夜间要吃奶，有的宝宝夜间会尿2～3次，有的宝宝不论吃奶还是换尿布，都会很快入睡，但是有的宝宝会出现哭闹，不易入睡。

4. 解决睡眠问题的办法

（1）创造舒适的睡眠条件　舒适的睡眠条件对保证宝宝的优质睡眠很重要。大多父母在宝宝出生前，睡房的各种硬件就准备好了，舒适的小床、被褥，柔和的灯光，通风良好。有了舒适又温馨的睡房，在宝宝入睡前确认睡眠环境舒适、安全，如果房间过于闷热、宝宝衣服穿太多或是太紧、给宝宝的棉被盖太厚等，都会使宝宝感到不舒服。

（2）保证宝宝白天充分的活动　只有保证白天让宝宝充分活动，能量得到消耗，同时控制白天的睡眠时间，到了晚上宝宝才会觉得累而想睡。如果是不会爬的小宝宝，父母可以多帮宝宝做一些婴儿体操。宝宝会爬、会走后，自己的活动能力增强，可以进一步减少宝宝白天的睡眠时间。

（3）辨识宝宝的困倦，及时把宝宝抱上床　宝宝犯困时，会有一些特征性的表现，如揉眼睛、打哈欠、哭闹等。妈妈要尽快掌握宝宝的困倦表现，在宝宝想睡觉时，及时将宝宝轻轻放在小床上，有的宝宝需要哄，有的宝宝能够自己进入梦乡。

（4）宝宝没有睡意不要上床　很多妈妈觉得把宝宝放到床上，会让宝宝进入睡眠状态，但是经常事与愿违，没有睡意的宝宝会拒绝睡觉，甚至同妈妈发生抗争，让宝宝对床产生不好的印象。如果宝宝还没有睡意，可以先陪宝宝在别处玩一会儿，等略有倦意时再进入卧室。

（5）固定睡眠仪式　首先妈妈要根据宝宝的具体情况把睡眠时间确定下来。每天晚上都在同一时间将宝宝带入卧室，可以通过睡觉前刷牙、洗脸、洗脚、讲故事、听音乐、唱儿歌等就寝仪式，帮助宝宝睡眠。一旦这些仪式固定下来，宝宝就会提前进入准备睡眠的理想状态。

（6）家人一起配合营造睡觉气氛　如果在宝宝睡觉时，家中依然吵吵闹闹、灯火通明，宝宝也很难有想睡的感觉。因此到了宝宝睡觉的时间，全家人都要一起配合，关电视、关灯，轻声细语，各自回房，让家中静悄悄的，让宝宝意识到睡觉时间的到来。

（7）半夜醒来自行入睡　基本没有一觉睡到天亮的宝宝，半夜宝宝都会因为小便、喝水、做梦等原因醒来，有的还会轻微哭闹。除非是疾病因素，否则碰到宝宝半夜哭醒时，不要直接抱起来哄，此时用手轻拍宝宝的身体来安抚即可，让宝宝自己重新入睡。其实，半夜醒来只是睡眠周期的转换，并不是真正睡醒了，因此不要将宝宝抱起来哄。

5. 宝宝是否可以含着乳头睡觉

许多宝宝睡觉时都有一个习惯，就是需要一个固定的安慰物，只有在这个安慰物的陪伴下才能够安然入睡，如奶嘴、手绢、枕巾、玩具等都可以让宝宝入睡，但是有一些宝宝只有含着妈妈的乳头才能够睡觉。

其实，宝宝含着乳头睡觉是十分不好的。首先这会对宝宝牙齿的正常发育有不良影响，会使上下颌骨变形，导致上下牙不能正常咬合；另外，妈妈的乳房容易堵住宝宝的口鼻，使宝宝发生窒息，这些都对宝宝的生长发育不利。因此，妈妈要注意，不能让宝宝养成含着乳头睡觉的习惯，如果已经形成习惯，应当及时改正。

妈妈在哺乳结束后不要强行用力拉出乳头，因为在口腔负压下拉出乳头可引起局部疼痛或破损，也容易造成宝宝的牙齿向外突出。应让宝宝自己张开口，乳头自然地从口中脱出。当宝宝仍含住乳头不松时，可以用手指从宝宝的口角伸入口腔内，或用食指轻轻按压宝宝的下颌，温柔地中断吸吮。

第二节　婴儿期宝宝特殊现象与常见疾病照护

一、婴儿期宝宝特殊现象照护

（一）溢乳

宝宝在新生儿期就有溢乳现象，到了第2个月可能会更加严重，可能会出现大口的漾奶。很多父母都会被这种情形吓到，因为这个月的宝宝吸吮力增强了，但胃容量并未明显增大，加上满月后的宝宝活动能力也增加了，每天的觉醒时间延长，因此更易发生溢乳。宝宝出现溢乳，父母不要太慌张，首先判断是生理性的还是病理性的。

生理性溢乳的宝宝溢乳前没有异常表现，突然溢出一口奶，可能是刚刚吃进去的奶液，也可能是成豆腐脑样的奶块，但不会混有绿色的胆汁样物。宝宝溢乳后一切正常，精神较好，照样吃奶。即使每天都溢乳，宝宝生长发育也正常。

病理性溢乳的宝宝溢乳前会有异常表现，比如有痛苦表情，或哭闹，或来回来去地翻腾、挣扎，小脸可能会憋得发红。有时会伴有腹泻、发热、腹胀等异常表现。

生理性溢乳通常不需要治疗，记住每次喂奶后把宝宝竖着抱起来拍嗝，让宝宝将吃奶时吸入的空气排出来。如果宝宝始终不打嗝，也不能一直拍下去，持续竖抱10～15分钟，也可以减少溢乳发生。注意不要在宝宝大声哭泣后马上喂奶，那样会增加溢乳的发生。

（二）头部奶痂

宝宝的新陈代谢很快，头皮皮脂腺分泌物和脱落的头皮较多，如果宝宝在新生儿期时，父母怕宝宝受凉，没有给宝宝洗头；或虽然洗头了，但是没有使用婴儿洗发液，仅仅用清水冲一下，或只是用湿毛巾轻轻沾几下，这样宝宝的头部（一般在前囟门周围），甚至眉间，就会慢慢地积起奶痂，颜色发黄，越积越厚，甚至还有龟裂现象发生。另外，湿疹如果护理不当也会形成奶痂。

虽然头皮奶痂会随着年龄增长而自愈，但这期间宝宝会因痒、痛而烦躁，从而影响消化、吸收和睡眠。如果宝宝抓挠奶痂，会抓伤皮肤，造成奶痂破溃感染。

宝宝长了奶痂，父母千万不要用手硬抠，更不要用梳子去刮。最简便的方法是用植物油或者婴儿按摩油清洗。因为油脂可以使奶痂变得松软，从而易于清洗。如果使用植物油如橄榄油、香油等，为保证清洁，要先将植物油加热消毒，放凉后使用。在清洗时，先将植物油涂在奶痂表面，等1～2小时奶痂变松软后，再用温水轻轻洗净。不要急于一次弄干净，每天清洗1次，清除一点，慢慢洗净即可。如果宝宝伴有湿疹，奶痂可能不易清洗，不用担心，随着月龄的增长，会逐渐减轻的。奶痂的预防首先要做好宝宝的卫生清洁。宝宝出生后每天都要洗澡，并且要认真洗头，预防湿疹。宝宝居室温度要适宜。衣被不可以太厚，避免毛线、化纤直接接触皮肤。户外活动避免阳光直晒头面部。

（三）枕秃

大多数人包括有些医护人员，一看到宝宝头部枕后头发脱落，就认为是缺钙引起的。实际上，并不是所有的枕秃都是缺钙引起的。宝宝新陈代谢旺盛，爱出汗，而且每天24小时基本都是仰卧着睡觉，如果宝宝使用的枕头过硬，宝宝整天在枕头上蹭来蹭去的，就会把枕后的头发磨掉，形成枕秃。因此，父母不要一看到宝宝有枕秃，就担心宝宝缺钙，而盲目给宝宝增加钙的摄入量。盲目补钙，血钙浓度过高，可能会影响其他元素的吸收，出现其他问题。

（四）夜哭

基本每个宝宝都会出现夜哭，这对于宝宝来说是非常正常的现象。有的宝宝在出生后2～3周就开始了。夜哭的宝宝普遍表现为白天睡得很好，到了晚上开始闹人，而且有的宝宝非常难哄，有时甚至越哄越哭。

有的宝宝夜哭会持续1～2小时，哭得面部涨红，非常用力；有的宝宝因为肠道胀气产生不适，也会哭闹；而有的宝宝就是喜欢晚上哭，也找不出什么原因。此时，父母首先要确定宝宝没有任何问题，比如发热。其次，不要抱着宝宝使劲摇晃，过分哄，不停地走动。父母要保持耐心，因为此时的宝宝已经能够感觉到父母的语气，对愤怒和抱怨的语气很反感。因此，宝宝如果没有异常，只是单纯地闹人，父母一定要心平气和地对待哭闹的宝宝，使宝宝平静下来。

（五）啃手指

宝宝到4个月左右开始进入出牙阶段，此时宝宝牙床会发痒，为了缓解不适，宝宝开始啃小手，还会吸吮小拳头、拇指，或者啃玩具。有些妈妈认为这些行为是不良习惯，会导致日后"吮指癖"。事实上，宝宝1岁以后或更大些出现的"吮指癖"，与在婴儿期时吮指没有被干预，并没有直接的因果关系。4个月左右宝宝啃手指的行为是发育过程中出现的正常表现，也不要认为宝宝没有吃饱，或由于宝宝缺乏父母的关照而感到孤独。

护理方法如下。

（1）多给宝宝喂白开水，以清洁口腔，同时及时为宝宝擦干口水，以免下颌部被淹红。

（2）宝宝的小手还有常玩的玩具要及时清洗。

（3）可以给宝宝磨牙玩具缓解牙龈不适，也可以用磨牙食品。

（六）囟门假性闭合

后囟门通常在宝宝出生后3个月内闭合，有的宝宝前囟门1岁左右闭合，最迟在1岁半时闭合。如果前囟门闭合过早，会造成小头畸形（脑发育不全）。但有些宝宝到了4个月时，前囟门看上去就已闭合，此时不必太过担心，宝宝除了脑发育问题可以引起前囟门闭合过早外，还有一种情况是膜性闭合，即假性闭合。假性闭合从外观上看囟门像是闭合了，实际上是因为头皮张力比较大，颅骨缝仍然没有闭合。

注意前囟门的测量需要请儿科保健医，并且还要结合宝宝头围，才能够判断宝宝囟门是属于正常还是异常。如果家长仅凭同别的宝宝相比较，觉得自己的宝宝前囟门有些大，就认为是佝偻病，盲目补充钙剂是不正确的。另外，宝宝发热时，前囟门会膨隆、饱满，不要同颅脑疾病混淆。

（七）闹夜

闹夜的宝宝，多数因为夜里哭闹，影响睡眠，因此早晨起床比较晚，又在下午2～3点睡觉，晚上7～9点还要睡觉。对这样的宝宝，一定要将他的睡眠习惯慢慢纠正。中午的睡眠时间逐渐提前，傍晚6点以后就尽量不要让他睡觉了，可以给宝宝洗澡，让宝宝多玩一会儿。这样白天的运动量多了，晚上自然会睡得好一些。大部分宝宝闹夜只持续1～2个月，会突然不再闹夜了，变成了乖宝宝。

（八）流口水

宝宝添加含有淀粉的辅食后，唾液的分泌量自然而然也就增加了，但此时宝宝的吞咽功能尚未健全，而且牙槽又较浅，闭唇与吞咽动作还不协调，因此常出现流口水现象。宝宝正处于萌牙阶段，正在萌出的牙齿常常刺激口腔内的神经，造成唾液的大量分泌，这样流口水现象更加严重了。6个月前后的宝宝如果没有其他不舒服，流口水属正常生理现象。等到宝宝吞咽功能发育完善，口水自然就不会再流出来了。

护理方法：父母需要做的就是给宝宝多准备几个小围嘴。只要宝宝胸前的围嘴湿了，就换下来。口水会把宝宝的下巴淹红，因此要及时将宝宝下巴上的口水沾干。宝宝的皮肤很娇嫩，用擦的方式会擦伤皮肤，因此要轻轻沾干。宝宝吃完辅食后，可能会弄的下巴、小嘴周围都是食物，此时要先用清水洗一下，不能只是用毛巾沾，否则食物中的有些刺激成分仍会残留。

（九）睡偏头

大家都知道，出生3个月以内的小宝宝不需要枕头，此时宝宝正常的颈部弯曲还没有形成，如果使用枕头，很容易造成宝宝脖颈弯曲，引起呼吸困难。3个月之后，宝宝会抬头了，颈部生理弯曲形成，此时可以选择高低大小合适的枕头，帮助宝宝睡出一个好头型。头型好坏并不会给宝宝的智力发育带来影响，妈妈不必着急。如果发现宝宝的头型明显睡偏了，也可以通过一些方法矫正。

一般宝宝习惯面向妈妈睡觉，也喜欢对着灯睡。很多睡偏头的宝宝，就是因为妈妈没有注意这个问题，久而久之，宝宝面向妈妈或灯的一侧头枕部就会睡扁。因此，妈妈可以根据这个特性，经常和宝宝互换位置睡，不要每天都睡同一侧。如果可以的话，还可以移动灯的位置。在宝宝2岁前，都有机会把头形矫正过来。

（十）排尿哭闹

宝宝排尿哭闹，多数是在妈妈给宝宝把尿时发生。有的宝宝白天把尿不哭，晚上把尿会哭闹。把尿时哭闹是很常见的情况，可能是宝宝感觉把尿的姿势不舒服，宝宝不喜欢也不习惯这种排尿方式，还有的哭闹是宝宝没有小便的一种信号。

除了上面提到的宝宝排尿时哭闹的原因，可能还有病理性原因。非病理性原因的哭闹宝宝会在把完尿被放开后自动停止。如果因为疾病感染或者其他原因导致小便不顺利，宝宝的哭闹会有所不同，父母要注意鉴别。

鉴别宝宝哭闹的要点：如果是女宝宝排尿时哭闹异常，要注意宝宝的尿道口是否出现发红，尿液是否浑浊，因为女宝宝尿道、阴道、肛门同处于相对开放的环境中，容易交叉感染。如果宝宝尿道口发红，尿液浑浊，要想到宝宝可能得了尿道炎，要及时带宝宝去医院化验尿常规。如果是男宝宝排尿时哭闹，要看一看尿液情况以及尿道口是否发红。如果尿液情况不好，同样要及时送宝宝去医院化验尿常规。如果尿液情况较好，只是尿道口发红，可用很淡的高锰酸钾水浸泡几分钟阴茎。男宝宝多数存在包皮过长，容易引起尿道口感染。但是否有包皮过长，要请医生诊断。因为很多宝宝随着年龄的增长，包皮可能并不长。无论女宝宝还是男宝宝，要每天给宝宝用温水洗一洗小屁股。

（十一）趴着睡觉

随着宝宝运动能力的提高，宝宝不再局限于仰卧、侧卧，现在也能俯卧，而且有的宝宝看似很喜欢趴着睡觉。这让父母开始担心趴着睡觉会不会压迫胸腹部影响呼吸，于是就把趴着睡觉的宝宝翻转过来，可是过一会儿，宝宝又回到原来的姿势。有人还说宝宝趴着睡觉是因为消化不好。

其实，宝宝经常趴着睡觉是很正常的，那是宝宝觉得那样睡觉更舒服。国外有研究表明，与仰着睡的宝宝相比，趴着睡的宝宝可以提高睡眠质量。可能与趴着睡接受的光线、声音刺激减少有关。

对于健康的宝宝，无论什么睡姿都是可以接受的。但要注意趴着睡觉的时候应当小心宝宝口鼻部，不要受压或有东西遮挡而影响宝宝的正常呼吸。

（十二）头发稀黄

首先父母要了解营养不良以及缺乏微量元素的头发稀黄，不仅头发黄而且还缺少光泽，发质较差，不顺光滑，总是杂乱无章地立着；而正常的黄发，虽然头发黄但是有光泽，比较柔顺。

了解了这些，父母首先要初步辨别一下宝宝是属于哪种情况。宝宝的发质除了与遗传因素密切相关外，出生时的发质与母亲孕期的营养也有很大的关系。而出生之后，宝宝的发质与自身的营养关系密切。如果不是营养不良以及缺乏微量元素的头发稀黄，那么多半是直系亲属中有头发较黄的，遗传给了宝宝。

（十三）喂饭困难

这个阶段的宝宝，运动量大，对周围的世界有了一些了解，开始淘气了。好动的宝宝，只要醒着就会不停地折腾，到了吃饭的时间也不停下来，还要玩，不好好吃饭。大人怕宝宝饿着，就跟着宝宝一口一口地喂，时间长了，宝宝就养成了被追着喂的坏习惯。

如果宝宝有了被追着喂的习惯，一定要及时纠正。只要到了吃饭时间，就把宝宝放到餐椅上，如果宝宝不高兴，不爱吃，或不太饿，也不要强把饭送到嘴边。宝宝如果真饿了，自然会听话，乖乖吃饭。

另外，还可以让宝宝同大人一起进餐。用愉快的就餐氛围感染宝宝同大家一起吃饭。有的妈妈会说，宝宝一上餐桌就满手抓，很恼火。这个情况是很正常的，妈妈要有耐心，宝宝可以用手抓的就让他抓着吃，不能抓的就让宝宝锻炼使用餐具。千万不要因为宝宝自己吃不好，就拒绝宝宝自己进食。妈妈可以准备两份餐，一小份给宝宝自己动手吃，一份由妈妈喂，可以自由使用餐具对于宝宝来说也是一种游戏，慢慢地，宝宝就会喜欢吃饭的。

（十四）偏食

中国大约有2/3的儿童都有特别偏爱或者拒绝吃某种食物的习惯。究其原因，大多是受父母及家庭饮食习惯影响。因为宝宝的模仿力强，如果模仿对象中存在偏食现象时，往往无形中会影响宝宝不吃或讨厌某种食物，而表现出偏食，父母没有正确的营养知识，造成宝宝只吃父母认可的食物，久而久之便容易造成宝宝偏食。

此外，如果宝宝有过不愉快的进食经验，比如被鱼刺卡过、被热汤烫到、菜品味道不佳等，均会造成宝宝对食物的不好印象，造成宝宝拒吃或害怕的心理。针对偏食的宝宝，首先父母以及家人都要改变一下，要让餐桌上的菜品丰富。妈妈可以针对宝宝不爱吃的食物，变换花样让宝宝吃，比如不吃鱼肉，可以做鱼肉饺子吃，不吃萝卜，可以把萝卜同宝宝喜欢吃的肉混合炒菜，或做馅包成包子、饺子。也许宝宝吃几次，就不再挑食了。

（十五）睡眠困难

这个阶段睡眠不好的宝宝，可能出现夜间做噩梦的情况。白天被小狗吓到、学走路时不小心摔跤了、妈妈不见了要找妈妈、白天玩得太兴奋等，这些都会刺激宝宝晚上做噩梦，睡眠不好，出现夜啼。这个阶段，有的宝宝会按照自己的睡眠习惯固定时间入睡。

无论哪种原因引起宝宝睡眠困难，如果宝宝每隔2～3小时出现轻度哭闹或烦躁不安时可以采取轻拍或抚摸宝宝，让宝宝重新入睡。不要一听到宝宝有动静，就马上又抱又哄，或给宝宝喂奶、喝水，这样会养成宝宝夜间经常醒来的坏习惯。如果宝宝半夜醒来睡不着，要求妈妈陪着玩，妈妈一定要想办法让宝宝尽快入睡。

天生气质倾向敏感、无规律、反应强度高或低的宝宝一般晚上睡眠都不好，但只要饮食、发育增长没问题就不必太担心。此外，要给宝宝营造一个安静、舒适的睡眠场所，被褥薄厚合适、灯光可以暗些。

（十六）婴儿肥胖

从第10个月开始，宝宝的辅食逐渐变成正餐。很多食量较大的宝宝不仅吃米饭、粥、鱼肉，而且奶粉（牛奶）的量并没有减少，很多父母认为宝宝只要能吃，相比那些不愿意吃饭的宝宝来说好照顾。但是长时间这样过量饮食，会造成宝宝慢慢发胖。肥胖的宝宝不愿意锻炼，站立、行走也都晚，成年以后，容易患高血压、心脏病等疾病。一般的宝宝可以不测体重，但是明显肥胖的宝宝一定要测体重。每隔10天左右量1次，如果每次增加量超过200g，就是过胖，必须控制饮食。控制饮食要先从奶粉（牛奶）量开始减少，或者把奶粉（牛奶）换成乳酸饮料。

如果宝宝的体重10天左右增加超过300g时，不仅要减少奶粉（牛奶）量，还要考虑宝宝摄入的主食过量，减少米饭或面食的量。刚开始减量，宝宝肯定不适应，如果宝宝喊饿，可以在饭前让宝宝吃些水果。所有减量都要循序渐进，不能骤减。经过上述措施，肥胖宝宝的体重最后控制到平均每天增长10～15g的范围，就算成功了。

（十七）左撇子

到了这个阶段，宝宝每天同父母互动的时间越来越多了。有的父母可能不经意间发现自己的宝宝总是喜欢用左手，无论是玩玩具、抓饼干，还是用小勺，都喜欢先用左手。发现宝宝喜欢用左手也多数在这个月份。很多父母会刻意让宝宝改变使用左手的习惯，觉得应当同大多数人一样使用右手更好，如图2-3所示。

事实上，人是右撇子还是左撇子都是天生的，并非因为左手使用的多了就成了左撇子。用左手还是用右手，这是其所有者的自由。大脑对手的控制是交叉的，左脑管右侧的一切活动，具有语言、概念、数字、分析、逻辑推理等功能；右脑管左侧的一切活动，具有音乐、绘画、空间几何、想象、综合等功能。

宝宝是用手开始触摸这个世界的，也是创造性地使用手的开始。发挥宝宝的创造力是很重要的。如果父母总是强迫左撇子改用右手，就是限制了宝宝的好用手，就是束缚由宝宝用手去进行创造。强行纠正左撇子还可能造成宝宝语音不清、口吃、唱歌走调、阅读困难、智力发育迟滞等。所以，宝宝自己觉得用哪只手方便，就让宝宝用哪只手，父母

图2-3　左撇子

要用右手！

最好的态度就是顺其自然。

（十八）厌食

经常有妈妈说自己的宝宝厌食，不好好吃饭，事实上，真正有厌食症的宝宝是很少的。被戴上厌食症帽子的宝宝，大部分是父母在护理宝宝过程中使用方法不当造成的。

很多宝宝同同龄的宝宝相比一直就是食量小，妈妈就觉得宝宝厌食、胃口不好。其实只要宝宝各方面发育正常，运动能力较好，精神、睡眠也都很好，就没有问题。食量小的宝宝，对食物往往比较挑剔。到了这个月龄的宝宝，对于吃什么吃多少，已经有了自己的意愿，父母不要强迫宝宝吃大人认为他应当吃的量。父母可以做的就是让宝宝同家人一起吃饭，为宝宝准备丰盛的饭菜，让宝宝逐渐喜欢吃饭。

二、婴儿期宝宝常见疾病照护

（一）湿疹

湿疹是一种常见的、由内外因素引起的一种过敏性皮肤炎症。宝宝 1～2 个月时，脸上和头上经常出现小红疙瘩或者像粉刺样的浮皮，而且被太阳晒后，症状还会有所加重，有的甚至在手指、脚趾、足底等地方出现小的丘疹或水疱，这就是人们常说的婴儿湿疹。

婴儿湿疹大多是因为对牛奶、鸡蛋、鱼等过敏而引起。这一时期的湿疹可以不必特殊处理，父母只要每天多给宝宝清洗皮肤，尤其是湿疹处，并擦无刺激的润肤霜，让宝宝的皮肤保持充分清洁与滋润。

在给宝宝洗澡时，要尽量少用肥皂，因为一般肥皂的去油脂力较强，会把皮肤表面的油脂洗掉。洗澡时水温也要控制在40℃左右。父母要注意，不要觉得宝宝喜欢洗澡就多洗一会儿，洗澡的时间长短也有讲究。时间太短，皮肤还来不及吸收水分；时间太长，皮肤又会被泡得更加刺痒。因此最佳时间是大约10分钟。洗完澡以后，用毛巾把身体沾干，不要用毛巾揉擦。最后，给宝宝擦上护肤品，以保持皮肤的滋润。

发生湿疹很大一部分原因是源于宝宝体内的问题，因此无法完全避免。湿疹可能会持续几个月，其带来的不适（如瘙痒）也会持续很长时间，所以父母一定要把宝宝的指甲剪短、锉圆，防止宝宝抓挠时皮肤被抓伤，减少皮肤受到感染的可能性。晚上可以给患了湿疹的宝宝戴一双白棉布连指手套，防止他在睡觉的时候不自觉地抓挠。也可以咨询医生后使用一些安全的止痒药。

（二）生理性贫血

正常足月出生宝宝的血红蛋白可高达190g/L以上，但是出生后1周内血红蛋白逐渐下降，直至8周后（2个月后）才会停止下降，一般会降至90～110g/L。这是为什么呢？因为宝宝出生后3个月内是体重增长最快的阶段，血容量迅速扩充，这时血液被稀释，造成血红蛋白浓度快速下降。这种下降是生理性的，所以称为生理性贫血。如果在这段时间给宝宝验血，发现血红蛋白下降了，千万不要着急。只要排除了其他原因，生理性贫血无需治疗。健康的宝宝到了8周以后，血红蛋白浓度下降至90～110g/L时，会刺激红细胞生成素分泌，从而刺激骨髓，使骨髓造血开始恢复其正常的功能，因生理性贫血而下降的血红蛋白又可以恢复到正常水平。

注意：让生理性贫血的宝宝口服铁剂是无效的，而且铁剂对宝宝胃肠道刺激较大，会影响宝宝的食欲，从而导致营养摄入不足。

（三）腹股沟疝

腹股沟疝多见于男宝宝。男宝宝的睾丸在胎儿期都在腹部，在即将出生前逐渐从腹部降入到阴囊。而睾丸所经过的从腹部到阴囊的这个通道一般在出生后就关闭了，但是也有部分宝宝的这个通道闭锁不好。出现这种情况的宝宝，到了3个月左右，由于剧烈哭闹或便秘等原因使腹腔压力增高时，腹腔内的肠管就会顺着闭锁不全的通道，穿过大腿根部的腹股沟降入到阴囊中，形成腹股沟疝。也有少数女宝宝出现类似的症状，女宝宝是肠管及卵巢从腹股沟降至大阴唇。无论是肠管还是卵巢下降都不会影响宝宝的正常发育，宝宝也不会感觉到疼痛，只是在下降处形成肿块。然而，正是因为这种隐蔽性，腹股沟疝一旦出现嵌顿（就是肠管和/或卵巢在通道中拧绞在一起），造成肠腔梗阻，引起疼痛，这时宝宝就会因为疼痛突然大哭起来，因为之前不知道宝宝有腹股沟疝，出现嵌顿疼痛后，父母也不会想到这个病因。一旦宝宝出现没有任何理由的哭闹，父母一定要揭开尿布看一下大腿根部是否有包块。

腹股沟疝一般采用手术治疗。由于有一部分宝宝的腹股沟管到出生后6个月才能闭锁，因此腹股沟疝在6个月以内还是可以自愈的。如果宝宝确诊为腹股沟疝，一定要根据宝宝的具体检查结果，按照医生的建议，采取最佳治疗手段。

（四）感冒

感冒西医称之为"急性上呼吸道感染"，是指从鼻腔、咽部一直到喉部的急性炎症，有一些非常典型的症状，包括鼻塞、流涕、打喷嚏、咳嗽、嗓子疼等症状。

感冒的主要症状出在鼻子上，对宝宝来说很是麻烦，既影响吃奶又影响睡觉。宝宝鼻腔狭窄，鼻黏膜很薄，又不会擤鼻涕，鼻塞严重时不能顺畅呼吸，让父母干着急没办法。

1.5个窍门让小鼻子通气（表2-7）

表2-7　5个窍门让小鼻子通气

窍门	具体方法
窍门一	鼻涕结块时，用一根专为宝宝设计的棉签，蘸些温水清理鼻腔。这种棉签比普通的更为细小，能伸进宝宝狭窄的鼻腔内并不会引起不适感
窍门二	宝宝仰面睡觉时，鼻涕会倒流入喉咙，刺激咽部使宝宝咳嗽，所以应当让宝宝侧躺
窍门三	用食指在宝宝的鼻梁处轻轻按摩能缓解鼻子发炎引起的胀痒感
窍门四	如果宝宝鼻塞得十分严重，可将空气加湿器打开，或让宝宝待在放着热水的浴室内，蒸汽能有效缓解鼻塞等症状
窍门五	喂奶时放盆热水在旁边，用一条毛巾沾湿热水敷在宝宝头顶囟门处，他的鼻子就能通气了。毛巾凉了就再放到热水中。注意别把宝宝烫伤

2.普通感冒与流感的7个区别（表2-8）

表2-8　普通感冒与流感的7个区别

区别	具体内容
发病季节和发病急缓程度	普通感冒一年四季都可能发生，而流感主要见于冬春季节。普通感冒发病时症状出现得比较缓慢；流感的症状出现得很突然，在24小时之内将全部表现出来
是否发热	普通感冒一般不发热，或者只出现低热；流感时高热
咳嗽轻重	普通感冒时宝宝咳嗽较轻；流感时咳嗽较重，并且有痰，能听到宝宝的喉咙里发出"呼噜"声
是否有并发症	如肺炎、腹泻等。普通感冒除了典型症状外，没有其他异常；流感则往往伴有呕吐及腹泻
有没有胃口	宝宝患上普通感冒，胃口不受影响，食欲改变不明显；流感严重影响宝宝的胃口
宝宝精神状态	普通感冒时，宝宝照吃照玩，日常生活没什么影响；患上流感的宝宝则无精打采，不想玩
病程长短	普通感冒一般将持续5～6天，不超过1周；流感持续时间较长，多为14天左右，并且在最初的3～4天病情最为严重

3.宝宝普通感冒家庭护理6要点

宝宝感冒其实不必紧张，需不需要去医院应当视病情来定。即使不上医院，只要家庭护理得当，普通感冒也会在1周左右痊愈。

（1）多喝水　增加每日喝水量，宝宝不喜欢喝水的话就增加喝水的次数，多喝几次。

（2）确保睡眠充足　让宝宝休息好，感冒时身体功能下降，充足的睡眠能够保证身体得到恢复。

（3）物理降温　低热时不必吃退热药，采用物理降温即可，如用湿毛巾冷敷额头或贴退热贴等都可以。

（4）注意居室通风　越是感冒越要开窗透气，新鲜空气有利于康复。

（5）饮食以清淡为主　感冒了就不要再吃脂肪含量高的辅食，除了正常喝奶之外，增加新鲜蔬菜和谷类食物。

（6）保证大便通畅　发热时出汗多，身体缺水可能会导致便秘，进而加重病情，因此要给宝宝多喝水及果汁，保证大便通畅。

4. 宝宝流行性感冒家庭护理8要点

流感的致病源很多，必须经检查后才能够确定用药及治疗方法，只靠家庭护理是远远不够的。治疗的同时加强护理才是最恰当的做法。

（1）体温高于38.5℃时必须立即降温　要记住，宝宝出现高热（体温38.5～40℃或更高）时必须先让体温降下来，因为高热会引起高热惊厥。

惊厥俗称抽风，是婴幼儿常见急性病症，如不及时处理会造成脑损伤。高热惊厥表现为突然失去知觉，两眼上翻，凝视或斜视，口吐白沫，面肌或是四肢剧烈抽动。症状一般在数分钟后缓解，恢复知觉后便昏睡不止。

（2）体温低于38.5℃时先物理降温　当体温低于38.5℃时，可以先采取物理方法降温。可以解开宝宝的衣服，让他待在凉爽的地方；用温水擦宝宝的全身，特别是额头、脖子下、腋下等处。

（3）两多一少　多喝水，多睡觉，减少活动量。

（4）室内通风　每天打开窗户通气，减少空气中的病毒数。

（5）注意饮食　宝宝没有胃口时不必勉强，辅食更是应当暂停喂食，等宝宝稍有胃口后可喝一些米汤、粥等。

（6）消毒　家中每天都要加强卫生消毒。

（7）洗手　接触宝宝之前一定要记得洗手。

（8）病情复发时应复查　如果发现宝宝退热后又突然复发，或是超过两周都没有痊愈，或是出现其他身体方面的症状，需再带宝宝去医院检查。

5. 去医院的时机

感冒了到底该不该去医院，该什么时候去，要看具体的病情来判断。医生建议，如果出现下面的情况，就必须立即带宝宝去医院。

（1）当宝宝发热超过38.5℃，并持续超过24小时。

（2）持续低热超过3天。

（3）出现呕吐、腹泻的症状。

（4）宝宝不停地用手抓挠耳朵。

（5）出现呼吸困难。

（6）虽然没有发热或只是低热，但宝宝看上去很不舒服。

（五）腹泻

常说的拉肚子就是腹泻，是宝宝常见疾病之一。因为宝宝生长迅速，新陈代谢旺盛，所需要营养物质较多，但胃肠功能尚未发育成熟，胃酸及消化酶的分泌较少，再加上自身抵抗力较弱，一旦遭到病毒、细菌的侵袭或是某些不良因素的影响，容易发生腹泻。

1. 2个标准判断宝宝是否腹泻

（1）一看排便次数有没有明显增多　宝宝每天排便1～2次属于正常情况。腹泻时排便次数明显增加，轻微时一天之内有4～6次，严重时可以达10次以上。

（2）二看大便的质地是否有变化　排便良好的宝宝大便呈黄色或金黄色，质地较软，其间或许夹杂一些未消化的食物颗粒。腹泻时大便很稀，其程度可以达到蛋花汤样，或水样。某些原因引起的腹泻还可能排出黏液便或黏脓血便。

2. 腹泻时必须防止脱水

大多数腹泻都能在家里护理和治疗，唯一需要去看急诊的是宝宝出现脱水时，如以下表现。

（1）宝宝嘴唇发干、起皮，皮肤弹性差。

（2）超过6小时没有小便。

（3）宝宝眼窝凹陷，脸色苍白。

（4）精神不振、嗜睡。

如果发生上述情况，必须立即带宝宝去医院。

3. 腹泻宝宝居家照顾8注意（表2-9）

表2-9　腹泻宝宝居家照顾8注意

注意	具体内容
接触正在患病中的宝宝必须先洗手	很多病菌都是通过手来传播的，特别是护理腹泻的宝宝，更应当勤洗手，阻断疾病的传染途径
宝宝用具必须每日彻底消毒	奶瓶、奶嘴和小碗、勺子要经过消毒后再存放，并与成人餐具分开放置，避免交叉感染

续表

注意	具体内容
勤换尿布，预防红屁股	宝宝腹泻时最容易引发红臀，所以应在大便后立即用温水清洗干净，并涂上护臀霜。最好每天把尿布打开一段时间，让小屁股暴露在阳光下晒一晒
配方奶粉	如果宝宝是因为乳糖耐受不良引起的腹泻，必须更换配方奶粉，但不能在短期内频繁更换，否则会加重腹泻
每日记录大便情况	观察并记下每天大便的次数、量及质地，就能掌握病情的发展趋势，看急诊时也能给医生提供最直接的依据
调整饮食，清淡少油，少吃多餐	腹泻是胃肠功能发生紊乱引起的，因此，调节饮食必不可少；喂配方奶粉的宝宝可减少奶量，适当降低浓度，增加水分；已经添加辅食的宝宝则需要吃烂面条、白粥这些半流质食物。有些父母以为腹泻时必须禁食，其实对宝宝来说，吃不吃是身体的自然反应，宝宝腹泻时有食欲就应当喂，只是需注意少食多餐
补充足够的液体	腹泻引起的最严重问题就是脱水。如果同时还有呕吐症状，那就更加容易脱水。应当增加每日饮水的次数和数量。中到重度脱水每千克体重每天要补充150～200ml的液体，可以根据宝宝的体重来估算需要的液体数量
添加少量的盐	一些腹泻时吃的药中含有葡萄糖和适量盐分，目的是补充腹泻脱水时身体流失的水及盐。该不该吃药要按医嘱执行，可以在食物中添加少量的盐

（六）缺铁性贫血

5～6个月后，无论是母乳喂养、人工喂养或混合喂养，乳类中的含铁量都不能完全满足宝宝生长发育的需要，如果长期乳类喂养，不加辅食，或饮食习惯不良、偏食，可导致铁摄入量不足。宝宝缺铁后，不会很快表现出贫血。在贫血出现前缺铁就可对宝宝的健康造成危害。缺铁除影响血红蛋白生成外，还影响肌红蛋白合成，使体内某些酶的活性降低，从而影响其他器官功能。

1. 缺铁性贫血宝宝的主要表现

（1）面色苍白，口唇、指甲缺少血色。

（2）不爱活动，精神不振，或者表现为烦躁不安。

（3）抵抗力低下，容易感染疾病。常有呕吐、腹泻、消化不良等症状，也可出现口腔炎、舌炎。

2. 贫血对宝宝心理健康发育的影响

（1）导致缺氧影响宝宝智力　成人的大脑耗氧量只占全身耗氧量的1/5，然而处于生长发育阶段的宝宝大脑耗氧量要占全身耗氧量的一半。因此，宝宝贫血之后，会造成机体摄氧能力下降，脑组织缺氧，宝宝的记忆力和注意力等都会受到影响。

（2）导致缺氧影响宝宝情绪　由于脑组织缺氧，脑细胞代谢异常，宝宝经常爱发脾气，烦躁不安，爱哭闹。

（3）进一步影响社会适应能力　因宝宝体弱多病，经常生病在家，与他人交往的机会相对较少，容易造成性格孤僻、自闭。

3. 贫血的治疗

（1）饮食治疗　适合预防缺铁性贫血，以及治疗轻度缺铁性贫血。因宝宝喂养不当造成的贫血，必须在短期内改善饮食，及时添加辅食，尤其是要注意生长发育较快的宝宝。蛋黄、动物血以及绿色蔬菜都含有丰富的铁。

（2）铁剂治疗　针对中度以上的缺铁性贫血，多采用饮食配合铁剂治疗。治疗量为铁元素6mg/（kg·d），可分3次口服。口服铁剂最好在两餐之间，避免同奶一起服用影响铁的吸收。大多数宝宝服用铁剂2周后血红蛋白即有明显上升。但为巩固疗效，铁剂治疗需4周或更长一些。进行贫血治疗的同时，还要积极防治引起慢性贫血的疾病。不要限制饮食，对其他营养性疾病也要积极治疗，比如缺钙、缺锌。

（七）惊厥

惊厥是小儿常见的急症，多见于婴幼儿。其表现为突然的全身或局部肌群呈强直性和阵挛性抽搐，常伴有两侧眼球上翻、凝视或斜视及意识障碍。

宝宝出现惊厥时，应当立即让患儿平躺，解松领扣，头向后仰并侧向一边，使口水易于流出，以免引起窒息。

在匙柄或筷子外面裹以手帕或小毛巾放入上、下臼齿之间，以防舌头被咬伤。保持环境安静，减少对宝宝的刺激，发作时不可将宝宝抱起摇晃或高声呼叫。惊厥时，禁忌任何饮食，包括饮水。待惊厥停止、神志清醒后可适当进食牛奶或粥。必要时可用针刺或用指尖按压人中（图2-4）、合谷（图2-5）等穴位。有高热时，应及时松解衣物散热，给予温水擦澡或口服退热药。

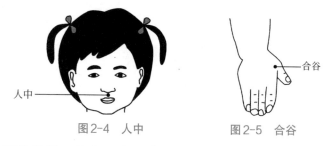

图2-4　人中　　　　　图2-5　合谷

迅速送医院就医，并向医生反映惊厥开始时间、次数、持续时间、两眼有否凝视或斜视、有无大小便失禁以及停止惊厥后有无嗜睡现象等，以便诊断和处理。

（八）幼儿急疹

幼儿急疹属于呼吸道传染病，但是其传染性不大，是宝宝在婴幼儿期特有的发疹性疾病，是婴幼儿的常见病，也是大多数宝宝在1岁之前都必须要度过的关口。绝大多数宝宝在6～12个月发病，2岁以上小儿及成人极少发病。

1. 典型表现

起病很急，突然高热，不伴有其他明显症状，体温可高达39～41℃。高热持续3日左右便自然骤降，也有少数病例体温逐渐于24小时后降到正常。虽然宝宝没有咳嗽、流鼻涕，大便也不稀，但因为这可能是宝宝第一次发热，父母很是担心，于是就带到医院去看。但幼儿急疹早期诊断不容易，多需出疹时才能明确。医生看到宝宝一般状况较好，一般会诊断为"感冒"，再者就是如果体温持续不降，等出现疹子了，方能确诊为幼儿急疹。

2. 皮疹的发展过程

皮疹大多数是在体温退下以后，少数在体温将退时。皮疹最初出现于颈部及躯干，很快波及全身。腰部、臀部较多，面部及肘膝以下则极少。皮疹为不规则的小粟粒状玫瑰斑点，手指压之可以退色，呈散性分布。皮疹于1～2日内全部退尽，不留色斑，也不脱屑。幼儿急疹很少有并发症。重症患者可出现高热惊厥，常发生于疾病初期高热时期，历时很短。

3. 治疗方法

幼儿急疹以对症处理为主。应让宝宝多休息，多喝水，可以适当用一些清热解毒类中药。高热时应注意及时降温，以防高热惊厥。

注意：如果宝宝没有并发其他疾病，最好少用药物，尤其是抗生素类药物。抗生素类药物对幼儿急疹无任何治疗意义，而且不恰当的用药如果发生药物性皮疹会同幼儿急诊混淆，干扰诊断。

（九）地图舌

地图舌是婴幼儿时期的常见病，发病率约为15%。这种病一般没有什么症状，经常被忽视。宝宝舌头上面出现"地图"样现象，多半从出生后2～3个月就开始了，只是那时宝宝小，妈妈可能没有注意看宝宝的舌头。发生地图舌的原因并不十分明确。可能与消化不良、营养缺乏和体质差等因素有关。体弱的宝宝多见本病。对于地图舌，可以不做特殊治疗。注意口腔清洁，保证宝宝充足的睡眠，要防止宝宝偏食、挑食，及时添加辅食，饮食丰富有营养。

（十）婴儿肺炎

（1）发热　多数宝宝患肺炎均会发热，体温38～40℃不等。少数体质较差的宝宝可能没有发热表现。

（2）咳嗽　明显的咳嗽，伴有痰。宝宝还小不会咳痰，如何判断是否有痰，父母只要留意一般可以听到宝宝咳嗽声中有痰响或呼噜声。不过，要注意在肺炎初期可能会有刺激性干咳。

（3）呼吸困难　宝宝的呼吸浅而快，两侧鼻翼一张一张的，可伴有口唇青紫。解开宝宝的衣服可见吸气时颈前窝和肋间隙出现凹陷。提示病情严重，切不可拖延。

（4）精神委靡、饮食不佳　多数宝宝都表现精神委靡不振、昏睡交替、烦躁哭闹，吃奶不好或是吃奶时有呛咳，有些宝宝表现拒吃奶或吐奶。

（5）治疗　肺炎多数为病毒感染，只有少数为继发细菌感染和其他病原微生物感染。目前抗病毒药物还没有明显的特效药，主要是对症治疗。

（十一）便秘

1. 判断宝宝是否便秘的4个标准

（1）第一看持续多久不排大便　一般超过3～4天不排便就算便秘。

（2）第二看大便的质地　如果排出的大便又干又硬，那就是便秘。

（3）第三看宝宝食欲如何　不排大便的同时也没有食欲，就算看到平时爱吃的东西也没有胃口的话，就说明宝宝便秘了。

（4）第四看宝宝肚子是不是鼓鼓的　如果摸上去感觉有胀气，不柔软，那就是便秘。

所以，判断宝宝是不是便秘，不能只看已经连续几天没有排便，应当综合以上4点。

2. 童宝宝发生便秘的5个原因

（1）饮食不合理　如果宝宝吃得太少，大便自然就少。发现几天不排便时，先要看宝宝是不是没有吃饱。吃得过于精细也会引起便秘（图2-6），比如辅食中添加蔬菜和水果太少，而食入米粉等精细食物太多，导致纤维素的摄入量不足，对肠壁的刺激不够就会便秘。

（2）排便不规律　身体各器官的运行都有一定规律，胃肠系统也是一样的，排便有规律了就不容易便秘。因此要给宝宝培养定时排便的好习惯。如果排便不规律，大便堆积在肠内，水分被逐渐吸收，大便就会变得干燥不易排出。

（3）活动过少　适当的运动能使胃肠蠕动加快，如图2-7所示。每天保持一定活动量的宝宝就不容易发生便秘。

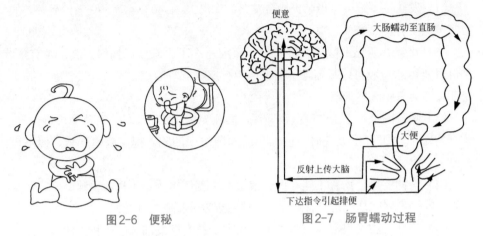

图2-6　便秘　　　　　　　　　图2-7　肠胃蠕动过程

（4）宝宝生病了　宝宝生病通常会没有胃口，吃得少喝得少，然后就会发生便秘。这都属于功能性便秘，调理一段时间后就会改善。但有些宝宝出现便秘则是因为患有先天性疾病，如先天性巨结肠。此类便秘一般的调理是无法痊愈的，必须经过手术矫治。

（5）宝宝心理排斥　有时，某些心理因素也会让宝宝抑制排便。比如换了新的生活环境，宝宝不愿意独自待在厕所；或者前次排便时的疼痛让宝宝出现心理障碍。

3. 人工喂养的宝宝便秘了怎么办

人工喂养的宝宝发生便秘的次数较母乳喂养要多，这是因为配方奶粉和母乳成分不同。在喂配方奶的同时要补充水分，可以在两餐奶之间加喂10～30ml的温水。大一些的宝宝需要饮食上注意营养均衡，五谷杂粮及水果蔬菜都要吃。

对策：给宝宝吃水果或是蔬菜，以增加纤维素的摄入量；多喝水，活动或游戏后要及时补充水分；训练宝宝养成定时排便的好习惯；每天给宝宝按摩肚子，帮助肠道蠕动，加速排便。先将双手搓热，再将掌心按在宝宝的肚子上，以肚脐为中心顺时针轻轻按摩，每次5分钟，一天3次，能够帮助宝宝排便和排气。

4. 宝宝宝习惯性便秘怎么办

有些宝宝可能因为某种原因形成习惯性便秘，排便时非常抗拒。遇到这类问题首先要看宝宝除了便秘外是否还有其他异常症状，比如发热、腹泻、呕吐、便血等。如便秘的同时伴有其他异常情况，就要去医院诊治。如果只是单纯的便秘，需要从根本上解决宝宝的心理问题。

对策：帮助宝宝养成良好的生活习惯。排便习惯与饮食、作息习惯密切相关，生活规律了消化系统就能正常运行，才会减少便秘的可能。

对那些害怕大便的宝宝，必须有足够的耐心去安抚。宝宝大便时陪在身边。其次是帮宝宝按摩肚子。注意饮食，也有一定的效果。

5.5种便秘要去医院

遇到宝宝便秘时，家长往往不知道什么时候应当去医院。如果出现下面列举的几种情况，就要立刻去医院。

（1）便秘的同时伴有呕吐、便血、腹泻、腹痛或发热等症状。

（2）超过5天没有大便。

（3）母乳喂养的宝宝出现便秘时。

（4）宝宝服用某种药物后出现便秘。

（5）周期性便秘。

（十二）急性支气管炎

支气管炎，是指气管、支气管黏膜及其周围组织的慢性非特异性炎症。根据临床症状的不同，支气管炎大致可以分为急性支气管炎和慢性支气管炎两种。宝宝常患的是急性支气管炎。

1. 急性支气管炎的3种症状

当宝宝患上急性支气管炎时，往往会出现以下症状。

（1）咳嗽　起初几天只是很短促的几声干咳，接着转变为长咳，并且有痰。

（2）出现鼻塞、流鼻涕等感冒前期症状　咳嗽的同时，鼻子里流出黏糊糊的鼻涕。

（3）呕吐　剧烈的咳嗽之后，常会发生呕吐。

另外，有时宝宝也会有发热、没有胃口、精神不振等症状。

2. 及时治疗、重视护理

如果宝宝出现比较严重的咳嗽症状，并且看上去很难受，无论有没有发热，都要立即带他去医院。通过检查后医生会确诊并开出药物，按照医嘱服药即可。

另外，雾化治疗能有效缓解咳嗽有痰的症状，操作简单且不会给宝宝带来明显的不适感。

除了治疗之外，家庭护理也很重要，应当保证饮食、睡眠等生活起居有规律，保持室内适当的温度和湿度，护理方式同感冒的护理一样。

3. 如何帮宝宝祛痰

宝宝咳嗽说明支气管内分泌物增多，可以用3个简单的技巧帮助宝宝顺利祛痰。具体见表2-10。

表2-10　3个简单的技巧帮助宝宝顺利祛痰

技巧	具体内容
翻身拍背	当宝宝咳嗽时把他翻过来，背向上趴在妈妈的双腿上，用手轻轻拍他的背部，使喉咙中的黏痰能从嘴里流出
侧躺着睡觉	侧躺能让咳嗽出来的黏液从嘴里出来，而不至于倒流入喉咙刺激咽部
使用雾化吸入器	病情比较严重时可使用雾化吸入器。有专为儿童设计的雾化吸入器，使用与否应咨询医生后再决定

4. 预防急性支气管炎的6个要点（表2-11）

表2-11　预防急性支气管炎的6个要点

要点	具体内容
平时多锻炼	运动能促进细胞的新陈代谢，增强对细菌、病毒的抵抗力
饮食要营养	辅食要讲究营养搭配，少吃油腻和没有什么营养的食物
家人不吸烟	烟雾会使呼吸道疾病的发生率大大增加，有宝宝的家庭要禁烟
室内常通风	每日适当通风换气，保持室内空气新鲜
换季少外出	季节更替之时多为病毒流行之际，特别是秋冬、冬春交替的时候，应少让宝宝外出，以减少感染的机会
病患不接触	宝宝抵抗力差，为避免被感染，应远离其他患者

（十三）肠套叠

当肠子因某种原因逆向蠕动时，前端就会进入后端，形成梗阻，这就是肠套叠。肠套叠是婴幼儿期最为常见的急腹症之一，病情发展极为迅速。如果没有得到及时有效的治疗，就可能导致肠坏死、肠穿孔，使宝宝发生休克，甚至死亡。

1. 宝宝发生肠套叠的2个规律（表2-12）

表2-12　宝宝发生肠套叠的2个规律

规律	具体内容
肥胖儿童多见	可能与肥胖宝宝肠蠕动较慢有关
婴儿多见	可能与添加辅食后，饮食改变使肠道内菌群改变、肠蠕动不规则有关

2. 宝宝发生肠套叠的4大信号（表2-13）

表2-13　宝宝发生肠套叠的4大信号

信号	具体内容
阵发性哭闹	宝宝常会哭，若原因是肠套叠的话，那哭声与平时明显不同。首先，哭的时候很难哄；其次，哭一会儿后就会安静下来，有时还能玩耍，然后又开始大声地哭，周而复始，停止的间隔却越来越短。出现阵发性哭闹说明宝宝腹部绞痛，所以哭时他会不由地蜷缩起双腿
呕吐	宝宝还会呕吐，吐出的东西开始是没消化完的食物残渣和白色奶块，接着会吐出黄绿色的胆汁。呕吐的情况越来越严重，到后期会吐出带有粪便臭味的液体，说明肠梗阻十分严重
便血	宝宝排出的大便颜色呈红色或暗红色，看上去有点儿像果酱
肚子里有肿块	当宝宝停止哭闹时，用手按压他的肚子，能感到里面有一个明显的肿胀物体，位置一般在右上腹或腹中，摸着很像一根小香肠

可是宝宝并不一定会同时表现出所有症状，比如有些宝宝并没有呕吐也不会便血，但只要出现阵发性哭闹，就应当引起注意。

3. 紧急处理肠套叠的4个要点

如果宝宝在家中突然发生肠套叠，必须在去医院之前做好紧急处理。具体内容见表2-14。

表2-14　紧急处理肠套叠的4个要点

要点	具体内容
禁食禁水	立即禁食禁水，减轻胃肠压力
记下呕吐的次数和颜色	记录的目的是为了能对医生准确描述病情
带上宝宝的大便	大便为提供化验所用，防止要化验时因等宝宝大便而耽误诊断时间
不能使用止痛药	任何情况下都不可给宝宝自行用药，不管是内服的还是外敷的。药物会掩盖症状，影响诊断

4. 治疗肠套叠，与时间赛跑

肠套叠病情来势汹汹，诊断的早晚决定了不同的治疗方法，越早治疗，宝宝的痛苦就越少，危险性也越小。因此，抓紧时间是治疗肠套叠的关键。

（1）发病12～24小时　此时病情还不算严重，可采取较为温和的治疗手段使被套住的肠子复位。

（2）发病48小时之内　看具体病情而定，如果已经出现高热、休克等症状，可能需要施行手术；如果经非手术治疗后病情稳定，则可暂时不做手术。

（3）发病超过48小时、便血超过24小时　病情可能已经发展为肠坏死、肠穿孔，危及生命，手术治疗在所难免。

5. 手术后加强护理

做完肠套叠手术之后，需观察宝宝的排便情况，不能立即补充营养，为的是让胃肠有一段恢复期，否则会影响手术效果。

（1）母乳喂养改为少食多餐，配方奶要降低浓度，并且绝对不能在此时更换奶粉。

（2）辅食以流质、半流质为主，要一点点地添加，看宝宝的反应如何，不可过于着急。

（3）脂肪类食物在康复期先别给宝宝吃，等胃肠功能完全恢复后再加上。

（4）胃肠手术后是否排气与排便是检测肠道通畅与否的标准，因此应当每日观察宝宝的大便，从中能看出肠道功能是不是已经恢复。

（5）如果大便中还带有血迹，要让医生察看是陈旧血还是新血。

6. 科学护理，降低患病率

（1）饮食方面　注意定时定量，添加辅食循序渐进，随着天气变化调整食谱，冷、硬的食物最好少吃或不吃，避免突然改变饮食习惯。

（2）穿衣盖被　注意保暖，季节变化时及时添加、减少衣物，晚上睡觉要注意保护宝宝的肚子。

（3）治疗蛔虫　生了蛔虫就要及时就医，彻底治愈，避免蛔虫在肠道内活动诱发肠功能紊乱。

（4）增强免疫力　平时多锻炼，增强宝宝对病毒细菌的抵抗能力。

（十四）口腔溃疡

口腔溃疡，又称为"口疮"，一般1～2周可以自愈。

1.3种不同的口腔溃疡

（1）疱疹性口腔炎　由疱疹性病毒导致的口腔溃疡最为常见，多见于出生6个月后开始长牙的宝宝，发病时宝宝会感到很疼，并且总是哭闹。

症状：初期为很小很圆的水疱，有时成簇状分布，有时散布在口腔中，水疱破裂后露出不规则的红色溃疡面；在牙龈表面，口腔前、上、下面以及口腔内侧均有可能溃疡；牙龈或许会红肿，甚至肿得非常严重；宝宝可能会发生高热、打寒战，精神不振，不吃东西，不愿喝水，睡觉也受到影响。

这种口腔溃疡在患病3～5天时开始严重，约一周达到高峰，到第二周红肿会减轻。

对策：带宝宝去医院就诊，如果确诊为疱疹性病毒导致的口腔溃疡，医生会采用相应的治疗方法；居家护理时要注意给宝宝多喝水，并保证充足的睡眠。

（2）固定性复发性单纯疱疹

症状：当单纯疱疹性病毒再次发作时，会造成"在固定部位的疱疹感染复发"。由于初次治愈后病毒还会潜伏在体内，不会完全消失，当宝宝生病或遭受外伤而使口腔黏膜破损时，溃疡易复发。

对策：让宝宝养成有规律的生活习惯，加强自身的抵抗力；防止外伤引起口腔黏膜损伤，使病毒有可乘之机。

（3）疱疹性咽峡炎　疱疹性咽峡炎是一种急性、传染性、发热性疾病，由病毒引起，特点是疱疹性溃疡性黏膜损害。

症状：突发高热，宝宝拒绝喝奶和吃东西，并常见呕吐和惊厥；发病2日内，口腔黏膜出现少数小小的灰白色疱疹，疱疹周围呈红色；疱疹常分布在扁桃体前面，也可能出现在扁桃体、上腭、舌头等处；发病2日后，疱疹破裂露出溃疡面，这时宝宝会感到非常疼痛。

对策：一般在发病1周内就会自愈，不需要特别治疗。

2. 宝宝口腔溃疡治疗措施

大部分口腔溃疡无需吃药，但可以采取一些措施减轻宝宝的病痛，使宝宝尽快痊愈。

（1）多吃新鲜水果和蔬菜　多吃水果和蔬菜有两个好处，一是能够缓解便秘，二是能够补充维生素和矿物质。

口腔溃疡往往伴随着便秘，而便秘时胃肠功能下降，病毒就容易发作引起口腔溃疡，因此要多给宝宝吃新鲜水果和蔬菜来预防便秘。

另外，患口腔溃疡的宝宝，多半缺乏维生素B和锌，说明喂养不当，各种辅食的营养搭配不合理，维生素摄入过少。一些黄色和深绿色果蔬，如橙子、菠菜等，含有大量维生素和矿物质，很适合给宝宝吃。

（2）让宝宝多喝水　喝水有益于新陈代谢，润肠通便，应当从小培养宝宝喝白开水的好习惯。宝宝摄取水分的方式，一是直接从饮用水中获得，二是从饮食中获得。如果宝宝不愿意用奶瓶喝水，可以用勺子喂，但不要在水中加糖。

（3）给宝宝更多的关心和爱护　有时精神因素也会使口腔溃疡长久不愈合。当宝宝因为某些事而过度兴奋或感到不安时，身体功能也会随之变化，新陈代谢降低，口腔表皮细胞的修复能力减弱。当宝宝患病时，要给他更多的爱抚和关怀，拥抱和亲吻都能使宝宝感到愉快。

3. 预防口腔溃疡3要点

口腔溃疡大多由病毒感染引起，如果口腔内没有损伤，病毒就不容易侵袭。因此，除了提高宝宝自身的免疫力之外，另一个预防措施就是保护口腔黏膜的健康。

（1）防止外伤引起口腔损伤　烫伤、刺伤或吃了有刺的食物，都会引起口腔黏膜损伤，继而引发溃疡。宝宝很喜欢用嘴去咬能拿到的一切东西，再加上学步时常会摔倒跌破嘴巴，遭到病毒感染后就容易发生溃疡。

对策：有尖角的玩具绝对不适合宝宝玩耍；家具的尖角处用安全装置包起来；当心宝宝摔倒磕到嘴巴；给宝宝冲的奶粉或准备的其他食物不能太烫，宝宝的口腔黏膜比大人薄，稍微有点儿热都会烫伤。

（2）当心宝宝出牙时咬伤自己　宝宝刚长出牙齿时，咬合的习惯还没有形成，可能会发生把舌头咬伤的情况，结果让病毒接触到损伤面引起感染。这种情况等宝宝牙齿慢慢长起来就不必担心了。

（3）谨防化学性伤害　宝宝如果误食药物、清洁剂等化学品，可能会灼伤口腔造成溃疡。

对策：家中的药物、清洁用品一定要放在宝宝无法拿到的地方。

（十五）发热

发热（图2-8）是宝宝患病最为常见、最易发生的症状。不论多镇静的妈妈，只要遇到宝宝发热，肯定心急如焚。其实，发热是机体的一种保护性反射，是人体对入侵致病菌的一种反应。另外，"发热"是"症"而不是"病"，因此要了解发热的原因，正确护理。

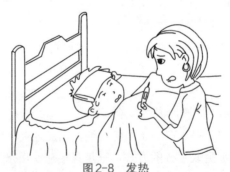

图2-8　发热

1. 引起宝宝发热的3类原因

引起宝宝发热的原因有很多，一般情况下，可分为以下3类，见表2-15。

表2-15　引起宝宝发热的3类原因

原因	具体内容
外在因素	宝宝体温受外在环境影响较大，如天热时衣服穿得太多、盖得太厚、水喝太少、房间空气不流通等，都容易引起宝宝发热。只要将这些因素排除，宝宝的体温就会恢复正常。另外，剧烈活动、精神紧张、情绪激动、进食、排便等，都可使宝宝的体温暂时升高

原因	具体内容
内在因素	宝宝若受凉感冒，气管有炎症，以及喉咙发炎，或患有其他疾病，都有可能出现发热症状
其他因素	宝宝注射麻疹、霍乱、白喉、百日咳、破伤风等疫苗时，也有可能出现发热反应

2. 发现宝宝发热的3大方法

人体可测量体温的地方很多，一般情况下，若口温37.5℃以上（含）、耳温37.5℃以上（含）、腋温37℃以上（含）、背温36.8℃以上（含）、肛温38℃以上（含），就属于发热。

（1）常常摸　家长可以多摸摸宝宝的小手及颈后，来了解宝宝体温是否正常、衣服穿得是否合适。如果衣服穿得不厚、体温明显高于平时，宝宝就有可能发热了。

（2）细观察　妈妈要仔细观察宝宝的身体情况，如果宝宝出现脸部潮红、嘴唇干热、哭闹不安，或者食欲减退、活动力减退，以及昏睡、昏迷不醒等现象，宝宝就很有可能是发热了。另外，因为发热时水分消耗较大，如果宝宝小便量比平时少，且小便发黄、颜色较深，宝宝也有发热的可能。

（3）测一测　如果怀疑宝宝发热，最准确的方式就是利用体温计测量体温。但学龄前宝宝最好不要用口腔表测量体温，以免发生意外。

3. 宝宝发热时的5大护理误区

宝宝发热时的5大护理误区（表2-16）。

表2-16　宝宝发热时的5大护理误区

误区	具体内容
滥用退热药	宝宝稍微有些发热，一些家长就心急如焚地使用退热药，希望宝宝能迅速降温，这种做法相当不明智。因为在没弄清发热原因之前轻易退热，不但会掩盖病情，还会严重削弱宝宝的抗病能力，对诊断和治疗都极其不利
裹住宝宝发汗退热	传统的观念就是宝宝一发热，就要用衣服和厚棉被把宝宝裹起来，想逼出汗水来退热。其实这是不对的，因为这只会导致宝宝体内温度更高，从而加重病情
盲目用冰块降温	有些家长在宝宝发热时，虽然不会给宝宝服用退热药，却用极冷的冰块来给宝宝降温。这种做法也相当不科学。因为宝宝受到长时间的强冷刺激，会感觉极不舒服，也会有冻伤的可能。而且，若体温在瞬间下降得过快，也是一件极其危险的事情
凭感觉判断宝宝体温	有些家长往往会用自己的手或额头去判断宝宝的体温是否降低，这是极不准确的做法。因为个体差异，人的体温往往不一样，若出入过大，往往会延误宝宝的病情
一味给宝宝进补	宝宝发热时，胃肠活动会相应减弱，消化酶、胃酸、胆汁的分泌都会减少，荤腥食物如果长时间滞留在胃肠道，就会发酵、腐败，最后引起中毒，更加不利于宝宝早日康复

4. 宝宝发热时的5大护理措施

宝宝发热时的5大护理措施（表2-17）。

表2-17 宝宝发热时的5大护理措施

护理措施	具体内容
少穿衣服，给宝宝散热	将宝宝居住的房间温度控制在25℃左右，尽量让宝宝穿着棉质宽松的衣物，如果是躺着休息，只需盖薄被即可，若有出汗现象，要记得随时更换干爽衣物
帮宝宝物理降温	帮宝宝物理降温，有以下常用方法： （1）头部冷湿敷 将干净软毛巾用20～30℃冷水浸湿后，稍挤压至不滴水，折好置于宝宝前额，3～5分钟更换一次 （2）头部冰枕 冰袋装入小冰块及少量水至半满，排出袋内空气，压紧袋口，确保不漏水后，在外面裹一条毛巾，放置于宝宝枕部。注意冰枕不要过于冰冷，而且睡冰枕的时间不宜过长。另外，3个月以下的宝宝不宜用此方法降温，可使用水枕降温 （3）温水擦拭或温水浴 用干净温湿毛巾擦拭宝宝的头、腋下、四肢，加速散热，从而降温；也可以给宝宝洗个温水澡，水温控制在29～32℃，多擦洗皮肤，浸泡10～15分钟，促进散热 （4）酒精擦浴 这一方法适用于高热降温。用20%～35%乙醇200～300ml，擦浴四肢和背部，以便及时散热
补充充足的水分	宝宝高热时，呼吸急促，口腔喷火，出汗会使机体丧失大量水分，所以父母应给他补充足够的水分，增加尿量，以便促进体内毒素排出，减缓发热症状。若宝宝不愿喝水，也可以喝果汁、牛奶、电解质液等饮料
饮食宜清淡	在饮食上，多吃水果、蔬菜、粥等含蛋白质低、容易消化的食物，以免增加宝宝肠胃负担
保持安静，卧床休息	宝宝发热时家长要让宝宝多休息，以积蓄力量，提高自身免疫力来对抗疾病

（十六）脱水热

所谓"脱水热"就是指宝宝因缺水而导致的发热。例如，在烈日炎炎的夏季，宝宝有时会不明原因地突然发热，体温在短时间内忽然升高，甚至高达40℃，就算吃了退热药也不见效，喝了水后反而体温会迅速下降。

1. 水对宝宝很重要

（1）新生儿体重的80%是水，婴儿体重的70%是水。

（2）宝宝消化、吸收食物要依靠水。

（3）宝宝从奶及辅食中摄取的营养物质要靠血液运输，而血液中的大部分为水。

（4）宝宝的体温调节离不开水。

（5）当宝宝活动时，肌肉、关节的运动都需要水。

2. 脱水热引起的发热与普通发热的区别

水对宝宝的生长发育有着非常重要的作用，因此要注意防范宝宝发生脱水热。脱水热与因疾病引起的发热包括以下不同点。

（1）发热的起因　脱水热并非由于疾病所致，只是身体缺少足够的水分；而疾病引起的发热能找到明显的病因。

（2）吃药后效果　发生脱水热时吃退热药不管用；而发热时吃退热药会起到一定效果。

（3）有没有胃口　发生脱水热的宝宝除了发热而烦躁外，胃口不受影响；但发热时常没有食欲。

（4）排尿量　排尿次数明显减少，并且尿量不多，即为脱水热。

3. 脱水热的典型症状

（1）发热，体温在38～40℃。

（2）宝宝会因发热而烦躁，无法安睡或是哭闹不止。

（3）宝宝的嘴唇因缺水而干燥。

（4）给宝宝喂水之后，体温就会开始下降。

4. 发生脱水热的因素

（1）与宝宝的特殊性有关　体温调节靠大脑的神经中枢完成。宝宝的大脑发育不健全，对外界气温变化的适应能力较弱。当外界温度过高时，宝宝的身体不能及时适应，不会通过排汗等方法来降低体温。

（2）与宝宝不会说话有关　因为不会告诉父母自己渴了，只能以哭闹的方式来表达，因此，新手父母往往会产生误解，以为宝宝肚子饿了需要吃奶。

（3）与水分摄入不足有关　吃奶多了，水分的摄入就会减少。达不到每日所需要的水分标准，体温就会升高。

（4）与环境因素有关　外界环境对宝宝的体温影响很大。

5. 宝宝发生脱水热时的护理措施

一旦出现脱水热，你可以做些事情来使宝宝的体温迅速下降。

（1）给宝宝喝水　立即补充水分，给宝宝喝温开水或5%葡萄糖水。体温每升高1℃，体内的水分就要蒸发掉10%，因此必须及时补水。

（2）解开宝宝的衣服　解开衣服为的是散热。不必担心宝宝会感冒，捂得太多不利于体温下降。

（3）物理降温　拿一块干净纱布或是手绢，蘸些温水擦宝宝的额头、颈下、腋窝、大腿及手心及脚心，以加速散热。

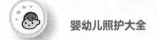

（4）立即用温水给宝宝洗澡　水流过皮肤时会带走大量热量。当宝宝发热时洗温水澡或是用温水擦身，会让他感到舒服一些。

为了防止宝宝发生脱水热，必须做好以下几点内容。

① 母乳喂养的宝宝，在天气特别热的时候也需要补充饮水，最好在两次喂奶之间加喂一次水。

② 人工喂养的宝宝，奶粉不要冲调太浓，在天气炎热的时候也要在两次喂奶之间加喂一次水。

③ 已经添加辅食的宝宝，要多喝水果汁和蔬菜汁。

④ 夏季要细心观察宝宝的排尿量，如尿量减少或尿液发黄，就表示身体缺水。

⑤ 给宝宝穿衣物要适当，不要穿得过多。

 第三节　婴儿期宝宝家庭意外事故预防与处理

一、排除家庭意外事故隐患

随着年龄的增长，宝宝的活动范围增大，加上好奇心强烈，父母无法预测到宝宝会干出什么事情来。此时宝宝的安全就是父母的头等大事。许多宝宝的意外伤害事故其实都是可以避免的。之所以会发生是由于大人允许了意外情况发生的可能，比如楼梯没有安装护栏，造成宝宝跌落。每个家庭的基础设施、家装环境不同，可能发生意外事故的安全隐患有所不同，在此列举最具有普遍代表性的家庭安全隐患，父母可以针对自己的家庭环境及时消除隐患。

（1）取暖设备、易碎物品、易倒物体、热水瓶等，都要避免宝宝触及。矮桌上不能放花瓶、小装饰物、易碎的烟灰缸等。

（2）电源插座和尖锐的桌椅拐角要套上保护套。

（3）任何柜子都应当没有可供宝宝踩、抓的地方，使宝宝无法攀爬。家里最好不要使用比较轻巧的陈列柜，以免个别比较有劲的宝宝推倒后砸伤自己。

（4）各种线路不要暴露，比如电线、网线、电话线、有线电视线等。

（5）有人吸烟时，烟灰缸里的烟头要及时清理，因为宝宝很有可能会把烟头吃进去，如果还有未完全熄灭的烟头，可能会烫伤宝宝。吸烟的人不要抱宝宝，一方面宝宝会被动吸烟，对宝宝的健康不利；另一方面宝宝很有可能会不慎被烫伤。

（6）卫生间里的浴缸、水盆使用后要及时排尽里面的水，座便器最好也加一个儿童锁，因为宝宝可能会不慎头朝下跌入座便器中，或掉进卫生间的水盆、浴缸里，容易出现呛水的危险。如果允许的话，卫生间的门上最好可以从外面插上。

（7）刚刚煮好的奶或粥，一定不要放在宝宝能够触及到的地方。瓷器和食物要放到宝宝够不着的地方。

（8）药品、消毒剂、清洁剂、洗涤剂等，一定要放到足够安全的地方。

（9）室内有楼梯的家庭，楼梯口一定要安装护栏，防止宝宝从高处跌落。

（10）容易被晃动的家具上方一定不要摆放物品，防止高处物品被宝宝摇落。

（11）注意不要给宝宝戴手镯、项坠等饰品，以免这些饰品的小配件被宝宝误吸、误吞从而引起气管异物或食管异物。

二、家庭常见意外事故的处理

（一）烧烫伤

炉子上烧着水的壶、刚盛好的热汤放在宝宝能够到的桌子上、熨烫衣物时中途接电话熨斗放到宝宝可以够到的地方等，这些日常生活中的潜在危险，均有可能让宝宝发生烧烫伤。轻微烧烫伤，如果立即用自来水冲，可以不出水疱而痊愈，而严重的烧烫伤可能危及生命。

烧烫伤的深度分一度、二度、三度。一度最浅，仅表皮受损，局部发红，无水疱，疼痛；二度则是真皮受损，皮肤发红或变苍白，起水疱，疼痛剧烈；三度最重，不仅全层皮肤受损，连皮下组织甚至肌肉骨骼也被伤及。对于烧烫伤面积的计算，常采用手掌法。即以宝宝五指并拢的手的面积为全身的1%，烧烫伤面积相当于几个手掌大，就是百分之几。如果是多处烧烫伤，则计总面积。严重烧烫伤或头面部烧烫伤患儿，应住院治疗。不过生活中的烧烫伤，最常见的还是小面积的、浅度烧烫伤，在家里给予正确处理，能使创面尽早愈合。

处理烧烫伤时，首先要清洁创面，预防感染。如局部不干净，可以用温开水或凉开水冲洗，可以用1L凉开水加盐9g制成生理盐水冲洗创面。暴露创面，一般2～3天会结痂，如有渗液可用消毒棉球擦除。如痂皮裂开，可以涂红药水。如痂皮下有积脓，应当剪去痂皮，去掉脓液，湿敷半暴露，等待再次结痂。如有新组织长出，应覆盖纱布，以防新组织干枯坏死。如宝宝开始发热、精神委靡，或局部继发感染严重，应带宝宝去医院检查。

创面所在部位也决定烧烫伤的轻重，如头面部的烧烫伤就比四肢要严重得多，因为头面部烧烫伤易引起脑水肿；颈部烧烫伤可压迫气管，影响呼吸；手及关节部位烧烫伤日后易引起畸形；会阴处则因大小便之故易发生感染。因此，上述部位的烧烫伤就较为严重。此外，宝宝年龄越小，烧烫伤的反应也越重。

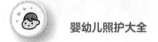

（二）坠落

宝宝从床上或是椅子上坠落时，只要跌下来后立即"哇"地哭出声来，就不用担心。个别敏感的宝宝，可能会因为突然的坠落受到惊吓，脸色苍白，但是只要宝宝被抱起来后，很快会恢复正常。

宝宝坠落后，父母要注意观察宝宝有没有受伤，如果没有发现明显外伤，十几分钟后，宝宝不哭了，脸色也正常，不呕吐，又照样精神地玩耍，那么就没有什么问题。但是，在没有发现外伤的情况下，宝宝一直无缘无故的哭泣，并且呕吐，不愿进食，脸色苍白，只要出现这些症状中的任何一种就应当到医院诊治。

宝宝从床上或椅子上的坠落，一般无需看医生，但如果是从楼梯上跌落下来的话，最好还是带宝宝去医院检查一下。从比较高的地方坠落，内脏器官受伤的概率会比较大，父母经常把检查重点放到了宝宝的头部，而忽视了其他部位的损伤，比如脾或肾损伤，还有常被忽视的肱骨骨折。

（三）吞食异物

宝宝活动的范围大了，双手抓捏物品的能力更强了，吞咽能力也增强了。宝宝在玩耍过程中，经常会把拾到的东西往嘴里送，有时只是含在嘴里玩，有时会咽到肚子里。特别是含在嘴里玩，如果宝宝仰脸哭笑时，会发生小东西被吸进气管里的情况。

如果是小于"贰分"硬币大小的圆钝状物品被吞到肚子里，宝宝没有出现异常或不适，饮食正常，可以不必治疗。如果宝宝误吞的异物为纽扣电池，需要尽快通过纤维胃镜取出。因为纽扣电池含有强碱成分，并含有毒的氧化汞。纽扣电池吞入胃后，很可能会被胃酸腐蚀破坏，电池内容物外溢，进而腐蚀胃肠黏膜，甚至引起消化道穿孔。

如果宝宝吞进异物后，出现痛苦表情，这种情况表明宝宝吞进去的异物比较大，堵塞了食管。另外，如果异物堵塞了喉头和气管时，宝宝会不停咳嗽、哭泣，当哭声嘶哑的时候，是异物接触了声带。发现宝宝吞进什么东西，突然出现痛苦的表情时，应当果断地用双手分别紧紧地抓住宝宝的两个脚踝，头朝下地摇晃宝宝，如果异物堵在喉头处，这样做多数可以咳出来，如不能咳出则应及时去医院。

第四节　婴儿期宝宝早教与交流

一、婴儿期宝宝体能训练

（一）婴儿简易健身

婴儿期是人体生长发育最快的时期，也是最为关键的阶段。不少成年人的疾病，如肥胖症、高血压、冠心病，及智力发育的好坏，都与婴儿期的活动锻炼直接关联。婴儿，特别是6个月以内的婴儿，过的是吃了睡、睡了吃的"摇篮式"生活，由于自身活动不足，能量代谢消耗过低，体内脂肪细胞容易堆积。人们发现，人体脂肪细胞的生长增殖，在1岁以内是最活跃的高峰阶段，此时脂肪细胞数目的增多，将会遗留终身，是肥胖症和冠心病的祸根。为此，婴儿期的身体锻炼，被动运动的加强，已被人们所关注。婴儿健身简便易行的有效方法是"抱、逗、按、捏"，见表2-18。

表2-18　婴儿简易健身

方式	具体内容
抱	抱是婴儿最轻微得体的活动。当宝宝在哭闹不止的时候，也正是需要通过抱而得到精神安慰的时候。为了培养好宝宝的感情思维，特别是在宝宝哭闹的"特殊语言"的要求下，不要挫伤幼小心灵的积极性，要适当地抱一抱宝宝
逗	逗是婴儿期最好的一种娱乐形式。逗可以使小宝宝高兴得手舞足蹈，使全身的活动量加大。有人观察，常被逗嬉的婴儿比起长期躺在床上很少有人过问的婴儿，不仅表现得活泼可爱，而且对周围事物的反应也显得更加灵活敏锐，会直接影响宝宝今后的发育成长。因此，一定不能忽略这种智能培养和启蒙的方法。但逗嬉宝宝时要自然大方，不做挤眉、斜眼等怪癖动作，以免宝宝模仿
按	按是指父母用手掌给宝宝轻轻地按摩。先取俯卧位，从背部到臀部、下肢；再取仰卧位，从胸到腹部、下肢，每个部位10～20次。按能增加胸背腹肌的锻炼，减少脂肪沉积，促进全身血液循环，增强心肺活动和消化功能
捏	捏是父母用手指捏宝宝。捏较按稍加用力，可以使全身和四肢肌肉更加结实。一般从双上肢或双下肢开始，再从双肩至胸腹，每个部位10～20次。在捏的过程中，宝宝的胃液分泌和小肠吸收功能都会有所改善

给宝宝健身时要注意，抱、逗、按、捏健身法，除了"抱"以外，其他均不宜在进食当中或吃奶过后不久进行，以免引起宝宝呕吐，甚至使吐出的食物呛入气管。健身时间一般应选择在进食后2小时进行。操作手法要轻柔，不要用力过

度，以让宝宝感到舒适为度。注意不要使宝宝受凉，以防感冒。

（二）翻身训练

2～3个月龄的婴儿，睡醒后主要姿势是仰卧，但宝宝已有了一些全身性肌肉运动的能力，在适当保暖的情况下，可以辅导自主活动。

一般3个月的宝宝能从仰卧到侧卧，在这之前可以适当训练宝宝翻身。

如果宝宝有侧睡的习惯，学翻身比较容易，只要在宝宝左侧放一个玩具或者一面镜子，再把宝宝的右腿放到左腿上，再把一只小手放在胸腹之间，轻轻托宝宝右边的肩膀，轻轻在背后向左稍推，宝宝就会转向左侧。

练习几次后，不必再推动，只要把宝宝腿放好，用玩具逗引，宝宝就会自己翻过去。

再往后，光用玩具不必帮助宝宝放腿，宝宝就能完成90°的侧翻。以后可用同样的方法，帮助宝宝从俯卧位翻成仰卧位。

如果宝宝没有侧睡习惯，可以让宝宝仰卧在床上，手拿宝宝感兴趣、能发出响声的玩具，分别在宝宝两侧逗引，对宝宝说"宝宝看，多漂亮的玩具！"训练婴儿从仰卧位翻到侧卧位。宝宝完成动作后，可以把玩具给宝宝作为奖赏。

婴儿一般先学会仰卧—俯卧位翻身，再学会俯卧—仰卧位翻身。

一般每天训练2～3次，每次训练2～3分钟。

到了3个月龄，随着婴儿的中枢神经系统、骨骼和肌肉的不断发育，随意运动能力开始发展。开始宝宝会翻得很吃力，用肘部支撑前胸，慢慢抬起胸部，完成翻身动作。但经过多次练习，会逐渐学会翻身，由翻身发展到打滚儿这项新本领，而且宝宝会从完成这些动作的过程中，找到自信，享受无穷的乐趣。

宝宝学会向左右两侧熟练地翻身，然后把翻身动作组合成打滚儿，对婴儿的颈肌、腰肌和四肢肌肉运动的配合都是极好的训练。但特别要注意的，是学翻身、打滚儿后，宝宝如果独自躺在床上时，一定要放好围栏或者做好防护，以防止宝宝坠地摔伤。

如果宝宝从来没有侧睡过，可以练习先侧睡1周，然后就能够很快地学会侧翻。3个月龄的宝宝只要求学会侧翻，不要求从仰卧翻到俯卧，如果做不到打滚儿，父母不必失望，因为做到180°的大翻身，是5个月龄完成的任务，能做到就好，做不到也不必急于求成。

（三）抚触保健操

宝宝通过和妈妈亲密的按摩接触，不仅能够促进生长发育、增加睡眠和饮食，还能增进母子间的情感交流，为健康成长营造温馨氛围。

做抚触要在合适的条件下进行，做抚触不仅要注意手法，更要控制时间，一般不要超过30分钟。当宝宝不配合时，应当马上停止，让宝宝休息。

1. 抚触的注意事项

保持房间温度在25℃左右，还要保持一定湿度；居室里应安静、清洁，可以播放一点轻柔的音乐，营造愉悦氛围；最方便做抚触的时候，是在宝宝洗澡后，或者在给宝宝穿衣服的过程中；在做抚触前，应当先温暖双手，倒一点婴儿润肤油在掌心，要注意不要把油直接倒在宝宝的皮肤上。

双手涂上足够的润肤油后，轻轻地在宝宝肌肤上滑动，开始轻轻按摩，然后逐渐增加压力，让宝宝慢慢适应按摩。需要注意的是，不要在过饥或过饱的时候进行，否则抚摩容易造成宝宝腹部不适感；新生儿每次15分钟即可，满月后的宝宝可延长到20分钟，最多不超过30分钟。一般每天进行3次。一旦宝宝开始出现疲倦、不配合的时候，则要立即停止。超过30分钟，宝宝会觉得累，开始哭闹，此时不要勉强宝宝继续做动作，而要让宝宝休息。

接近6个月的宝宝活动增多，就不再需要抚触。

2. 宝宝抚触的基本手法

抚触没有固定动作，可根据宝宝的情绪状态变换动作，以适应宝宝快乐的状态为原则。

（1）头部按摩　轻轻按摩宝宝头部，用拇指在宝宝上唇画一个笑容，再用同样方法按摩下唇。

（2）胸部按摩　双手放在宝宝两侧肋线，右手向上滑向宝宝右肩，再复原。左手以同样方法进行。

（3）腹部按摩　按顺时针方向按摩宝宝的腹部，但在脐痂未脱落前不要按摩。

（4）背部按摩　双手平放在宝宝背部，从颈部向下按摩，然后用指尖轻轻按摩脊柱两边的肌肉，再从颈部向背部运动。

（5）上肢按摩　使宝宝双手下垂，用一只手捏住宝宝的小胳膊，从上臂到手腕轻轻扭捏，然后用手指按摩手腕。再用同样方法按摩另一只手。

（6）下肢按摩　按摩宝宝的大腿、膝部、小腿，从大腿至踝部轻轻挤捏，然后按摩脚踝及足部。在确保脚踝不受伤害的前提下，用拇指从脚后跟按摩至脚趾。

（四）翻身训练

如果在3个月龄之前，对婴儿进行翻身训练，是锻炼身体能力的话，那么宝宝到了4个月以后，则不会再满足于成天仰卧了。宝宝常会用力地把头抬起来，看一看四周。头颈部和腰腿部的生长发育，使婴儿完成翻身动作的能力达到水到渠成的程度。

4个月的婴儿可以先做仰卧到侧卧，再到俯卧，然后从俯卧到侧卧、再到仰卧的过程。翻身的整个过程中，需要头、颈、腰、四肢的参与。先练习仰卧到侧卧，妈妈可以先将宝宝的双脚交叉，一手拉着宝宝的双手放在胸前，另一只手轻推婴儿的背部，帮助宝宝转向侧卧位。要注意，翻身训练应当交替向左和向右进行。

5个月的婴儿可以练习从侧卧位到俯卧位，然后从俯卧位到仰卧位。改变体位的同时，家长应当与婴儿亲切地谈话，并且要用玩具诱导宝宝，使宝宝产生翻身的欲望。还要注意，俯卧的时间不宜太长，避免使宝宝的面部受到压迫。

帮助婴儿学习翻身，一定要循序渐进，不能操之过急，切忌对宝宝粗暴。如果翻身成功以后，要抱起来，亲吻、表扬和鼓励宝宝，使宝宝产生愉悦情绪，感受到成功的乐趣和父母的爱意，保持继续进行尝试的兴趣。

练习翻身的床硬一些好，以木板床或大桌面为佳。还要注意，床面应当平滑，提供给宝宝翻身的空间要大一些，严密注意宝宝的安全。

宝宝学会翻身180°，证明身体和下肢动作配合能力良好。也有些婴儿在学会90°翻身后不久，就能完成180°翻身。多数宝宝能够在5个月学会侧卧翻身，6个月完成180°翻身，俗话说"三翻六坐七滚八爬"是前人的育儿经验归纳。

翻身动作的完成，是婴儿出生后第一个全身性协调动作，对于婴儿的大脑和内耳平衡器官的发育会带来极其重要的益处，也会为以后学习爬行、翻滚等大动作打下良好的基础。

（五）独坐练习

1. 开始训练

从满3个月龄以后开始，就可以开始实行独坐训练。训练婴儿独坐的方式，可以用拉坐和靠坐循序渐进。

拉坐是在婴儿仰卧时，顺好两条腿，然后拉住宝宝的双手，轻轻地拉起上半身，达到坐姿，并且保持一定的时间。注意拉婴儿双手时，用力要均匀，动作要慢。拉坐起来以后，应当用衣物或者靠垫放到婴儿身体后面，支撑住背部，使宝宝的腰部尽可能挺直，髋部逐渐形成垂直的90°角，并且能坚持坐一会儿。

从训练婴儿坐的时候起，就要逐步教会宝宝形成和掌握正确的坐姿。两腿尽量张开，双手分别放在两条腿上。这样的坐姿，人体的支撑面最大，身体的重心则位于支撑面的正中央。使用靠垫，对宝宝的腰骶部、背部和颈部分别给予垫靠支持，能够使宝宝逐渐坐得久一些，不至于很快感到疲劳。

最初的独坐训练时间，应掌握在3～5秒为宜，不要急于求成。因为婴儿的骨骼尚且发育不够成熟，初学独坐的时间太长，易引起骨骼变形。能够独坐之后，再逐渐适当延长坐的时间。经过天长日久的锻炼，待宝宝的臀、腰、背、颈部肌肉和骨骼都发育到具备适度能力后，宝宝就会自己坐得越来越久。

婴儿靠垫扶坐时，头部可以伸直，证明颈肌发育良好，能够支撑头部的重量。在宝宝拉手起坐后，头不会向前倾时，才能进一步练习扶坐。扶坐时间不宜超过10分钟，如果发现宝宝头向前倾或朝后仰，表明宝宝颈肌疲劳，应当立即躺下休息。

2. 学会独坐

宝宝到了6个月大时，颈部、背部、腰部已渐渐发育强壮，从翻身到坐起，连贯动作会自然发展；一般宝宝会先靠着做出半躺坐的姿势，接下来身体会微微向前倾，并且会用双手在两侧辅助支撑。

一般来说，6个月至6个半月的宝宝开始学会独立的坐姿，但如果倒了，还是无法自己恢复坐姿，一直要到8～9个月大时，才能够不需任何辅助，自己坐好。

宝宝能坐得稳，表示骨骼、神经系统、肌肉协调能力等发育渐渐趋于成熟。在宝宝学会坐的时候，应当特别注意坐的时间不宜太久，因为宝宝脊柱尚未发育完全，如果长时间让宝宝坐着，可导致脊柱侧弯。

不要让宝宝采取跪姿，使两腿形成"W"状，或是把两腿压在屁股下，容易影响腿部发展，最好的姿势是采用双腿交叉向前盘坐。

一般来说，宝宝4个月左右，可以用手支撑宝宝的背部、腰部，维持短暂的坐姿。到了6个月开始学习坐稳时，可以在宝宝的面前摆放一些玩具，引诱宝宝抓握玩具，逐渐练习放手之后也能坐稳。

床对刚学会翻身的宝宝而言，无疑是最危险的。从床上滚下、坠落容易使宝宝的头部受到严重的伤害，切不可轻视。建议在床边安装护栏，避免宝宝在享受翻身乐趣的同时遭到意外。宝宝会坐时，切不可让宝宝单独坐在床上，如果把宝宝置于床上，床面最好与宝宝身体呈垂直的角度，以防动作过大而摔下床。

（六）爬行训练

爬是一个很重要的动作发育，婴儿会爬了，才能自己移动身体到要去的地方，去探索周围的世界。学会爬行的优点如下。

（1）有利宝宝健康发育的运动方式。进行过爬行训练的宝宝，四肢肌肉动作会更加协调，活动更加灵巧。

（2）可以扩大宝宝的视野和活动范围，让宝宝及早接触周边事物。

（3）爬行运动，能消耗宝宝较多的体力，加速新陈代谢，能促进食欲，增进睡眠。

（4）可以增加神经细胞之间的联系，为条件反射的建立打下稳定基础。

（5）经历过"爬行"阶段的宝宝，将来动作会更敏捷、协调，学习积极性会更高。

有很多宝宝没经过爬行，直接进入行走阶段，对宝宝的动作和智力发展是一个较大的损失。妈妈应重视"爬"的训练，及时给宝宝补上。

1. 爬行训练

学爬要经过不少步骤，先是能俯卧抬头抬胸，上肢能够将上身撑离床面，开始时，宝宝只能肚子贴着床面匍匐爬动。

在1～3个月龄阶段，就要经常让婴儿有俯卧机会，用玩具训练抬头、转头，手臂前撑抬胸。3个月时开始练翻身，学会翻身之后，就可以训练宝宝学习爬行。

可以在家庭中专门为宝宝开辟一间活动室或一块活动空间，也可以在地板铺上塑料板块或毛毯，创建一个安全、卫生、舒适的环境，供宝宝学爬行用。在宝宝练习爬行的环境中，桌角最好是圆形的或有软包装，插座最好有插头盖，居家空间小的则可以在床上训练。

用有吸引力的玩具放在宝宝头前方，却让宝宝伸手够不着。然后在前面用语言鼓励宝宝努力，移动自己的身体向前。一般情况下，宝宝往往会向后退，可以用双手抵住宝宝的足底，帮助宝宝向前匍匐移动，等到宝宝自己的手能抓到玩具，会因成功而非常高兴。从宝宝学会翻身动作和俯卧抬头抬胸动作以后，可以反复进行这样的训练，宝宝就能学会熟练地向前爬行。

刚开始时，宝宝还不会收腹，爬时腹部离不开地面，会出现横爬或倒爬，这些都是正常现象。

在宝宝横爬或倒爬时，可以在宝宝腹部下面放一块大毛巾，当宝宝向前爬时，用力提起大毛巾，使宝宝的腹部离开地面而向前移动。反复练习之后，宝宝动作协调了，就学会了真正爬行，这样的爬行就是"手膝爬行"。

3个月龄，开始进行的爬行训练，与8个月时的爬行有着明显的区别。做练习的目的不是让宝宝学会爬行，而是要通过练习，促进宝宝大脑感觉统合系统功能的健康发展，同时，也是激发宝宝愉悦情绪的重要方法。

如果不早一些进行这种训练，婴儿可能要到11个月以后才能爬，或者根本不会爬行，就直接直立行走，容易导致大脑统合系统失调。训练婴儿俯卧抬头练习的同时，抵住宝宝的脚底，虽然宝宝的头和四肢都还不能离开床面，但宝宝会使尽全身力气，向前方匍匐行进。

但是，要特别注意，对待3～4月龄的宝宝，只是让宝宝试一试爬，不宜过早地要求宝宝。而且，必须等到宝宝学会了俯卧抬头和抬胸动作之后，再适当地练习爬行。

8个月以后的宝宝，开始"真正"的爬行。先学习手和膝盖的爬行，然后学习手与脚的爬行。

把宝宝放在地毯上，收拾好周围的用品，收起地上的电源插座等危险品。把宝宝喜欢的玩具放在够不着的地方，但不要太远，宝宝想要拿，往前移动就能拿到。宝宝必须先翻身俯卧，然后伸手够。刚开始时，宝宝肚皮贴地往前移，上下肢都用不上力。妈妈可以在此时推动宝宝的脚，鼓励宝宝用力向前。也可以在练习时，用手或者大毛巾托起宝宝的腹部，减轻身体的重量，训练宝宝两条腿一前一后蹬动。渐渐地，宝宝就能学会用上肢支撑身体，用下肢使劲儿蹬，协调地向前爬行。

学会用手和膝盖爬行以后，接着可以学习用手和脚进行爬行。让婴儿趴在床上，用双手抱住宝宝的腰，抬高宝宝的小屁股，使宝宝的膝盖能够离开床面，用两条胳膊支撑身体。宝宝的胳膊支撑力量增加以后，妈妈只要稍加用力，就能促使宝宝往前爬，也可以用玩具引导宝宝，给宝宝增加学习向前爬的勇气和信心。多次的反复练习，慢慢地掌握用手和脚爬行。

2. 注意事项

许多宝宝学会爬行之后，父母最担心的就是害怕宝宝从床上摔到地上，或家中的物品会不会遭到损害。而宝宝最喜欢的事情就是爬到床边，将拿到的玩具和其他物品摔到地上。其实，大部分宝宝摔东西纯粹就是为了听到不同的声音而已。父母对宝宝的这种行为非常不满，同时又害怕宝宝摔到地上，所以就经常限制宝宝爬行，令宝宝感到很不自由，限制了宝宝的运动发展。现在随着生活水平提高和住房条件的改善，一些有条件的家中铺有木地板，或铺上地毯，让宝宝在地上自由自在地到处爬，这样是最好的，既不限制宝宝的自由，又可以发挥宝宝的运动才能。对于住房比较拥挤的家庭，宝宝往往只能在床上练习爬行了。宝宝在练习爬行的过程中，需要父母和护理人员的精心看护和悉心照顾，可以选择在宝宝餐后1小时左右练习爬行，爬行过程中尽量不要离开宝宝，以免宝宝摔到地上。婴儿喜欢运动，通过运动宝宝可以从中体会到快乐，感知和了解周围的精彩世界。因此，父母应当想方设法创造条件鼓励婴儿做爬行和其他有益于身体健康和智力发育的运动。

（七）抓握能力练习

抓握训练手的动作，4～5个月起，婴儿手眼协调能力加强，想要主动伸手去抓握看到的物件，教给宝宝怎样握着玩具玩、摇动拨浪鼓鼓、敲击积木等，也可以在婴儿面前悬挂各种物品，彩色艳丽的布块、纸盒、塑料玩具、气球等，距离要让宝宝能看到、抓到，引导宝宝注视面前的物品，并主动用手去抓握、碰撞，使玩具发出声音。也可以抱着婴儿坐在桌前，训练用手抓玩桌上的物品。开始时宝宝不会伸手去抓，可以先把物品放在婴儿手中摆弄，等引起宝宝兴趣后再放回原处尝试，也可先示范几次，让宝宝跟着做，边玩边用语言鼓励。

能够准确抓到、牢牢握住后，可以教婴儿如何玩，如捏响、摇动、敲打、推动等。

5～6个月时，可以训练拇指、食指试捏取较小物件，丢入大纸盒中，或从盆、碗中用手拿出小物品，可先示范，然后让宝宝做，成功了用语言、亲吻予以鼓励。

进一步可以和婴儿玩蒙面游戏，先用彩色手帕或布块引起婴儿注意，逗引宝宝用手来抓，然后把布盖在宝宝脸上，一开始宝宝会手脚乱动或哭喊，可用语言告诉宝宝，让宝宝自己动手拿掉，多次训练后，宝宝能学会用手主动去抓下蒙在脸上的手帕，成功后妈妈要和宝宝一起欢呼表示庆祝。这个游戏训练用手解决问题的能力，使动作与效果相联系。通过手的动作，婴儿能够进一步认识事物，学会更多的技能，还能加强与人交往。

（八）换手能力练习

1. 换手

练习换手拿玩具，可以在宝宝坐在床上或童车中的时候，递给宝宝一块积木，等到宝宝拿住以后，再向宝宝的一只手递一块积木，看看宝宝是不是把原来拿到的积木换到另一只手，再来接递过来的积木，或者直接用另一只手伸出来接积木。

如果宝宝把手中已经接到的积木扔掉，再来拿妈妈递的新积木，就要引导宝宝学着换手，把手上的积木传递到另一只手上后，再来拿妈妈递的另一块。

换手拿积木练习，是适合这个月龄宝宝锻炼动手能力的最佳活动。通常来说，6个月的宝宝大多数能够做到两只手各拿一件东西。

拇指与其余四个手指相对，称为对掌，是猿类和人类才有的本领，也是应用工具的必需能力。当然，人类还具有更进一步的拇指与示指做精细运动的能力，婴儿的精细动作能力要到8～9个月龄进才能够学会。

多数宝宝在6个月能学会双手传递，但是，有1/3的宝宝要到7个多月才能够做到，不必为此着急。

2. 对击练习

婴儿的手要反复训练，因为人的手部动作联系在大脑中相关区域所占的比例很大，能用手进行各种各样的精细动作，是人类智慧的重要表现。

为了反复训练宝宝手的动作能力，还可以适当进行对击练习。选择各种质地的玩具，例如积木或敲打的小锣、小鼓、小木鱼等，给宝宝玩，教宝宝双手对击积木。对击练习，可以促进宝宝"手-眼-耳-脑"的综合联系，刺激感知觉能力协调发展。

（九）用勺子能力练习

婴儿学习使用勺子（图2-9），可以锻炼大脑、眼睛、手、嘴等多个身体部位的灵活性和协调能力。对于培养宝宝勇于探索尝试的精神及培养自主能力也十分必要。引导教会宝宝自己动手，使用勺子吃饭以后，还可以有利于宝宝的成功感和兴趣，不失时机地培养宝宝使用杯子和碗等餐具。

图2-9　婴儿学习使用勺子

学会使用勺、杯、碗，是婴儿学习生活自理能力的开端，如果抓住机会，鼓励宝宝多多练习，宝宝的进步是会很快的，在日常生活中，既学会了生活能力，又锻炼了宝宝的综合协调能力。

（十）独自站立训练

站立动作的训练，需要在婴儿的腰部、下肢骨骼和肌肉组织发育完善的条件下进行。婴儿在6个月龄以后，下肢就有了一定的支撑能力，可以有意识地锻炼宝宝扶持站立。由成年人扶着婴儿的腋下，使婴儿的两条腿伸直，站立在床上。开始练习时间不宜太长，也可以把宝宝轻轻地举起来，使脚离开床面，然后再放下，帮助婴儿反复地做跳跃动作，这样做有利于激发宝宝的欢乐情绪，也有利于锻炼腿脚的支撑能力。扶持站立的过程，可以从开始的紧紧扶抓到逐渐放松，让婴儿自己体会直立和平衡的感觉。能够站稳以后，每次站立的时间可以由短到长，然后从扶持站立，变为让宝宝自己扶着栏杆站立。

到7个月龄后，可以训练婴儿扶手站立，扶着宝宝的手，让宝宝站立在床上。

满8个月以后，稍加扶持，宝宝就能越来越久地独自站立。在8～9个月龄有意识地进行扶持站立练习，能起到立竿见影的效果，因为宝宝不仅能站得越来越久，而且，很快就能自己扶持着婴儿床围栏、家具边缘等能够扶持的物体，小心翼翼地独自站立起来，扶站对于今后独立学步也具有重要的作用。

到了9个月的婴儿，逐渐能扶站得很稳当。到了10个月时，站立训练就可以进入独自站立阶段。

随着婴儿动作能力的进一步发展完善，会逐步形成无需成年人扶持、自由地从坐位站立起来，再由站立位自主完成蹲下、坐下的动作能力。等到宝宝具备双腿稳定站立的能力以后，可以再接着训练只用一条腿支撑全身重量的能力，即做"金鸡独立"的模仿动作，把双手向前方展开，用一条腿支撑身体，站立片刻。

（十一）行走训练

宝宝从躺卧发展到站立并学会迈步行走，是动作发育的一大进步，对于宝宝的体格发育及心理发育都具有非常重要的意义。如果宝宝行走动作发展受阻，不但会影响日后的学习，也会形成心理障碍，因此家长应当重视对宝宝的行走训练。

1.训练方法

当10～12个月的宝宝能够独自稳定地站立时，家长就可以开始训练宝宝行走了。

每个宝宝学会独立行走的发育速度是不相同的。大多数的宝宝12～14个月的时候学会走路，极少一部分宝宝8～11个月就会走路了。但是，也有运动发育比较慢的宝宝要到1岁半，甚至到20个月才会走得比较稳当。

1岁的宝宝一般能够扶着支撑物站起来。当他感觉站稳当之后，就会不自主地松开一只手，有时候会突然松开两只手，这时仍然能够稳稳站住，宝宝就会大松一口气，明白自己能够站立了。下一步就是迈步的问题了。刚开始迈步行走时，宝宝往往要借助一些外来的支撑，如床栏杆、大人的手、手推车、拖车等。刚刚学会走路的宝宝与大人刚刚学会骑自行车或刚刚学会开车一样，特别喜欢走，走路对于他们来说就是一种愉快、一种自豪。这一阶段，宝宝可能会对其他事情暂时失去兴趣，而是专心致志地练习走路。

在训练宝宝走路时，可以在家中或玩耍的地方划一条直线，或拉一条绳子，让宝宝沿着线慢慢行走。开始时要求不要太高，只要他能够沿着直线行走就可以了。刚开始要走得慢一些，逐渐加快走路速度。在练习时可以一边迈步，一边数数。吸引宝宝的注意力。随着年龄的增长，可以逐渐增加难度。例如，不要让宝宝总低着头盯着线看，只需要用余光扫视到这条线。在户外，花园的路边，石头路面的石槛，都可让宝宝进行行走练习。

2. 注意事项

开始学习行走的年龄段很容易出现家长意想不到的事情，因此笔者特别提出以下注意事项。

（1）扭伤　由于宝宝自己尚不能清楚表达，所以家长要仔细观察宝宝走路是否出现一拐一拐的。或用手按压宝宝的下肢各部位，看看宝宝是否会感到疼痛。

（2）危险环境增多　例如，阳台是容易发生危险的地方，如果阳台没有围栏或栏杆高度在85cm以下，栏杆间隔过大，或阳台上摆有小凳子等，容易使宝宝误爬上而导致危险；家中的家具摆设应尽量避免妨碍宝宝学习行走，家长应当将所有具有危险性的物品放置高处或移走，并将家具中的尖角装上护垫，以防宝宝碰撞。门要使用防夹软垫来避免夹伤宝宝，也不要让宝宝接触到窗帘绳，以免被绳子缠绕造成窒息。

（3）阻碍行走的因素　一般情况下，宝宝在12～14个月学会走路。但是，每个宝宝开始行走的时间差异很大，这与很多因素有关，如宝宝本身的发育情况、遗传因素、动作训练的机会、疾病以及季节的影响等。如果宝宝已经超过18个月而仍然无法独自行走时，应当尽快到医院检查确认有无疾病，或有阻碍行走的因素而给予调整。

（4）学步车影响　国外研究显示，学步车会使宝宝走路的进程变慢，而且有可能使宝宝形成不正确的行走姿势。因此，应当尽量不要使用"学步车"之类的工具，而是要在家长的耐心帮助下，让宝宝一步步学会扶走和独立行走。

（5）其他不利因素　在行走训练过程当中，某些不利因素可能会影响宝宝正常行走的发育。比如，宝宝的衣物穿得过多或过厚，以致影响活动；宝宝经常被家长抱着，很少有机会在地上活动；宝宝过胖而不愿意活动；在开始学走的时候因摔跤而产生了畏惧心理；家庭中缺乏让宝宝扶走的环境，导致宝宝没有学走的兴趣。

家长发现这些因素之后，要及时纠正，以免影响宝宝动作的正常发展。

（十二）手–眼–脑协调练习

手-眼-脑的动作协调，是婴儿发育过程中一个重要的能力阶段，也是智能发展的一个关键。从6个月开始，就可以锻炼婴儿用手拿取一些小物品，例如糖块、饼干、积木等。开始时，宝宝还不会使用拇指和食指协调地抓捏，往往会一把抓在手上。这种抓法，往往抓不准确。经过反复多次的练习，宝宝会逐渐掌握要领。在婴儿学会能比较准确抓握的基础上，可以让宝宝把小块积木放入大口瓶子里，或者学着抓捏住一块积木后，再拿一个或者传递到另一只手。

8个月龄的宝宝已经能在床上坐稳一会儿，双眼会注视自己喜欢的东西，对于不喜欢的东西能表达出"不"的拒绝反应。这时候，是对宝宝的手指动作能力进行训练的好时机。在宝宝跟前放一些平时喜欢的玩具，如小球、彩色积木等，通过给宝宝示范动作，引导宝宝用小手抓捏，学会用拇指和食指对捏。

在学会用小手熟练抓住较大物件的基础上，进一步锻炼婴儿手部的精细动作。最好的办法是将小球投入阔口瓶里。让宝宝反复把小球放进瓶子里，然后倒出来，再放进去，反复多次，宝宝会玩得很有兴趣，以此来锻炼手部的灵活性。手与大脑相关联，锻炼手的精细动作的同时，促进了大脑的发育。7～8个月龄的宝宝，一般能学会使用拇指和其余四指的对捏，可以准确地把一只手上的东西递换到另一只手上，还特别喜欢把拿到手的玩具摇一摇，如果玩具能发出声音，会表现得很开心。

9个月的婴儿特别喜欢摆弄玩具，能够学会把玩具扔掉，再捡起来。还喜欢不停地捏起小物品，喜欢撕纸，喜欢把小杯子套进大杯子里，可以为宝宝专门置办一套套杯来锻炼手指。宝宝会把手中玩烦了的玩具放下，再去够拿自己喜欢的新玩具。

通过这些动作，婴儿的手-眼-脑的协调性又前进了一步，受到意愿控制的动手能力增加。与此同时，婴儿在这个阶段，会使用小手来接触更多的东西，了解能够碰到的所有东西。

所以，成年人抱起宝宝时，宝宝会用手指来抠人的嘴巴、鼻子，揪住头发，抓破脸孔。不要以为宝宝这样做是有意识地破坏和伤害，也不要为此生气。其实，这是宝宝尝试和认识事物，也是在表达对亲人的友爱。

二、婴儿期宝宝适应能力锻炼

（一）认生行力

3～5个月龄的婴儿，对于自己周围环境的认识进一步扩大，能认识妈妈的脸孔，一见到妈妈就会露出愉悦的神情，会笑。如果妈妈离开，婴儿会哭闹。一般从5～6个月起，婴儿对于周围的人开始表现出自己的选择态度，看到陌生人的面孔时，会变得敏感、紧张，表情僵化甚至躲避和哭闹，不喜欢被生人抱和逗玩，这种行为一般称为"认生"或者"认人"。

抱着婴儿到户外活动时，宝宝会开始警惕生人，往妈妈的怀里躲藏。妈妈带婴儿外出散步，遇到妈妈的熟人，宝宝对待人家的态度会发生根本变化，完全不像一两个月以前，那种见人就爱笑的可爱样子，小面孔也会严肃起来，显得神情紧张、警惕地听着妈妈和别人说话。

这是宝宝新的进步，能够区分陌生人和熟人了。并且，宝宝会对妈妈产生依恋的情绪，在这个月龄段，宝宝对亲人萌生依恋，才是正常的情感发育经历。婴儿会在遇到生人时，把自己的身体藏到妈妈身后或者躲藏进妈妈的怀里，因为宝宝感到只有在妈妈身边才能得到安全。从6个月龄一直到1岁半时，宝宝对妈妈的依恋感会越来越明显。应当保护宝宝的依恋情感，经常不断地给予宝宝爱抚和呵护，使得宝宝能从父母亲的爱抚和呵护中，得到安全感和依靠，才能放心大胆地继续去探索和适应周围环境中的人和事物。

一般来说，随着宝宝认识能力的逐步提高，认生现象会逐渐好转。

在这个阶段，可以有意识地带宝宝见一见陌生人，和生人说说话，等到宝宝逐渐放松警惕后，再让生人拿一件玩具逗一逗宝宝玩，对着宝宝笑，表示亲热。等到宝宝的面部表情放松，出现笑容后，还可以让对方抱一会儿宝宝。但是，妈妈要待在旁边，让宝宝随时可以投回妈妈的怀抱中。经过几次这样的锻炼后，宝宝对生人会渐渐地熟悉，下次再见到就不会躲避和怕生。

处在人口较多的大家庭或者家住大杂院的婴儿，比起住在楼房中的宝宝容易接近生人，就是因为平时有比较多接触生人的机会。为此，在楼房中居住的家庭，应当常带宝宝到户外、大院、小区里有意识地接触人，使宝宝习惯经常见到生人，减少对于陌生人的畏惧。

从小多给宝宝提供与人接触的机会，对于宝宝形成开朗、大方的性格，情绪教育来说，看似事小，实则事关重大。

（二）亲子依恋

亲子依恋，是婴儿寻求在躯体和心理上与抚养者保持亲密联系的一种倾向，常表现为微笑、啼哭、咿咿呀呀、依偎、追随等。亲子依恋现象是逐渐发展的，出生后6～7个月时开始明显，3岁以后能逐渐耐受与依恋对象的分离，并习惯与同伴或陌生人交往。

亲子依恋一般分为3种不同的类型。

1. 安全型

这类宝宝跟妈妈在一起时，能够在陌生的环境中进行积极的探索和玩耍，对陌生人的反应也比较积极。妈妈离开时，表现出明显的苦恼和不安；妈妈回来时，立刻寻求与妈妈的亲密接触，继而能平静地离开。这类宝宝只要妈妈在视野内，就能安心地游戏。

2. 回避型

这类宝宝对妈妈在场或不在场影响不大，妈妈走开时，没有忧虑表现；妈妈回来了往往不予理睬，有时也会欢迎，却很短暂。这类宝宝实际上未形成对妈妈的依恋。

3. 反抗型

这类宝宝当知道妈妈要离开时，会表现出惊恐不安，大哭大闹；见到妈妈回来就寻求与妈妈的亲密接触，但当妈妈去抱时，又挣扎反抗着要离开，还有点生气的样子，宝宝对妈妈的态度是矛盾的。即使在妈妈身旁，也不感到安全，不能放心大胆地去玩耍。

良好的亲子依恋，是一种积极的、充满深情的感情联系。婴儿所依恋的人出现，会使宝宝有安全感。有这种安全感，宝宝就能在陌生的环境中克服焦虑或恐惧，从而去探索周围的新鲜事物，会尝试与陌生人接近，能使宝宝的视野扩大，认知能力得到快速发展。

母爱与感情依恋，是宝宝心理发育的"营养剂"，各种环境刺激，是心智潜能的"开发剂"。

妈妈与宝宝交往的态度和行为以及婴儿本身的气质特点，是影响宝宝形成不同依恋类型的主要因素。负责任的、充满爱心的妈妈培养的宝宝常为安全型依恋，反之，就可能是反抗型或回避型依恋。在宝宝成长到6～18个月，正是形成亲子依恋关系的关键时期。妈妈能否敏锐、适当地对宝宝的行为做出反应，积极地跟宝宝接触，正确认识宝宝的能力等，都会直接影响母子依恋的形成。

妈妈不仅能满足宝宝生理上的"饥饿"，也是宝宝心理上的"安全岛"和快乐的源泉。妈妈不宜长期离开宝宝，更不要忽略婴儿抚触、婴儿体操等育儿手段，要尽可能多地给予宝宝爱抚和鼓励，无论是充满感情的言语表达还是搂抱、亲吻等身体接触，都不要吝啬。要知道，宝宝是一个爱抚的"消费者"。

以母亲为核心的稳定养育者，对宝宝的心理健康发展至关重要。要尽量避免隔代抚养方式，因为老年人大多数文化较低、传统观念较深、缺乏科学育儿知识。

在发达国家，为精心养育子女，母亲常会辍学或停下工作请长假，直到宝宝进入幼儿园。

（三）适应能力锻炼

6个月以前的婴儿，不论被谁抱都喜欢，见到陌生人也如此，只是比对妈妈笑得要少一些，因为宝宝还不能明确区分熟人和陌生人。

7～9个月起，宝宝见到陌生人开始显得紧张；9～12个月的婴儿见到熟悉的人，会表现出亲近、愉快的样子，见到陌生人则会感到不安、哭吵或躲避，婴儿对陌生人的害怕称作"怕生"。到宝宝2岁左右，由于自己能熟练地行走，与小朋友接触的机会增多，独立性增强，丰富的生活使宝宝对亲人的依恋减轻，也不再像9～12个月时那么怕生。

多数宝宝都有不同程度的怕生现象，怕生的程度取决于很多因素。

1. 父母是否在身边

如果有父母或亲密的养育者在身边，例如抱在父母怀中的婴儿，对陌生人就不那么怯生。

2. 对环境的熟悉性

宝宝在熟悉的环境中（如家里）产生怯生的程度，比在不熟悉环境中的怯生程度要小得多。宝宝怯生，主要是对陌生的成年人，而一般对陌生的儿童则较友好、容易亲近。陌生人脸部表情较悦目、慈善、温和，也不会使宝宝感到很胆怯。

3. 与人接触的机会

较少与家庭以外的人接触的宝宝容易怯生，尤其是三口之家，如果父母本身少交际，怕宝宝外出遭受意外而总是闷在家中等，宝宝的怯生现象更为突出。一般来说，在托儿所或幼儿园抚养的宝宝与家庭抚养的宝宝相比，怯生要少一些、轻一些。

从小受到各种感官的刺激越多，怯生程度越低，宝宝听得多了，看得多了，就会习惯去接受各种新的事物，对陌生事物或陌生人也有较强的适应性。

宝宝怕生不是缺点，一般会随着年龄的增长而减轻。个别严重怕生的宝宝长大后，很可能成为性格腼腆、怯弱的人。因此，要注意教育和培养，经常带宝宝接触外界，去公园等人多的场所，经常让宝宝同小伙伴一起参加活动，不断适应陌生的环境和陌生人。

三、婴儿期宝宝感官能力培养

（一）方向感练习

训练宝宝从小具有"方向感"，是培养视觉-空间智能的一个重要方面。方向感不好的人，经常会迷路，对于别的视觉元素掌握程度也会比较低。

从6个月左右开始，就应当开始实施婴儿的方向感练习。可以通过下面的亲子游戏，培养婴儿的方向感。

1. 唱儿歌

妈妈和宝宝可以通过一起诵唱儿歌认识左右手：右手举高高，左手碰碰天，左手、右手，拍拍拍，右手、左手，好兄弟！根据歌词做动作，分别举起宝宝的左右手。一方面可以让宝宝通过双手的摆动来练习双手的灵活度，另一方面也进行方位的认知。

2. 找玩具

先把玩具先放在宝宝面前，然后用小毛巾或小纸盒盖起来，让宝宝自己把玩具找出来，启发宝宝认识物体恒存的概念，知道玩具在毛巾下面或是在小纸盒里面。也可以把玩具放在宝宝能拿得到的桌子上或桌子下。带着宝宝一起找，找到以后要用较缓慢的语速告诉宝宝："原来在下面啊！"多找几次以后，对宝宝说"下面"，宝宝就知道到桌子下面去找。通过找玩具游戏，可以辅助宝宝建立里面、外面、上面、下面等抽象概念。

3. 搭积木

给宝宝两三块积木，先搭一次给宝宝示范，让他看一看。然后可以往上堆高或者把积木并排，排成长长的一条，然后让宝宝模仿。随着宝宝月龄的增长，搭积木的数量可以慢慢增加。

4. 捉迷藏

满6个月龄后，已经有移动能力、会爬的宝宝，就可以玩捉迷藏的游戏，顺便练习宝宝听音、辨别方位的能力，可以在不同的地方，叫宝宝的名字，让宝宝找妈妈躲在哪里。较小的婴儿可以在较小的范围内练习；较大的宝宝，可以在整个家中安全的地方玩。在和妈妈玩捉迷藏的过程中，宝宝必须要判断声音的位置、距离、远近。玩得多了，有利于发展宝宝的视觉-空间感受能力。

5. 七巧板

1岁以内的婴儿，用七巧板拼出特定的图形会有一些困难。父母可以让宝宝随意去拼凑，让宝宝先熟悉这些不同的形状、不同长度的边角和块形状。当然，妈妈可以先示范一些排列组合给宝宝。

6. 散步

带宝宝到户外活动，散步时，可以边走边向宝宝介绍道路、路标、周围建筑，以便宝宝理解。

7. 套套杯

可以利用家里各种杯子、布丁盒或过家家的小碗，让宝宝练习用一个套一个。当然，要大的才能装小的，让宝宝练习对于空间大小的概念。市面上也有卖专门的"套套杯"，外形大小较为整齐，但利用家中空置的杯盒或用过的包装盒，也能获得同样的效果。

8. 组合玩具

要加强宝宝的空间智能，给宝宝选择玩具最好以组合式的玩具为优先考虑。像积木、接插玩具、拼图、组合模型之类的，都是很好的选择。组合玩具应当在宝宝大一些以后，具备专注能力时再玩。

（二）感觉能力培养

在宝宝6个月至1岁时，可以每天抽出几分钟时间，和宝宝来做指认身体的游戏。帮助宝宝了解身体构造、器官，使宝宝感受实际身体经验、特征、意义及功能，是成长中必要的课题，而这个月龄的宝宝开始有了自我认识，可以进一步了解自己。

1. 静默游戏

和宝宝一起闭上眼睛、不说话，在静默中仔细听一听各种可能听到的声音，如小鸟声、汽车声、走路的声音。引导宝宝一起听一听平时最容易听到的声音，把声音加以分类后，用语言告诉宝宝，如"这是流水的声音"。

2. 视觉游戏

准备几种颜色大小不同的几何图形物品，顺时针方向，用食指探索图形的形状，及框架内缘的轮廓。告诉宝宝几何图形的名称，并带着宝宝指认生活中属于这类形状的物品，还可以引导宝宝把相同属性的几何图形物品依大小排列。

3. 嗅觉盒

给宝宝诵读有关鼻子的图书，认识鼻子的功用及外形，比较各种动物的鼻子外形。教给宝宝在图片中，指认出动物的鼻子。在宝宝知道找动物鼻子，也能够指认自己的鼻子、妈妈的鼻子以后，教给宝宝了解鼻子的功用——嗅觉。收集盒子数个，里面装上不同气味的物体，如香水、花瓣、胡椒粉、酱油、水果等。和宝宝一起闻一闻味道，并鼓励宝宝表达自己的感受，如喜欢、不喜欢等。

4.触觉箱

找一只大一点的空包装箱，里面可以放上热毛巾、冷毛巾、湿毛巾、干毛巾，然后引导宝宝把小手伸进箱子里，告诉宝宝"热""冷""湿""干"。多做几次，宝宝就能够用表情表达关于这几个触觉经验的感觉。

宝宝的知识积累，是通过自己的经验，并非别人所能替代的。在教导宝宝认识身体时，采用活泼的学习方法，鼓励宝宝大胆尝试，从尝试体验和学习认识身体部位、器官的功能与位置，了解自己，进而有利于培养自我概念、形成独立意识。

四、婴儿期宝宝语言能力培养

（一）模仿发音

宝宝开始咿呀学语，标志着进入新的发音阶段，意味着宝宝开始学习说话，进入了前语言积累期，此时应对宝宝进行发音训练。

1.模仿

在宝宝很小的时候，要指导宝宝发音和模仿各种声音。宝宝通常会对动物的声音和对汽车、火车的声音很感兴趣，因此，可以先教宝宝模仿这些声音，如小狗"汪汪"叫、汽车"嘀嘀"声等。还可以配上相应的动作和手势。例如，"咚咚"地打鼓、"滴滴答答"地吹喇叭等，激起宝宝模仿的兴趣。如果宝宝发错了音，应当及时纠正，不要批评，就某一种发音进行反复多次校正强化，直到发音正确为止。

2.训练听力

从7～9个月宝宝心理特点出发，在生活中积极寻找听力培养的载体，努力把对宝宝的听力训练融于各种活动中。

3.借助日常生活进行综合训练

例如，喝水前妈妈可以说"用小手试一试水杯的温度，不烫再喝"；睡觉前先听一点音乐再入睡。在给宝宝看图片讲故事时，可以巧妙地把听力培养渗透于其中。让宝宝看图片，一边讲故事，一边让宝宝指出图片上的实物，借助耳听、眼看、手动，让宝宝同步接受视听信息。

4. 借助游戏，提高听力和注意力

1岁以内的宝宝语音听辨能力比较弱，应借助游戏对宝宝进行听力训练。妈妈可以和宝宝玩"录音机小游戏"，做法是妈妈与宝宝互为"录音机"，一方"录音"，随意模仿一声动物叫或说一个词，另一方"放音"，把对方的话复述出来。时常做反复训练，宝宝的听力会在不知不觉中得到提高。

5. 借助日常生活全面渗透

要在活动中为宝宝创设听知环境，可以录制一盘常听到的声音的磁带，例如自来水的流水声、房间里的脚步声、常见动物的叫声等，经常给宝宝听，培养宝宝的倾听习惯。还可以通过经常性发出的指令，来训练宝宝的听力和按指令行动，可以让宝宝"叫爸爸"；还可以在桌子上放上红、黄两种颜色的手绢，让宝宝反复认清两色的手绢，再让宝宝拿出某一颜色的手绢。

为了使宝宝发音自如，在日常生活中还要有意识地对宝宝进行口腔练习。可以让宝宝咀嚼较硬的食物；教给宝宝用小嘴吹蜡烛、吹羽毛，还可以让宝宝看清楚妈妈的口形，模仿发音，做发音练习。

（二）前言语阶段学习

婴儿通常会在18个月左右开始表达自己独立意图的第一个词语，而这个词语是宝宝经过十几个月的积累、酝酿而产生的结果，称为前言语阶段。

如果能够在前言语阶段为宝宝提供一个良好的语言学习环境，并加以科学的引导，可以促进宝宝日后的语言发展。

日常生活中，妈妈和宝宝说话时，常会不自觉地放慢语速、提高声调，并会采用夸张的语气和比较简短的句子，这种特殊语言称为"妈妈语"。

相对而言，宝宝更喜欢"妈妈语"。因为缓慢的语速、夸张的语气和高扬的声调，可以帮助宝宝从一连串连续的语句中，识别某些重要的词语，使宝宝可以更好地理解和学习这些词语。使用"妈妈语"，可以吸引宝宝的注意力，一旦宝宝被吸引，就能逐渐地安静下来，注视着妈妈，通过"咿咿呀呀"的声音、微笑的表情或肢体语言来回应。这种交流和互动，有助于加强母子之间的情感联结，促进亲子关系发展；也可以帮助宝宝日后成为一个乐于与人交往的人。

1. 形成语言意识

一般来说，成年人在交谈时，说话者会自觉遵循"轮流发言"的潜规则。但

学习说话的宝宝对此却一无所知，因此，妈妈在和宝宝说话时，可以帮助宝宝逐渐形成这种意识。

开始，妈妈可以鼓励宝宝参加到会话与互动模式中。刚出生时，宝宝的哭闹大多是由于生理上的原因，如饿了、渴了、热了等，妈妈如果用心地记住宝宝哪里不舒服时会有怎样的哭闹，及时予以满足，宝宝就会慢慢懂得用不同类型的哭声来传达不同的需求，和妈妈形成一种初级的会话模式。宝宝会逐渐发现，发出不同的声音可以引起别人不同的反应，从而使宝宝对语言功能有初步的认识。

2. 设置语言环境

大约在6个月时，由于视觉能力及运动能力的发展，宝宝不再满足于和妈妈面对面的两人互动，开始对外界事物表现出极大的兴趣。可以改变策略，在洗澡、吃饭、游戏、看图片等日常活动中，和宝宝共同关注和探索外界事物，一方面鼓励宝宝参与到人际间的互动活动中，另一方面也可帮助宝宝学习一些日常用语。父母还可以根据宝宝语言发展的实际水平，适时地设定一些具有一定挑战性的语言"难关"，在解决一个个的"困难"时，宝宝就能在日积月累当中学习大量的词语和交往技能。

3. 开始冒话

到了一定月龄，宝宝会喜欢自己唠叨，会学着成年人的样子，咿咿呀呀地说个不停，有时拉长音调，好像说话，又好像唱歌，兴致勃勃，越说越起劲。这是宝宝自己在做语言练习，应当为宝宝高兴，因为宝宝正在认真地学习发音，值得鼓励。

4. 理解词义

在父母的教育下，6个月以上的宝宝逐渐学会把一定的语音和某个具体物体联系起来，比如问宝宝"灯在哪里？"宝宝会用手指着灯；问到鼻子、眼睛、嘴巴、耳朵在哪儿，宝宝都能指得很准确；听到"欢迎"会做鼓掌动作。这时候，如果问宝宝刚刚吃的东西甜不甜，会咂咂小嘴表示很甜。然而，宝宝要真正把词义和事物联系起来，还要经过一个很长的过程，有待于多次训练，反复地把词与事物联系起来，才能形成牢固的神经联系。

5. 先听懂后说

宝宝说话的规律，是先听懂，然后才会说。6个月以后，耳濡目染地接受语言熏陶，宝宝能听懂的词很多，会说的很少，想说说不出来。这时，正是需要掌握语言的阶段，需要有人多多地和宝宝交谈，培养词汇理解能力，逐步形成表达能力。

（三）语言反射形成

一般来说，11～12月龄的婴儿进入了语言-动作的条件反射形成快速时期。宝宝开始渐渐懂得一些词义，会按照妈妈的指示去做一些事情，开始模仿成年人说话的发音，用一定的声音来表达一定的意思，进入了开始学说话的萌芽期。

宝宝学说话，必须经历发音到理解，从理解再到表达这三个过程。开始模仿成年人语言，是一个复杂的过程。宝宝只能通过视觉看口形，听觉听发音和自身的言语震动感受器官，包括声带、口唇、舌头等发音器官的协调活动来发音。

训练发音，从9个月开始，教宝宝发出单个元音、单个辅音的发声练习，利用宝宝爱模仿的特点，一边示范，一边鼓励宝宝做。练习"a""m""p""h"等，发音的同时，要注意纠正口形。

从11～12个月龄以后，可以从训练宝宝认识人的称呼开始教话，先从家庭成员做起，妈妈、爸爸、奶奶、爷爷、姥姥、姥爷等，还可以用照片引导宝宝将认识家庭成员和发音结合起来。

认识五官和身体，一边指着器官或肢体，一边教宝宝说鼻子、眼睛、嘴巴、耳朵、手、脚丫等。

结合具体场合，一边做手势，一边教宝宝说"是""不""拿""要"等词汇，反复练习以达到熟悉程度。

婴儿真正能发好语音，要到1岁左右。因为宝宝与成年人的语言交流频繁，不断刺激大脑，促进相关区域迅速发展，从而整体提高对语言的理解力和表达能力。

在日常生活中，应当经常对宝宝在生活环境中能接触到的事物进行语言描述。穿衣服时，可以说上衣、裤子、鞋，到户外活动，让宝宝知道开过去的汽车，跑过去的小狗。在看图片时，也经常强化语言，对图片上的苹果说"这是苹果"，还可以结合实物，对宝宝吃苹果前，说"苹果"。让具体的事物与声音经常联系在一起，时间长了，宝宝在大脑中建立起条件反射，说到苹果，宝宝的视线会投向苹果；说到汽车，视线就会转向汽车。这样，宝宝渐渐地就能懂得一些语言和词汇。

训练说话，还可以经常将声音和动作结合起来，说到"我不吃"的同时，伴以摇头动作；说"我要吃"的同时，做点头动作。通过语言和动作结合练习，宝宝的理解能力会有很大的进步。学会用摇头表示"不"，用点头表示"是"或"同意"，逐渐能够懂得10个以上词语的意思。只要一提到爷爷、奶奶、姥姥、姥爷等人，宝宝就会找到本人或者看向全家福照片。

为了让宝宝能懂得更多的词汇，还应当经常把语言特指的事物和实际的事物展现给宝宝看，有意识地让宝宝的听觉、视觉、触觉等多种感官信息建立联系，经过这样反复的训练，宝宝不仅理解了语言，同时还学习到更多的知识，促进语言能力和思维能力的发展。

五、婴儿期宝宝的互动与交流

（一）试着与宝宝进行互动

宝宝开始对他周围的世界有了自己的看法。宝宝用好奇的眼光观察着每样东西，甚至包括镜子里的自己。在他身边准备一面打不破的镜子，或当妈妈每次梳妆时，让他坐在梳妆镜前。宝宝还意识不到镜子里的是自己的影像（一般要等到宝宝过1岁生日或很长一段时间以后，才会开始明白）。宝宝会很喜欢盯着自己或别人的影像看，看得高兴时，他可能会露出笑容。

如果宝宝正在嘬手指或喝奶，当他听到妈妈的声音时，可能会停下来。这时候妈妈应与宝宝聊天，对着他发出不同的声音，向他描述最平常的家务琐事或者故事。妈妈不仅在和宝宝建立情感联系，同时也在鼓励宝宝进行自我表达。看看宝宝会不会有所"回应"。宝宝逐渐变得越来越活泼、越来越想与妈妈互动。甚至当宝宝和其他人在一起时，也会挂着灿烂的笑脸，喔喔啊啊地进行表达。当大人在一起交谈时，把宝宝带在身边，这样他可以听到人们之间丰富的交流。宝宝还会喜欢观察其他小宝宝和宠物可爱的举动。

（二）与宝宝聊天

在这一时期，宝宝开始明白很多简单词语的意思，因此，这时候不断和他说话比以往任何时候都更重要。家长应当用成人的语言重复宝宝说的词语。这样宝宝会从一开始就接受良好的语言模式。比如，如果宝宝要"叭叭"，你要很温和地强调这个词的正确发音，反复问他"你要杯子吗"。在这个阶段，最好尽量避免使用儿语——虽然这很好玩，但正确的发音更有利于宝宝的成长。

和宝宝对话是鼓励其提高语言技能的一个好方法。当宝宝瓜啦瓜啦说着含糊不清的句子时，要及时地回应他。此时宝宝很可能会喜笑颜开，继续说下去。经过一段时间家长可能会懂得宝宝的一些词语或手势的意思。有一个非常有效的方法：当宝宝指着一个东西时，一定要马上告诉他这个东西的名称，或者家长主动指着东西说出名称，这样能够帮助宝宝学习。

妈妈要把自己正在做的事情一步步讲给宝宝听——不管你是在切菜做饭，还是在叠衣服，都可以不断告诉宝宝。也可以一边唱儿歌一边配合歌词做操作表演给宝宝看（比如挥着手说"再见"），来帮助宝宝学习识别关键的词汇和短语。宝宝很快就会把词汇和意思联系起来。用不了多久，就会跟着你一起拍手，看着妈妈叫"妈妈"，看到爸爸走进房间就叫"爸爸"了（不过在这个阶段，宝宝还会混用"爸爸""妈妈"这两个词）。

（三）给宝宝建立是非观

1岁以内的宝宝，懵懵懂懂、咿咿呀呀，已经开始对外界人和事的观察和认识。从2个月开始，宝宝喜欢观看人的面容。即使宝宝在感到困倦或饥饿时，看见熟悉的面容也会微笑、手足挥动。说明宝宝不仅有生理需要，也有心理需要。如果忽视宝宝这种最初的反应，只满足生理需求，对宝宝的无理取闹一味迁就忍让，宝宝就会形成不正确的是非观，养成许多不良习惯，甚至影响一生。因此，应注意以下几方面。

1. 统一是非标准

在宝宝的饮食、排便、睡眠、卫生、礼貌等方面建立良好的规律。严格执行并取得全家人的共识和行动的一致。如果宝宝睡醒后会躺着自己玩，就做得好。如果没缘由地大哭大闹，就是表现不好。此时，无论谁都不要理会他，慢慢地宝宝就知道了自己做得不对。宝宝还不会说话，不能用语言表达自己的需要，只会用哭表达自己的感觉。因此，家人要学会判断宝宝哭的真正原因，以便及时对症处理。

2. 客观评价行为

利用表情、动作、简单的语言，对宝宝的行为加以肯定或是否定。6个月以后的宝宝，逐渐对家长用表情和语言表示称赞和责备能有所反应。如果小便，知道坐便盆了，可以非常高兴地拥抱亲吻宝宝，充满喜悦地夸赞宝宝。还可以很温柔地抚摸宝宝，奖励宝宝最喜爱吃的或玩的东西，以此不断强化宝宝正确简单的是非观。当宝宝表现差时，可以置之不理，或是佯装怒容以训教。但家长一定要客

观评价宝宝的行为，不能根据自己的心情判别宝宝的是与非。

3.丰富宝宝的生活

只有丰富多彩的活动，才能够给宝宝更多的锻炼机会。几个月时，可以用音乐、玩具等引导。稍大一些，可以带宝宝多外出活动，与外人及小伙伴交往，教宝宝正确的礼貌行为。如用动作表示"你好""再见"等。教宝宝不抢玩具，到公园不攀折花木等。在宝宝养成良好的行为习惯的同时，强化是非观念。

六、婴儿期宝宝心理卫生

婴幼儿时期的心理卫生，对于宝宝长大后成为一个精神正常、品行良好的成年人十分重要。绝大多数父母对宝宝在身体的发育上倾注极大的关注，而在子女心理的发育方面却普遍不知如何做。

婴儿在6个月就学会了有选择性地微笑。8个月时会害怕陌生人，与母亲的短暂分离会焦躁不安，表示宝宝在这一时期已经具有一定心理活动。

婴幼儿对父母在感情上的依赖，贯穿于早期的全部生活，父母的一言一行对宝宝有潜在的影响。

1岁的宝宝与妈妈建立了紧密而牢固的联系，能控制自己的行为，记忆力、想象力、思考能力逐步成型，对事物好奇心增强，模仿能力迅速增长，已经初步具备喜怒哀乐的情感活动。然而，在此期间宝宝的情绪很不稳定，对事物也没有正确与错误的是非辨别能力。这个时期，是各种心理特征形成雏形的阶段，如果能正确引导宝宝，对宝宝从小形成良好的心理素质有极大帮助。而引导不当，则有可能发展成一个有各种心理问题的人。

父母是宝宝的第一任教师。良好的教育方法，和谐的家庭气氛，对宝宝的心理成长十分重要。1～2岁的宝宝，没有辨别事物正确与错误的是非分辨能力，因此父母需要逐一地告诉宝宝什么是对的，什么是错的；什么事情能做，什么事情不该做。要鼓励宝宝探索，做对的要鼓励，做错的要讲明道理，让宝宝知道错在哪里，然后从头再来，直到把事情做好为止。

对于宝宝合理的要求，要尽量满足，不合理的要求要讲明道理，坚决拒绝。一切顺从宝宝的意愿、溺爱或粗暴苛求都会对宝宝的心理发育产生不良影响。对宝宝耐心地讲道理，是一件十分有意义的事。宝宝虽然可能对父母讲的道理不甚了解，但在家庭氛围中长期耳濡目染，宝宝就会逐步明白道理。凡事给宝宝讲道理，对培养宝宝养成一种平和的心态很有好处，长大后，也会以讲道理的方式去处理问题。父母要做宝宝的榜样，宝宝通常会不自觉地效仿父母的言行。要求宝宝不做的事，父母首先不能做。

此外，对宝宝从小就要讲信用，答应了的事一定要兑现，不答应的事就一定不做。这样在宝宝的心目中才能有威信，在培养宝宝的过程中，才能进行有效的、有说服力的教育。

婴幼儿期的心理发展，会决定一个人一生的心理素质。具有良好心理素质的人，在社会中会有更好的发展，因此关注宝宝的心理发育，对一生都有重要意义。

第三章

幼儿期宝宝的照护

第一节　幼儿期宝宝常规照护

一、幼儿期宝宝生长发育特点

（一）13～15个月宝宝

1. 前囟

大部分的宝宝前囟已经闭合。如果到18个月还没有闭合，应当及时到医院接受检查，大多数的宝宝可能是缺乏维生素D所致，还有一部分是脑积水所致。

2. 运动发育

这个年龄阶段的宝宝大部分自己能够站得很稳，并能够独立行走。两手能够自如拿起喜爱的玩具进行组合，如叠搭积木；对小孔形态比较感兴趣，经常将手指伸进去，并反复注视；大把握笔，在纸上乱涂、乱画。

（1）独立行走　每个宝宝学会独立行走的发育速度是不相同的。大多数宝宝12～14个月的时候学会走路，极少部分宝宝8～11个月就会走路了。但是也有运动发育比较慢的宝宝要到1岁半，甚至到20个月才走得比较稳当。

宝宝在刚开始练习走路时，往往走得东倒西歪的，感觉好像总是要摔倒一样，这主要是宝宝还不能掌握好身体的重心。有一些宝宝为了保持重心，会把双腿叉开行走，如果同时摇晃上身，就像走"鸭步"。一些宝宝刚开始仅仅会用足尖走路，落地后脚尖必须快速抬起，才能保持重心，看起来就好像在跑步一样，一段时间后，宝宝脚后跟能够着地了，走起来就稳当多了。慢慢地宝宝逐渐能拐弯、转身，这时宝宝基本就不会摔倒了。

（2）蹲下站起　蹲下和站起是一系列比较复杂的动作，需要躯体和上下肢体的配合才能完成。这些动作往往在宝宝完全能够独立行走后才会发生。当宝宝在走路的途中发现地上有他感兴趣的玩具或东西时，他会不由自主地停下来，先低下头看一看，然后撅起屁股试图弯下腰，伸出手去够取东西。有一些宝宝感觉这种动作不太稳当，于是就会试试弯下腿。可能一次不成功，反复几次之后，宝宝终于可以下蹲（图3-1）。

图3-1　宝宝下蹲

从蹲位到站起来的过程就容易多了，但是如果宝宝重心把握不好，反而容易一屁股坐到地上，胆子比较小的宝宝可能会哭。宝宝会用双手支撑着再度站起来，或直接再度蹲下继续玩耍。

（3）搭积木　搭积木是练习双手精细动作与手眼协调最好的游戏。一般要先从小方积木的叠搭开始，可以选择1～2cm的红色方积木，放到宝宝的面前，先做一些示范动作让宝宝看，然后示意宝宝把一块积木放在另一块积木的上面，当两块积木叠搭稳当之后，再示意宝宝继续把积木放在两块积木的上方，鼓励宝宝尽可能地叠搭积木。这个月龄的宝宝一般能搭两块积木，但也有宝宝搭不上积木，不要着急，反复练习，宝宝总会找到窍门的。

（4）练习把小丸投入小瓶子中并拿出　让宝宝坐好，拿出一个瓶口比较小的玻璃瓶子，同时在瓶子的旁边摆放几粒小糖球，告诉他可以把小糖球放到瓶子中，宝宝很可能放进去一个就花费了很大的气力，或者根本放不进去，此时不要气馁，家长可以反复做示范动作。有的宝宝在投进一个糖球之后会抬起头来看着大人，估计是有两种想法，第一种可能是告诉大人自己的成功了；第二种可能是征询是否可以继续投进的意见。因此，当宝宝抬头看着大人时，大人一定要及时对宝宝投入小糖球而有所奖励，然后示意他再放入1个。如果宝宝感到厌烦了，即可终止游戏。

3. 语言发育

宝宝在这个时期说出的语言准确性是很不可靠的，家长常需要把宝宝说话时附带的手势、表情、体态等许多情景性表现作为参考因素，来揣摩宝宝所要表达的意思。这个时期宝宝因为感到说话很费力，因此不太愿意多说话，而是尽量用手势表达。但是，如果大人说出完整的语言，宝宝基本都能理解，而且能按照指令去做。相关研究表明，一个13个月的宝宝可以听懂成人的如下问话："要吃奶吗？要吃就点头。"宝宝点头。"和爸爸睡吗？"宝宝摇头。"和姐姐睡好吗？"宝宝点头。这些现象充分说明宝宝完全能够理解大人的语言，并能够在大人的语言支配下进行各项活动。如宝宝要把花生往嘴里塞，大人说："不要吃！"宝宝就会停止往嘴里塞花生的动作。

4. 认知、生活和交往能力

1岁以后的宝宝非常渴望与大人或是同龄儿交流，更愿意与同龄儿玩耍。但是有一部分宝宝，尤其是女孩开始知道害羞或认生感很强，此时需要大人的协调和帮助，经常要带领宝宝到户外活动，加强与他人的交往，培养宝宝与人交往的能力。

（1）握笔乱画　宝宝看到大人写字，感到很好奇，因此就会模仿大人的姿势拿笔乱画。看到宝宝拿不好笔时，应想办法先让宝宝正确握笔，告诉他细头的部分是笔尖，应当是冲下方的。大人可以先画几笔，让宝宝懂得通过笔尖与纸的接触可以画出不同颜色的线条。等宝宝学会拿笔之后，示意他去用笔尖接触纸面，让宝宝用力画出线条。反复多次地练习，宝宝会对握笔画线产生兴趣，这对宝宝将来的学习和创作是非常有好处的。

（2）要求欲望　宝宝已经可以明确表达愿意要、愿意做，或不愿意要、不愿意做的欲望，如给宝宝喜欢的玩具时，他会抓在手里不放，而对于宝宝不喜欢的玩具，他会看也不看就马上扔掉。对于宝宝不想吃的东西，宝宝是坚决不吃的，例如喂饭，当他感觉到饭菜很香，就会大口吃，当他感觉到饭菜并不合口味，那么吃几口他就会吐出来或干脆闭上嘴不吃。

（3）与大人共同玩球　当宝宝能够自己行走坐卧时，大人就可以与宝宝玩球了。不要买太大的球，只要宝宝能握住就可以了。两人对坐在床上，大人将球抛起。让宝宝看到小球在手中一起一落多么有意思，引起宝宝的兴趣之后，将球扔给宝宝，让他自己玩球。刚开始宝宝只会用手握住球，或让球从手中滑落，而不会扔球的动作，渐渐地出现把球扔到地上的动作，终于有一天宝宝把球朝上扔了出去，一旦发现宝宝出现这种动作，家长一定要及时把球扔回给宝宝，反复练习数次之后，宝宝便会运用自如，他觉得这个游戏很有意思，由此也会引发宝宝对球类游戏的爱好。这个游戏是训练手眼协调能力，以及四肢的灵活度与跑跳能力。

（二）16 ~ 18个月宝宝

接近1岁半的宝宝已经能够很平稳的走路。看见地上有玩具时可以弯腰蹲下玩耍，然后站起来继续行走。扶着栏杆可以爬几步楼梯，开始有跑步意识。模仿大人翻书或看书，认识图画中的一些动物、食物、常见日用品等。模仿大人画出横线或竖线。模仿大人撕纸。会灵巧地将小物品放入小瓶子中，或从瓶子中倒出来。会搭4 ~ 5块积木。能够说出最常见物品的名称，开始会使用动词性词汇，如"吃、喝、抱"等。能够听懂大人说出的完整句子。开始有意识地使用工具。

1. 运动发育

（1）行走稳当　经过几个月的练习，宝宝已经能够行走得很好了。一部分宝宝在行走过程中，如果看到地上有喜欢的玩具，会停住脚步，慢慢弯下腰，或慢慢蹲下来玩耍。有时候宝宝感觉有些累，就会一屁股坐下来继续玩。当宝宝想到其他地方去的时候，会站起来，继续向前走。这种走走停停、弯腰坐下、爬起站

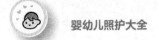

立的动作每天不知道要重复多少次，因此家中最好铺上地毯，便于宝宝在地上活动。

（2）上下楼梯 上下楼梯实际上是运动能力和深部感觉能力的结合过程。首先宝宝要明白楼梯的位置是高于或低于现在本身所在的位置，而且这种高度和低度是可以触及的位置。当大人第一次牵着宝宝的小手爬上楼梯时，宝宝知道必须要抬起一条腿，才能够着高出的台阶，但是此时宝宝还不会两腿交替使用，必须要把两只脚同时迈到同一位置之后才能再上一层楼梯。因此，家长开始带宝宝上楼梯时不必着急，让宝宝一步一步登上楼梯，宝宝会觉得登上一层就会高一点儿，从中体会登高的喜悦。上楼梯比下楼梯要容易一些，好多胆小的宝宝往往学会了上楼梯，但很长时间内还不敢下楼梯。有的宝宝上楼梯不使用旁边的栏杆，而喜欢爬着上去，这样的宝宝一般来说属于运动发育相对慢一些的类型，或是胆子比较小的宝宝。家长不必介意，可以让宝宝随意，只要宝宝喜欢。任何一种运动方式都是对宝宝有利的。在这里需要提醒家长注意的是，在宝宝下楼梯时一定要注意保护，以免宝宝摔下来。

（3）能搭4～5块积木 应当继续训练本月龄宝宝搭积木能力。接近1岁半的宝宝已经不能满足搭2块积木了，他们逐渐能搭上3～4块、4～5块积木而不倒。

2. 语言发育

（1）使用动词 宝宝有一天突然向妈妈伸出手说出了"抱"字，某一天在饭桌上突然对妈妈说出了"吃"字等，说出这些动词正是本月的特点。当宝宝看到饭桌上有自己非常喜欢吃的东西时，很想向大人表示"我想吃"的意思，但是宝宝还不会讲出来，开始只会用手势比画向大人示意，大人明白他这是想吃的意思，于是就重复"吃"的发音，经过反复的刺激，宝宝终于按照大人的口形发出了"吃"的声音，这是宝宝语言的第一次飞跃，说明宝宝已经理解了动作的真正含义。理解了语言和动作的关系，这也是宝宝大脑思维活动的体现。本月龄的宝宝能说出的动词是很有限的。只会说日常生活中非常常见的基本词汇，如"抱、走、吃、喝"等十几个单词。家长可以反复在宝宝面前重复这类单词，以加大宝宝的词汇量。

（2）儿歌训练 为了进一步促进宝宝的语言能力发育，应当经常给宝宝念一些儿歌，儿歌中有许多宝宝熟悉的名词和动词，有一些句子合辙押韵听起来很好听。如果再配一些图画，更会引起宝宝的兴趣。例如，"小白兔白又白，两只耳朵竖起来，爱吃萝卜爱吃菜……"虽然宝宝并不能说出儿歌中完整的句子，但是其中重要的发音会给宝宝留下很深刻的印象，一旦在其他语言中涉及儿歌中的词汇时，宝宝就会不由自主地发出这个音节。反复朗诵儿歌之后，宝宝也会随着大人的语调发出声音，听到宝宝对某个词汇有印象时，可以放慢这个词的速度，有意识地让宝宝跟着发出声音，逐渐宝宝就会说出更多的词汇。儿歌是培养语言能力和记忆能力最好的方法之一。

3. 认知、生活和交往能力

（1）模仿大人撕纸　宝宝会把大张的纸撕成小纸块，再撕成小纸屑。

（2）模仿大人翻书或看书　给宝宝一本书，让他看书中的图画，并对宝宝讲一些与图画中有关系的内容，也许刚开始宝宝并不太喜欢听，这是因为他听不太懂，大人说的话他不十分明白。但是反复让宝宝看同一个画面，同时反复说出同样的语言，渐渐宝宝就明白图画中的意思。下一次把这本书放到宝宝面前，他就会不由自主地拿起书学着大人的样子翻起来，看到熟悉的画面，他会欣喜万分，嘴里还会不停地唠叨着什么，看到自己不太熟悉或根本没有见过的画面，会多注视一会儿，努力辨认图中的画面。一旦觉得没有意思，宝宝就会把书撇到一边，玩起其他游戏来。宝宝看书的时间非常短，有的仅能坚持数秒，最长时间也就几分钟而已。

（3）模仿大人画出横线或竖线　接近1岁半的宝宝已经能够很稳当地握住笔了，有一些宝宝能够画出横线和竖线。早期培养宝宝握笔画线的能力可以引发宝宝对绘画的兴趣，培养宝宝的注意力。

（4）准确使用杯子和小勺喝水　对于1岁多的宝宝来说，可以根据勺子的不同方向使用不同的手，准确地将勺子中的饭菜放入口中。有的宝宝还会学着大人的样子拿着小杯喝水。

（5）使用工具能力的进步　此时宝宝已经开始具有初步认识和思考的能力。宝宝会用自己对工具的认识进行思考，试图解决自己认为能力达不到的事情，如看见桌子上有一件可爱的玩具，由于个子矮小够不着，宝宝就会拿一个板凳，登着板凳去够东西。18个月的宝宝下楼梯时能否下得稳完全依赖于他抓住的扶手是否可靠，这是经验告诉他的道理。

（6）初步辨认物体颜色、形状和特征　1岁半的宝宝能够从图中或实物中辨认物体的形状、颜色和用途。例如，画有各种水果的图画书，反复告诉宝宝"长长的香蕉是黄颜色的、圆圆的苹果是红颜色的、大小不等的葡萄有紫色和绿色的"。待大人拿出真的香蕉、苹果等水果时，宝宝就会知道长长的黄颜色的水果是香蕉，圆圆的红颜色的水果是苹果等，这些都是可以吃的东西。经常给宝宝看各种动物的图画书，告诉他长耳朵、红眼睛、浑身白毛的动物是小白兔，全身白、眼圈黑、胖胖乎乎的是大熊猫，高个子、长脖子、身穿花衣的是长颈鹿等，狗见人"汪汪"叫，猫见人"喵喵"叫，逐渐宝宝就明白了这些动物的特征，一旦看见这些图画或见到这些动物时，他就会一眼认出来，甚至还学出"汪汪"的叫声等。知道物体的形状也是这个月龄宝宝应当具有的能力，如能够组装三角形、长方形和圆形的积木，让宝宝将三角形积木放到三角形木框里，长方形积木放到长方形木框里等，这种游戏能使宝宝了解到物体的固有形状，在头脑中形成立体概念。

（三）19～21个月宝宝

1. 运动发育

（1）开始会跑　1岁半以后的宝宝平衡功能开始逐渐成熟，运动能力也越来越完善，宝宝不仅仅满足于迈步和走路，他们需要以更快的速度前进，奔跑对于刚刚会跑的宝宝来说是一种身心的良性刺激。在跑步的过程中，周围环境的摇动和变换，令宝宝感到心情愉悦。如果在游戏中奔跑，还可以使宝宝产生竞争意识，刺激神经系统发育。

（2）脚尖行走和倒退行走　大人可以先进行示范，脚跟不着地，只用脚尖行走，或倒退着走几步。大部分的宝宝看几遍之后就能够学会，但刚开始走的时候多半走不稳，可能还会经常摔倒，这正说明宝宝的平衡功能尚不健全，应当反复练习。慢慢宝宝适应了这种运动形式，掌握了平衡功能，就会很自如地用脚尖走路，并可以倒着走。

（3）利用扶手和扶墙上楼　宝宝这时有了登高的愿望，看见楼梯就想模仿大人爬上去，可是宝宝并不会单腿抬起来，必须要借助扶手或楼梯旁边的墙壁才能登上台阶，这也是宝宝使用工具的一种能力。宝宝最初爬楼梯的时候不会想到去扶墙，只会上下肢着地式的爬行，一个台阶一个台阶爬上楼梯，家长可以在旁边鼓励宝宝往上爬，同时提示他用旁边的扶手或墙壁，让宝宝感受到用扶手或扶墙登高更容易，这样宝宝就会主动借助扶手或墙壁爬上楼梯。

2. 语言发育

（1）能够说出2～3个连贯的词或短句子　宝宝已经不仅仅使用单个字来表达意思了。宝宝的大脑更加灵活，语言更加丰富，表达形式也多种多样。最重要的是宝宝可以将名词和动词连接起来，形成一些简单的句子表达意思，如"妈妈抱、爸爸上班、奶奶走"等，同时还可以使用一些复合句子，如"宝宝要吃饭、阿姨抱抱我、妈妈不上班"等语句。这个时期以简单句为主，复合句的比例占得很小，大部分的句子在5个字以内。知道并能够说出身体的2～3个部位，如

"肚肚、屁股"等。

（2）会回答最简单的问题　宝宝能够运用语言来表达他们的要求和愿望，对父母提出的问题能够表达愿意或不愿意。例如，妈妈问："宝宝想睡觉吗？"宝宝可以回答"想"或"不想"。妈妈又问："宝宝的小车在哪里？"宝宝会指着地上或玩具盒子说："在那儿。"上午宝宝吃完饭以后，爸爸问宝宝："我们一起山去玩好吗？"宝宝会很高兴地答应，有的宝宝还会把自己的衣服拿来，递给爸爸，示意让爸爸帮忙穿上。这个年龄段的宝宝开始出现自我意识，因此无论做什么事情最好用商量的口吻，征求宝宝的意见。

3. 认知、生活和交往能力

（1）主动模仿成人做事情　宝宝的模仿动作已经从被动转为主动，如宝宝与大人一起进餐时，他会看着大人如何用勺子盛饭和菜。然后他也用同样的动作来盛饭和菜，慢慢地只要开饭宝宝就会主动拿起饭勺自己吃饭。家长可以有意识地多让宝宝自己拿勺吃饭，不要怕他把饭菜撒在地上或只吃进去一半，多练几次宝宝就会熟练地使用勺子吃饭了。又如，大人拿一个玩具听诊器给娃娃听心脏，宝宝也会模仿用听诊器听心脏；大人用小锤子敲打木板，宝宝也会学着大人的样子敲打木板；大人用脚踢球，宝宝也会试着用脚去踢球等，这些动作都是宝宝在模仿大人做事情，有一些宝宝在做这些事情的时候非常专注，同时嘴里还在说些大人听不懂的话语，也许他是在学着大人的样子哄宝宝，或许是在给自己鼓劲。每当这时，父母应尽力鼓励宝宝去做，去实践，从中体会做事的乐趣和艰辛。

（2）记忆能力增强　1岁半以后的宝宝记忆力有了非常明显的进步，能够记住大人做过的动作；能够记住自己的东西放在哪里，如自己的衣服、被褥，自己喝水的杯子等。一些发育比较早的宝宝还能够记住奶奶、爷爷、小姨、大姑等亲人的称呼。记忆力增强还表现在语言方面，本月龄的宝宝能够记住30个以上的词汇，还能说出3～5个单词组成的句子。一些接受早期教育的宝宝可能还会记住更多的句子，甚至能够辨认一些常见汉字。

（四）22～24个月宝宝

宝宝2岁了，他已经由一个一无所知的婴儿成长为一个活蹦乱跳、会说会唱而活泼可爱的小大人。宝宝的跑跳能力又有了很大的进步。宝宝可以连续跑出一段距离。一些宝宝会用双腿蹦（双脚同时离开地面）。上下楼梯时可以用一只手扶着。能够说出一些比较连贯的词语，如成语等。会念几首儿歌，能够回答一些比较简单的问题。能够简单地数数，能够按照顺序一页一页地翻书，能够在大人提示下做某件事情，知道生活中常见东西的用途，听大人讲故事以后能够理解大概意思，并能讲出人物和发生的事情。

1. 运动发育

（1）跑步　宝宝2岁时已经能够跑出很长一段距离，这时宝宝已经不满足于在屋子里跑，他非常愿意到外边去跑，愿意围着障碍物跑，愿意和小朋友互相追逐式奔跑。宝宝好像不知道什么叫累，感觉宝宝老在跑跳，如果不让他跑，他还不愿意。因此，大人认为宝宝可能患有"多动症"。其实跑跳是宝宝的天性，尤其一些喜欢运动的宝宝更是喜欢跑跑跳跳，他觉得这是玩耍，这是娱乐。家长应当尽可能不要限制宝宝的自由，可以让宝宝在小花园中奔跑蹦跳，自由玩耍，充分发挥宝宝的运动才能，培养宝宝的运动能力。

（2）双腿蹦　双腿蹦（图3-2）是宝宝经过行走和跑跳，双下肢反复练习逐渐发展的结果。如果出现了双腿蹦的动作说明宝宝已经掌握好了身体重心，具有非常好的平衡能力。双足抬起的能力对于每一个宝宝来讲，发展速度是不一样的。有的宝宝2岁就可以很好地完成双腿蹦的动作，而有的宝宝到2岁半还不能很好地双足抬起。这只是运动发育的差异，千万不要着急。有一些宝宝胆子比较小，害怕摔倒，因而不敢同时抬起双脚，可鼓励宝宝多做跑跳运动，帮助宝宝有目的的练习。

（3）一手扶护栏自己上下楼梯　上下楼梯不仅使宝宝的高度感觉发生变化，还会使宝宝的视觉产生变化。让宝宝爬楼梯其实也是一种运动游戏，可以训练宝宝的胆量，培养毅力和信心。当宝宝站在楼梯的量高点时，他的心情是多么愉快，说不定宝宝还会有一种成就感。爬楼梯对于刚刚满2岁的宝宝来说还需要训练，开始时可以先少爬几层，待宝宝熟练了自己爬楼梯之后，再让他多爬几层，逐渐爬完整层楼梯。

图3-2　双腿蹦

2. 语言发育

宝宝在语言方面有了很大的进步，会说比较连贯的语句。有的宝宝甚至能说出几句成语，令大人惊讶万分。这个月龄的宝宝能够说出很完整的简单句式。如看见妈妈上班，宝宝会说"妈妈上班"，想要喝奶时，宝宝会说"我要喝奶"，想要玩球时，宝宝会说"我要玩球"等。但是，有一些宝宝的发音不是很清楚，要注意纠正宝宝的发音，尽量让宝宝吐字清晰。

3. 认知、生活和交往能力

（1）能数出简单的数　2岁左右的宝宝开始能够知道"1"个苹果、"1"个足球，同时他们还能听懂和运用数词。例如，他可以从自己脸上找出"1"个鼻子、"1"个嘴巴、"2"只耳朵、"2"只眼睛等。能数出1～5个数字。2岁的宝宝对数字有了基本的概念，从这个年龄段开始对宝宝进行数字教育是非常重要的。

（2）和大人一起做事　从这个年龄段开始，应当有意识地培养宝宝与大人共同做事的能力。首先要告诉宝宝自己的事情尽量自己去做，如吃水果时剩下的果皮或果核等物应当扔到垃圾桶里，摆在地上的玩具玩完之后应当收拾到玩具箱内。如果宝宝在扔垃圾时将东西扔到垃圾桶外边时，千万不要训斥宝宝，或干脆不让宝宝去做，因为这个年龄的宝宝很乐意帮助大人做事情，过分的训斥很可能会挫伤宝宝的积极性，使宝宝不再愿意为大人做事情，对宝宝的身心教育是非常不利的。要千方百计地鼓励宝宝参与家中的各种活动，让宝宝享受到与家人共同劳动的愉快，这也是培养宝宝积极参与社会交往，独立做事，努力为他人服务的意识。

（3）与同龄儿童一起玩耍　家长要经常带宝宝出去玩耍，有条件的话还可以让宝宝参加一些托幼机构办的小小班，尽量创造宝宝与同龄儿童玩耍的机会。可以让宝宝带一些他认为比较好的玩具，鼓励宝宝跟别的小朋友分享。

（五）25～27个月宝宝

1. 运动发育

（1）独自上下楼　宝宝由于胆怯往往总是用一只手先扶墙，然后上楼梯。先鼓励宝宝不扶墙上楼，也可以稍加帮助，让宝宝尽量不扶墙上楼。一旦独自上楼成功，宝宝胆子就大了，下一次宝宝就敢自己上楼了。当宝宝会自己上楼之后，开始帮助宝宝自己下楼。开始大人先拉着宝宝从楼梯上下来，到最下面一阶时，松开手，让宝宝自己下，然后改为让宝宝自己下最下面的2阶、3阶，直至全部台阶等。可以训练让宝宝交替使用双足上下楼梯。

（2）单腿站立　大人与宝宝面对面站着，大人先抬起一只脚，让宝宝明白即使用一只脚也能站得住，然后鼓励宝宝抬起一条腿，一只脚离开地面就可以了。单腿站立时宝宝上身可能会摇晃，大人可以扶住宝宝的身体，然后轻轻放开，让宝宝自己独自单腿站立数秒钟，然后告诉宝宝轻轻放下脚，反复做上述动作。如果宝宝重心掌握得比较好，就会稳稳地单腿站立。如果身体重心掌握不好或平衡功能差，那么宝宝往往不会用单腿站，反复训练此项运动对宝宝的平衡功能是非常有好处的。

（3）自己迈过障碍物　可以培养宝宝大脑判断能力和四肢协调能力。可以在家中练习，也可以在户外练习。开始设置的障碍物高度要低一些，如在地上画一条线，放置一根绳，或一根棍等，让宝宝迈过去，然后逐渐增加高度，可以放一只小板凳，或两只板凳中间放一块板，让宝宝迈过去。比较高的障碍物可以用纸盒代替，这样如果宝宝迈不过去，也不至于有危险。练习时可以先协助宝宝，如先拉宝宝的一只手帮助宝宝迈过障碍物，以后再让宝宝自己迈。

一般这个月龄的宝宝都能迈过去，但也有一部分宝宝迈不过去，这并不能说宝宝运动能力差，大多数原因是因为宝宝胆小，个别是因为宝宝的平衡功能不完善，或缺乏锻炼所致，只要多锻炼，宝宝最终会做到。

（4）会搭各种形状的积木（图3-3）　这个月龄的宝宝不仅仅满足于只把积木叠搭起来，有的宝宝能够凭借对多种物体的感官认识，搭出各式各样的形状，如小房子、小火车等。刚开始搭积木时需要大人协助，首先和宝宝商量说："我们搭积木好吗？"宝宝如果高兴或感兴趣是最好的时机，可以给宝宝提个建议："我们搭个房子可以吗？"一边说一边让宝宝搭，尽量让宝宝自己搭建出一种他认为是房子样的东西，如果搭得不像，也不要打断他，让宝宝自己搭完。当宝宝停下来看大人的时候。大人可以问他："你搭的是房子吗？"如果搭得很像，他自己就会说："这是房子。"如果搭得不像，宝宝往往会犹豫不决，或干脆推倒重来，这时大人一定要鼓励宝宝重新树立信心，让宝宝按照自己的想象搭出来，搭完之后，要用赞美的语言鼓励宝宝。有时候宝宝搭出的东西大人看不出来，这时可以问宝宝："你搭的是什么呀？"宝宝可能一时说不上来，帮助他想一个名称，让宝宝凭借大脑的记忆和联想对号。这种游戏不仅训练宝宝的动手能力，同时也培养了宝宝的想象力。

2. 语言发育

图3-3　搭积木

（1）会背诵儿歌　大部分宝宝真正能够很完整的背诵儿歌在2～3岁之间。因此，家长可以有意识地教宝宝一些好听、易懂、易学的儿歌，可以挑选一些健康、活泼、形象的儿歌让宝宝反复背诵。

（2）会用形容词　宝宝的语言发育非常快，不仅能够正确使用名词和动词，而且开始使用形容词来表达自己对某件事情的看法，如看见妈妈换了一件新衣服，他会说："妈妈好漂亮。"到马路上看见小汽车，宝宝会说："小车跑得真快。"看见红苹果时，会说："我要吃大红苹果。"

3. 认知、生活和交往能力

（1）知道"大"和"小"的概念　宝宝能够分辨"大"和"小"，说明已经有了对应和比较的思维。宝宝在日常生活中经常会碰到大小不同的食物、用品及玩具等，如对宝宝说"爸爸用大碗，宝宝用小碗"，"妈妈用大杯喝水，宝宝用小杯喝水"；坐车时告诉宝宝"大卡车大，小汽车小"等，使宝宝对大和小有了一个初步的印象。有一些宝宝对大和小的分辨能力比较模糊，可以这样练习，大人拿两个大小相差比较悬殊的红气球，先问宝宝哪一只大，无论宝宝回答正确与否，都要将两只红气球交换位置再问一次，看宝宝如何回答。这样做的目的是因为宝宝经常会把位置和大小混淆，他可能会认为某一边是大的，某一边是小的。如果宝宝回答正确，反复交换位置之后，宝宝仍然能够准确回答，说明宝宝能够分辨大小。如果宝宝弄不清大小，不知道哪只是大的，可以反复告诉他这只球是大的，然后调换位置。再反复告诉宝宝这只球是大的，直到宝宝能够说出大气球为止。用同样的方法教宝宝认识小红气球。进一步的辨认可以找一些大圆形和小圆形的图案，反复教宝宝辨认。当宝宝对同类物品分辨清楚之后，可以找一些不同大小、相差比较悬殊的东西作比较，如大人和小孩、大象和老鼠等。

（2）准确辨认形状和颜色　宝宝到了这个年龄，一般可以辨认各种不同形状的物体了，如方形、圆形等。家长可以制作一些颜色比较鲜艳的圆形纸板和方形纸板，告诉宝宝这是圆形的，或这是方形的。等宝宝能够辨认圆形和方形之后，可以教宝宝将两个方形纸板摆在一起、两个圆形纸板摆在一起，这样反复训练，直到宝宝能够自己将同样形状的纸板摆在一起，能说出两种不同形状的名称，并能正确匹配两种不同形状的纸板。

（3）有简单的是非观念　宝宝已经对日常生活中一些人或事物有了一个初步的了解，知道"好"与"不好"的事情，如知道"打人是不对的""吃东西不洗手是不对的"等。这些是非观念对宝宝今后的成长非常重要。一定要让宝宝懂得正确和不正确的事情。父母教育宝宝做事情时一定要用自己的行动去说明态度，鼓励宝宝做正确的事情，制止宝宝做不正确的事情。如果宝宝不明白，应当耐心说服，千万不要训斥或打骂宝宝。

（4）自己做事情　一般这个年龄段的宝宝大多会自己做很多事情了，如自己吃饭、自己穿外衣和鞋袜、自己解大小便等。但是宝宝的动作往往很慢，吃饭用时较长，这时性急的家长就会拿起饭碗喂宝宝。宝宝穿衣很慢，家长怕宝宝感冒，于是代替宝宝穿衣裤和袜子。这些做法都会影响宝宝的动手能力，生活自理能力的培养是一个循序渐进的过程，需要磨炼，应当尽量让宝宝自己做自己的事情，从小培养宝宝独立生活的能力，这对于宝宝将来的学习和工作是很有帮助的。

（六）28～30个月宝宝

1. 运动发育

（1）踢球和投球　大部分的宝宝从婴儿期就开始对球感兴趣，因为球是可以滚动的，看着满地滚的球，宝宝会觉得新鲜和不可思议。看着大人拿球抛来抛去，或球在脚下踢来踢去的样子，宝宝的脑海中充满了刺激和乐趣。通过玩球促进宝宝的运动发育是再好不过的活动了。踢球是一项宝宝比较易于接受的玩耍形式。宝宝刚开始踢球时并不要求必须有方向，只要能踢出去就行，大人与宝宝面对面站着，先示范踢球动作，然后让宝宝伸出脚，慢慢做踢球动作。当宝宝能踢出去以后，再告诉他把球踢到某一个方向。训练投球动作也可以这样，与宝宝面对面站着，把球扔给宝宝，再让宝宝把球扔回来，来回多次，宝宝就会有目的、有方向地投球了。

（2）立定跳远　这项运动是宝宝会双腿离地蹦起来之后才能学会的运动项目。家长先在原地画一条直线，在直线位置给宝宝做示范动作，让宝宝原地蹦跳几次，准备好了之后再用力向前蹦跳，将向前蹦跳的位置与原地的位置进行比较，看看宝宝蹦出多远。其实蹦出多远并无多大意义，主要目的是训练宝宝双腿的协调能力。

（3）从楼梯末层跳下　如果有一天家长看见宝宝下楼梯到末层时，突然跳了下去，令大人吓了一跳，许多家长怕宝宝出现危险，于是大声训斥宝宝，这是不对的。这个年龄段的宝宝已经不能满足于登楼梯了，他要寻找新鲜感，寻找与平时不同的感觉，而用双腿向下蹦跳正是宝宝运动功能进步的表现。如果家长惧怕宝宝出危险而阻止，就会扼杀宝宝运动的欲望，影响宝宝运动能力的发挥。

2. 语言发育

（1）学用代词　宝宝已经能够区别自己和其他人的关系。这个年龄段的宝宝准确理解"我、你、他""我们、你们、他们"这些代词是非常重要的。2岁多的宝宝常把这些代词弄混，日常生活中家长应当多注意训练。

（2）会问"这是什么？"　"这是什么"是提问题中最为简单地问法。宝宝的好奇心很强，想象力也极为丰富，遇到不明白的问题他们总是想问一问，因此教会宝宝提问题是满足宝宝好奇心的首要方法。家长可以指着某一件常用的东西或某一张图片问他："这是什么？"如果宝宝回答准确，就可以再问下一件东西或下一张图片。如果宝宝回答不出来，就对他说："宝宝问妈妈吧，好吗？"当宝宝问妈妈时，妈妈要认真回答，告诉宝宝这是干什么用的，使宝宝理解"这是什么？"这句问话可以帮助他回答很多他不明白的问题，以后当宝宝有不明白的问题时就会使用这句话了。

3. 认知、生活和交往能力

（1）知道"多少""长短""上下"等概念　在日常生活中可以设置一些有对应关系的事物或环境，如吃饭时，给爸爸多盛一些，给妈妈少盛一些，然后对宝宝说："你看，爸爸的碗里饭多，妈妈的碗里饭少。"吃干果时，分成两堆，一堆多一些，一堆少一些，让宝宝指出哪一堆多，哪一堆少；和宝宝比手指长短、比下肢的长短，告诉宝宝大人的手指比宝宝的手指要长，妈妈的腿比宝宝的腿长；上下楼梯时可以告诉宝宝"上楼梯是由低处向高处走，下楼梯是由高处向低处走"。家中摆放东西时告诉宝宝，妈妈的东西放上边，宝宝的玩具放下边，睡觉时告诉宝宝，宝宝的衣服放凳子上面，宝宝的小鞋放凳子下面。日常生活中有很多类似的对应实例，只要细心，稍加留意，多说几句，宝宝就会收益许多。

（2）懂得"1"和"许多"　所有事物都有一定的数和量的关系，如宝宝有1个玩具娃娃、2支手枪、3个苹果等。这些带有数字概念的人或事对宝宝理解数字，获得感性认识是非常有好处的。宝宝一般对多的概念比较容易接受，而对于"1"的概念是不容易理解的。因此教会宝宝理解各种事物都是由一个一个组成的，是非常重要的。要反复告诉宝宝任何数都是由很多个"1"组成的。

（3）能数1～10　宝宝对数字的概念不是很清楚，但是在大人的反复发音中，宝宝会很顺畅地从1数到10。也许宝宝对数字还不理解，不过没有关系，反复让他数，利用一切机会告诉他这些数字代表的意思，还可以用一些表示数字的图片等加深宝宝对数字的印象，为宝宝今后的数字计算打基础。

（4）懂得表扬和批评　宝宝到了这个年龄已经能够清楚地表达自己的意愿了，特别是一些家长认为比较有主见的宝宝更是喜欢自己做事，做完事情之后，如果得到大人的表扬，他会表现得兴高采烈，如果事情没有做好，可能还损坏了一些东西，这时如果大人不高兴或批评了几句，宝宝顿时情绪低落，甚至哭闹不安。宝宝是需要鼓励的，对宝宝的表扬胜过一切。宝宝愿意自己做事情，不要制止他，让他自己去做，从中体会乐趣，这对宝宝的身心发育是至关重要的。

（5）与小伙伴争夺玩具　当宝宝的自我意识开始萌芽时，首先表现为自己的玩具不愿意给别人，和别人一块玩时，也不愿意让别人拿着，只能自己拿着。其实这并不是一件坏事，这说明宝宝已经知道自己和别人是有区别的，自己的东西应当自己拿着。当发生这种情况时，家长不要过于着急，可以用一些宝宝能接受的动作和语言来告诉宝宝说"宝宝的玩具可以借给××吗？他是妈妈的好朋友，也是你的好朋友嘛"，或"把积木借给××玩，好吗？他会帮你搭一列长长的火车，你们一块玩"等，一旦宝宝与别人玩了几次感到很愉快，下一次他就会主动找别的小朋友去玩耍了。值得注意的是，有一些宝宝当他的个人欲望开始发展时，会去抢别的小朋友的玩具，甚至打人，要及时教育宝宝应当与他人友好相处，可以将自己的玩具拿来与别人交换，或把自己的玩具混到别人的玩具中间一起玩耍，目的就是要培养宝宝与他人友好合作的精神，避免自我为中心，自私自利的倾向性。

（七）31～36个月宝宝

1. 运动发育

（1）双脚交替上下楼　接近3岁的宝宝双下肢的协调能力还不是特别完善，因此应当注意锻炼宝宝的双脚交替动作。可以先拉着宝宝的一只手，让宝宝轮流抬起左脚或右脚，然后让宝宝先用一只脚登上第一层阶梯，拉着宝宝的手再让宝宝用另一只脚登上第二层阶梯，反复多次，让宝宝体会到用双脚交替上楼既快又轻松。下楼时用同样的方法训练宝宝。当宝宝可以很灵活地用双脚交替上下楼时，说明宝宝的下肢已经具有很好的协调能力。

（2）按口令做操　主要让宝宝模仿大人的动作，如双臂向上伸展、向下伸展、水平抬起，双腿伸直、弯曲，全身转动及蹦跳运动等都是非常好的活动项目，让宝宝模仿，不仅能培养宝宝迅速的反应能力，还能培养宝宝的身体和四肢的协调功能，锻炼身体。

（3）跟着学"跳舞"（图3-4）　有一些宝宝很会模仿大人的动作，特别是宝宝可以从电视中看到许多带有音乐的舞蹈动作，非常优美，他们会自觉不自觉地模仿一些动作，家长看到时，一定要给予鼓励，最好拍手鼓掌。有一些儿童舞蹈非常有趣，可以播放一些带有动作的儿歌或歌曲，让宝宝跟着学习和蹦跳，让宝宝凭借想象力，做出各种动作，一些宝宝可以根据自己的想象编出有趣的动作。学"跳舞"不仅可以锻炼身体，还可以培养宝宝的想象力和创造力，使宝宝受到良好的音乐启蒙教育。

图3-4　跳舞

（4）自己插（搭）积木　宝宝到了3岁的年龄，几乎都能自己拼插和能搭建出各种形状的积木了，如市场上卖的各种塑料拼插积木，能够拼插出各类小房子、各种小汽车的形状。

2. 语言发育

（1）会说复杂语句　宝宝接近3岁时词汇量大增，已经初步掌握了日常生活中的口头用语，词汇近1000个。除了常用的名词、动词以外，还有副词、形容词、数词、代名词、连词等各类词汇。宝宝说的句子一般比较短，以5～10个词为多，如"妈妈带我上公园""我要玩积木""妈妈为什么还不回来"等语句，口语化比较强，可以同成人进行最基本的语言交往，一般以对话语言为主。

（2）会背多首儿歌　这个年龄段的儿歌一般以四句为多，每句的字数通常在4～8个，宝宝背诵的能力比前几个月明显进步，经常练习背诵的宝宝甚至能背诵十几首唐诗。在这里要提醒家长的是，宝宝背诵多少儿歌不重要，重要的是宝宝背诵时一定要发音清楚。有一些宝宝语言能力相对差一些，发音比较含糊，节奏感也不强，勉强让宝宝背下来的儿歌很快就会忘掉。如果遇到这种情况，家长可以找一些短小简单的儿歌让宝宝学习跟读，重点要纠正发音，同时告诉宝宝这些句子的意思，让宝宝既学习了发音，又学习了知识，一举两得。这样做比盲目追求宝宝背诵儿歌数量所取得的效果要好得多。有时候在与宝宝做游戏时，边玩边教宝宝说儿歌也常会有较好的效果。

（3）教宝宝提问题　开始提问题是宝宝智力进步的又一表现，这说明宝宝已经能够思考问题，具有一定的逻辑思维能力。家长可以利用日常生活中的一些习惯提问题，如"为什么早上起来要刷牙""为什么饭前、便后要洗手"等；利用与宝宝到户外玩耍的机会给宝宝提问题，如"为什么有的动物会飞，有的动物不会飞""为什么春天小树会发芽"等。给宝宝讲解图画中的内容启发宝宝提问题，如讲解老狼和小兔的故事时，启发宝宝思考"为什么小兔妈妈不让小兔给老狼开门""夜里兔妈妈不在时小兔们应当怎么办"等。告诉宝宝如果有不明白的问题时就可以问"为什么"或"怎么办"，逐渐培养宝宝爱提问题的习惯，这对宝宝今后的学习是非常有帮助的。

（4）复述简单故事　在幼儿园、户外等地方宝宝遇到了一些事，想把这件事告诉大人，如白天在家和小姨玩什么了，到外边干什么了，在幼儿园谁和谁打架了，谁生病了等。此时，大人一定要耐心的鼓励宝宝把事情说清楚。如果宝宝只会用几个不连贯的词来表达，大人可以帮助他把这些词整理成两三个完整的句子。让宝宝跟着说，或让宝宝自己说，说完之后要及时表扬，然后大人再用几个完整的句子把事情叙述给宝宝听。

3. 认知、生活和交往能力

（1）辨认性别　宝宝对性别的认识是很朦胧的，家长可以通过妈妈、爸爸以及奶奶、爷爷等不同的性别特征来告诉宝宝他是男孩还是女孩，也可以与邻居家的小孩作对比，从外部的特征来了解男孩和女孩的不同。3岁左右的宝宝大多能了解性别的不同，这对于宝宝今后的身心发育是非常重要的。

（2）语言交往意识　宝宝已经会说很多话了，这时要注意和其他人的交往，遇见和妈妈爸爸说话的大人时一定要告诉宝宝喊"阿姨、叔叔、奶奶、爷爷"等，打招呼时要说"你好"，离开时要说"再见"，养成习惯以后宝宝遇到认识的大人就会主动打招呼，和小朋友见面时也要互相称呼问好等，使宝宝从小养成文明和礼貌待人的良好习惯。

（3）小群体交往活动　接近3岁时，宝宝语言日渐丰富，活动范围也日趋广泛，这时宝宝往往不会满足于自己玩耍了，需要和其他人共同进行活动，丰富玩耍内容。小群体活动通常以两三个人在一起玩耍为主。这种交往活动在游戏活动中尤为明显，如当医生给患者看病，当司机开车拉乘客等，均为一对一的交往活动，或是两三个人的交往。尽管人数不多，但是群体活动的萌芽状态，是宝宝以后参加多群体活动的基础，因此家长要尽量创造一些让宝宝与其他小朋友交往游戏的机会，培养宝宝的群体适应性，为今后的社会交往打下良好的基础。

（4）具备生活自理能力　2～3岁是宝宝独立性开始形成和发展的时期。如果发育正常，3岁的宝宝应当能自己用勺子吃饭不掉，用杯子喝水不洒到外面；在大人的帮助下自己穿衣服、裤子和鞋袜，有一些宝宝还可以解开扣子，或系按扣；自己会用肥皂洗手，自己洗脸（图3-5），用毛巾擦干；能自己上厕所；能自己盖被睡觉，夜里基本不遗尿。

图3-5　自己洗脸

（5）对数字的理解　3岁左右的宝宝可以从1数到10，但不理解这些数字的概念。他们还不能手口一致地点数物品，往往嘴里数的数和手的动作不一致，有时往往会重数或漏数。让宝宝点数物体以后，他们说不出总数，不知道最后一个数代表物体的总数。但是，如果家长从2岁左右开始注意辅导的话，有一些宝宝可以用实物数1～5个数字，手口一致，并能说出最后的总和。

二、幼儿期宝宝喂养

（一）喂养原则

1. 膳食营养平衡

幼儿期的宝宝正处在生长发育阶段，营养状况如何，将会直接影响宝宝的成长。幼儿饮食需要最大限度地讲究营养平衡。

广义的营养平衡，是指食物量的平衡和营养物质平衡两个方面。食物量平衡及每天要按不同比重安排好8大类食物；营养平衡即每天的膳食中6种营养素的含量比例搭配要恰当，才能满足幼儿生长发育的需要。要满足幼儿食物数量和营养物质和数量的平衡，应当着重处理好以下几个问题。

（1）制定营养平衡的食谱　根据幼儿每天各种营养素的需要量，进行食前的营养预算和食后的营养核算，结合季节特点选择食物，安排好由于幼儿的偏食习惯容易缺乏的4种营养素（维生素A、胡萝卜素、钙和维生素B_2）供应；干稀、荤素、粗细、甜咸搭配要合理，少吃甜食和油炸食品；以谷物类为主，动物性食品为辅；粗粮细粮要合理搭配，这样营养互补，粗粮所含纤维素较多，能刺激肠胃蠕动，减少慢性便秘，促进幼儿成长发育。

（2）合理烹调保持营养　合理烹调是保证膳食质量及保持食物营养成分的重要环节，通过科学的烹调方法做成的饭菜，色、香、味、形俱全，合乎营养卫生的要求。要科学地清洗蔬菜，注意先洗后切，不要切后再洗，以减少水溶性营养素的流失。有色叶类蔬菜最好在水中浸泡一段时间，能有效去除寄生在蔬菜表皮的虫卵和残留农药。

减少蔬菜营养素流失的烹调原则是旺火急炒，使叶菜类的维生素C平均保存率达60%～70%，胡萝卜素的保存度则可以达到76%～96%。在烹调时应注意，加盐不宜过早，过早会使水溶性营养素流失。营养素的保存与烹调过程和技巧有关，不科学的烹调会使营养素流失。

（3）要美味更要营养　既要饱口福、讲味美，又讲究营养，对于生长发育旺盛的幼儿更重要。事实上，蔬菜被人称为维生素的宝库，100g蔬菜中维生素A达2600有效单位，胡萝卜素高达4100单位，含维生素C 100mg，维生素B含量也非常丰富，这些营养素均有辅助谷氨酸和泛酸的作用，是改善大脑功能不可缺少的物质。

日常膳食中，可以适当增加蔬菜和胡萝卜的用量，宝宝不喜欢吃的话，可以将蔬菜掺到包子、饺子里，让宝宝不知不觉吃下蔬菜；还可以把胡萝卜粒和火腿肉粒、黄瓜、鸡蛋做成炒饭。又如粗细粮搭配，每周安排1～2次玉米脊骨汤，午点可吃玉米，宝宝也能吃得津津有味。幼儿膳食合理搭配，看起来并不复杂和深奥，做起来却不容易。只有以科学态度注意喂养技巧，掌握好进食的质和量，才能为宝宝提供充足的营养，保障宝宝健康成长。

2. 培养良好饮食习惯

培养幼儿良好的饮食习惯，要避免宝宝挑食和偏食，尽早教会宝宝独立进餐，养成定时进餐习惯，控制零食和冷饮、甜食的摄入量，养成规律饮食的习惯。

（1）防止挑食和偏食　宝宝应当从各种食物中获得全面的营养，挑食和偏食会造成营养不良，还会使宝宝长大以后难以适应不同的、特别是艰苦的环境，养成对周围事物挑剔的不良习惯。挑食与偏食，是一种不好的习惯，造成这种问题的关键在于家长。因此，纠正这种毛病也应当由家长来完成。

对于宝宝不爱吃的食物，要变换口味做给宝宝吃，并且要反复告诉宝宝这种食物吃了以后对身体的好处，帮助宝宝从多角度品评这种食物。不爱吃某种食物多是心理问题造成的，一般家长不爱吃什么，宝宝也不爱吃什么。因此，家长不要当着宝宝的面，随意评说哪一种食物好不好吃。

宝宝如果特别喜欢吃某种食物，要加以控制，以免吃多、吃伤。

（2）尽早让宝宝独立进餐　自己进餐，能促进幼儿进食的积极性，避免依赖性。在宝宝6个月时，就可以自己抱着奶瓶喝水；1岁时可以用杯子喝水；1岁半以后可以用勺子自己吃饭；3岁时可以使用筷子（图3-6）。学习进餐是一个漫长的过程，对宝宝来说并不简单。宝宝开始学习时，手的动作不协调，常会吃得脸上、手上、身上、桌上到处都是饭菜。尽管如此，家长应耐心，坚持让宝宝自己吃饭。

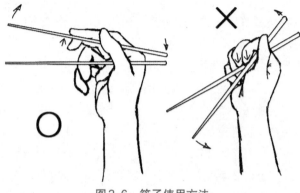

图3-6　筷子使用方法

（3）定时进餐，适当控制零食　肚子饿了才想吃饭，有些宝宝成天零食不断，嘴上、胃里没有空闲的时候，没有体验过饥饿感，致使消化系统不能"劳逸结合"，造成消化功能紊乱。应当培养宝宝按餐吃饭、定时进食的习惯，到了该吃饭的时间，食物消化完了，就产生了饥饿感。同时，消化系统的活动也有了规律，这时会开始蠕动，分泌消化液，为进食做好了准备，吃饭才会很香。

（4）节制冷饮和甜食　宝宝大都喜欢吃甜食和冷饮，这类食物的主要成分是糖，有的还含有较多的脂肪。冷饮吃得多了伤脾胃，含脂肪多的食物在胃内停留的时间比较长。冷饮吃多了，会影响消化液的分泌，影响消化功能，还会造成胃肠功能紊乱、胃肠炎症等。

甜食、冷饮可以安排在两餐之间，或者饭后吃。在饭前1小时以内不要吃，不宜在睡觉前吃。

（5）讲究烹调，使食物味道鲜美　食物的烹调要适合幼儿的生理、心理特点，可以促进宝宝的食欲。宝宝的消化能力、咀嚼能力差，饭菜要做得细一些、软一些、烂一些。食物要色美、味香、花样多。外形美观的食物，能引起宝宝吃饭的兴趣。宝宝好奇心强，变换花样，就会因为新奇而多吃。如把煮鸡蛋做成小白兔，把包子、豆包做成小动物形状等。

（6）生活要规律　要注意让宝宝有充足的睡眠、适量的运动，还要定时排便。充足的睡眠能保证神经系统的正常发育，宝宝的食欲、精神状态和体质强弱，很大程度上取决于睡眠是否充足。睡眠不足，容易导致食欲减退。适量的活动能促进新陈代谢和能量的消耗，加快食物消化吸收。定时排便能预防便秘。睡眠、活动和排便等良好习惯的形成，都有利于养成良好的饮食习惯。

（二）喂养方法与技巧

1. 让宝宝自己吃饭

让宝宝养成自食其饭的习惯并不困难，只要能以爱心和耐心对待，再加上一些小技巧，一定能培养出爱吃饭的宝宝。

宝宝自己动手吃饭，是求知欲和好奇心的表现。从幼儿生理、心理发育的过程来看，宝宝在1岁以后自我意识开始萌动，会表现出较强的自我独立愿望，如爱说"我""我来"等字眼。宝宝渴望做一些事情，在学会走路的同时，开始想学着吃饭，而且要自己拿着汤匙吃，不愿接受家人的帮助，和走路、玩玩具一样，自己吃饭也是求知欲和好奇心的表现。这种求知欲和好奇心扩展宝宝的认知范围，培养独立能力。更重要的是，宝宝通过行为感到自己具有影响环境的力量，初步品尝到成功的感受。一般来说，发育正常的宝宝可以在2岁左右学会自己吃饭。

而有些宝宝为什么没能在这个年龄学会自己吃饭呢？这就和父母的教养方式有关。1～2岁的宝宝由于动作协调性较差，刚开始学着吃饭时，常会弄得汤汁四溅、饭粒满身。父母过于急躁，缺乏耐心，或对宝宝大声训斥，或一把抢过宝宝手中的汤匙动手喂食。这样做就会束缚宝宝的探索精神，令宝宝产生受挫感，可能形成自卑心理。一些父母担心宝宝自己吃不饱，便以"喂"的形式取而代之。长此以往，宝宝往往会形成依赖性人格。

宝宝学习吃饭的过程，也是心理健康发展的重要过程。宝宝经过自己的努力吃饱了，会由此产生成就感，会帮助自信心发展。即使宝宝暂时没有把饭吃下去，有了失败的体验也是好事，这样可以增强心理承受能力，将来更好地适应挫折。所以，在宝宝吃饭的问题上，父母应当更加耐心，常鼓励，让宝宝做好这件力所能及的事。

（1）前置准备　从宝宝5～6个月学习抓握开始，就是为培养自食其饭练习的前置准备时期。一些父母以为这个时期的宝宝还太小，什么都不会。实际上，宝宝由这个时期到9个月之间，是手部抓握能力的发展期，正是开始让宝宝学习正确的餐具握法的最佳时机。而且恰好宝宝刚接触辅食，对乳汁以外的食物有着相当强的好奇心。在一边喂辅食时，一边让宝宝学习餐具的抓握，奠定宝宝日后自己吃饭的基础。

（2）实际诱导　宝宝满1岁后，是让宝宝自己吃饭的实际诱导期，从满1岁到1岁3个月之间，为"黄金诱导期"。在这段时间里，宝宝的手-眼协调能力迅速发展，如果给予适当的诱导，会有事半功倍的成效。一定要先做好心理准备，宝宝在这段时期里，难免会有吃得全身"脏兮兮""黏糊糊"的情况，不要在乎。

了解宝宝自己吃饭诱导的最佳时机之后，接下来就是准备实际应战。应当做的准备如下。

①　食物准备　准备一份色、香、味俱全的食物，是促使宝宝喜爱自己吃饭的法宝。除了香气、口感及营养的考虑外，"色"的应用是相当重要的。例如，分别用胡萝卜、绿色蔬菜、番茄等搅成泥后拌饭，就做成橙色饭、绿色饭及红色饭。

一次给予的食物量不要太多，因为吃完会增加宝宝吃饭的成就感，再加上言语的鼓励，宝宝容易产生成就感，就会喜欢吃饭了。

②　餐具准备　准备一套宝宝喜欢的餐具，也可以增加宝宝对吃饭的好感。假如能带宝宝亲自去选购餐具，会有更好的效果。在宝宝餐具的选择上，目前市面上的种类非常多，基本上以"平底宽口"为佳。

让宝宝学习吃饭的过程，要做好准备，事前给宝宝围好吃饭用的围巾，在餐桌上加餐垫，以及在宝宝座位周围的地板上铺上旧报纸，免得抛撒得到处都是。假如宝宝正兴致勃勃地在玩游戏或是看卡通时，强制中断来吃饭，自然对于吃饭的印象就大打折扣。应当在开饭前10分钟提醒宝宝，有时间准备。有了万全的准备之后，让宝宝自己练习吃饭，就不会再乱了。

要让宝宝养成良好进餐习惯，必须注意以下几点。

a. 要告诉宝宝，吃饭就是吃饭，要规规矩矩地坐在饭桌前，定时定量，不要养成一边吃饭一边看电视或玩玩具的习惯。

b. 正确对待宝宝吃饭的问题，既不要批评打骂，又不必过于心急。

c. 就餐气氛要轻松愉悦，吃饭时父母可以和宝宝一起谈论哪些食物好吃，哪些有营养，唤起宝宝对吃饭的兴趣。

d. 不要强迫宝宝吃饭。如果一时不想吃，过了吃饭时间后可以先把饭菜撤下去，等宝宝饿了，有了迫切想吃的欲望时，再热热吃。几次过后，宝宝就建立了一种新认识：不好好吃饭就意味着挨饿，自然就会按时吃饭。这个方法听似简单，做起来却不容易，因为首先要硬下心来，不能总担心宝宝饿，如果再给零食吃，会适得其反。

e. 饭桌教育只是一部分，平时要有意识地多给宝宝灌输"好好吃饭，长得更快，变得更聪明"之类的观念。

f. 如果宝宝成功地自己吃饭，饭后父母可以陪着一起玩作为奖赏，让宝宝产生关于吃饭的快乐记忆，以后就不会排斥吃饭。

2. 为宝宝挑食

这里说的"挑食"，是挑选适合宝宝吃的食品。2～3岁的幼儿，虽然生长发育速度较1岁以内有所减慢，但还是比较快；消化吸收能力较婴儿强，但还不如儿童，如何为宝宝挑选合适的食品有学问。

幼儿2～3岁时，20枚乳牙已出齐，咀嚼能力还差一些，必须注意挑选较柔软、易消化的食物。为满足对优质蛋白质的需要，还应当继续喝牛奶或豆浆等；每天吃1个鸡蛋；猪肉、牛肉、鸡肉、猪肝都要切细煮烂；鱼肉容易消化，蛋白质吸收率甚高，但要注意鱼刺卡喉。每天应给宝宝食用豆腐等豆制品，以增强蛋白质的供给。蔬菜要选用有颜色的、营养较丰富的青菜、胡萝卜等。

日常的膳食中，主要提供热量的是谷类。宝宝的消化吸收没有问题，米饭、馒头等主食较适宜，带馅的包子、饺子等食品较受幼儿欢迎。在六大类营养物质中，富含维生素和无机盐的还有蔬菜类，尤其是橙、绿色蔬菜如小青菜、小白菜、韭菜、芹菜叶等营养价值更高。

宝宝此时已经具有一定咀嚼能力，只需要把蔬菜切成细丝、小片或小丁，既能满足幼儿对营养素的需求，又适于幼儿咀嚼能力锻炼。油炸食品不易消化；酸辣食品刺激性大；腌制的、熏制的食品也不易消化，在制备过程中，营养素有丢失，还会产生有毒物质；脂肪过高、过甜的食品常使食欲减低，如硬豆、花生、瓜子、球糖等容易呛入气管造成窒息，不宜给幼儿食用。

3. 保证宝宝的营养

（1）营养要齐全　2岁半左右，幼儿的乳牙出齐，但咀嚼能力不强，消化功能较弱，而营养的需要量相对较高。所以，要为宝宝选择营养丰富而且易消化吸收的食物。饭菜的制作要细、碎、软，不宜吃难消化吸收的油炸食物。

每天的食物中，要有充分的优质蛋白。幼儿旺盛的物质代谢及迅速生长发育都需要充足的、必需氨基酸较齐全的优质蛋白。幼儿膳食中蛋白质的来源，一半以上应来自动物蛋白和豆类蛋白。

热量适当，比例合适。热量是活动的动力，但供给过多热量，会使宝宝发胖，长期供给不足，则会影响生长发育。幼儿膳食中的热量来源于三类产热营养素，即蛋白质、脂肪和碳水化合物（糖类）。三者比例有一定的要求，蛋白质供热量占总热量的12%～15%，脂肪供热量占25%～30%，碳水化合物供热量占60%左右。

各类营养素要齐全。在一天的膳食中，要以谷类食品为主，提供优质蛋白质的肉类、蛋类食品，还要供给足量维生素和矿物质的各种蔬菜、水果。

每个宝宝的情况不同，2岁以上的宝宝每天食量，一般来说应保证主食100～150g，蔬菜150～250g，牛奶250ml，豆类及豆制品10～20g，肉类35g左右，鸡蛋1个（约60g），水果40g左右，糖20g左右，油脂10g左右。

另外，要注意给宝宝吃一点粗粮，粗粮含有大量的蛋白质、脂肪、铁、磷、钙、维生素、纤维素等，都是幼儿生长发育所必需的营养物质。可以吃一些玉米面粥、窝头片等。

（2）水果、蔬菜不能少　许多宝宝不爱吃蔬菜，家长往往会用水果来代替，可是水果不是蔬菜，两者差别很大。虽说水果和蔬菜都含有维生素和矿物质，但是，苹果、梨、香蕉等水果中维生素和矿物质的含量都比蔬菜要少，特别是与绿叶蔬菜相比要少得多。大多数水果所含的碳水化合物，多是葡萄糖、果糖和蔗糖一类的单糖和双糖，所以吃到嘴里都有不同程度的甜味，宝宝一般都比较爱吃。而大多数蔬菜所含的碳水化合物是淀粉一类的多糖，所以吃到嘴里时，感觉不到什么甜味，宝宝就不大爱吃。

从人体的消化吸收和其他一些生理作用来看，葡萄糖、果糖和蔗糖在进入小肠后，人体只需稍加消化就可以直接吸收入血液。而淀粉需要各种消化酶在消化道内不停地工作，直到消化、水解成为单糖后，才能够缓慢吸收入血液。因此，水果中的葡萄糖、果糖和蔗糖，很容易在肝转变成脂肪，如果宝宝本身不爱运动，就容易发胖。

水果中的葡萄糖、蔗糖和果糖入肝后，易转变成脂肪使人发胖。尤其是果糖，会使血液中三酰甘油和胆固醇水平升高，所以，用水果代替蔬菜，大量给宝宝吃并不适宜。

多数水果含有各种有机酸、柠檬酸等，能够刺激消化液的分泌。另外，有些水果还有一些药用成分，如鞣酸，能够起收敛止泻的作用，这些又是一般蔬菜所没有的。

水果和蔬菜各有特点和作用，谁也不能替代谁。宝宝的口味是大人培养出来的，小时候没吃惯的东西，可能会一辈子都不接受这种食物。因此，培养宝宝爱吃蔬菜的习惯，要从添加辅食时做起。添加蔬菜辅食时可先制作成菜泥喂宝宝，比如胡萝卜泥、马铃薯泥。

宝宝慢慢适应后，再把蔬菜切成细末，熬成菜粥，或添加到烂面条中喂给宝宝。等宝宝出牙后，有一定的咀嚼能力时，可以给宝宝吃炒熟的碎菜，可把炒好的碎菜拌在软米饭中喂宝宝。有的蔬菜纤维比较长，一定要尽量切碎。这样循序渐进，宝宝会很容易接受。

让宝宝接受蔬菜有以下几方面建议。

① 父母要为宝宝做榜样，带头多吃蔬菜，并表现出津津有味的样子。千万不能在宝宝面前议论自己不爱吃什么菜，什么菜不好吃之类的话题，以免对宝宝产生误导作用。

② 应多向宝宝讲吃蔬菜的好处和不吃蔬菜的后果，有意识地通过讲故事的形式，让宝宝懂得吃蔬菜可以使身体长得更结实、更健康。

③ 要注意改善蔬菜的烹调方法。给宝宝做菜应当比为成人切得细一些、碎一些，便于宝宝咀嚼，同时注意色香味形的搭配，以增进食欲。也可以把蔬菜做成馅，包在包子、饺子或小馅饼里给宝宝吃，宝宝会更容易接受。

④ 不要采取强硬手段，特别是如果宝宝只对某几样蔬菜不肯接受时，不必勉强，可用其他蔬菜代替，过一段时间宝宝自己可能就会改变的。

最有效的方法，还是在1岁以前就让宝宝品尝到不同口味的蔬菜，为养成良好的饮食习惯打基础。

4. 让宝宝快乐进餐

进餐是育儿难题，让1岁大小的宝宝乖乖地吃好一日三餐，不是件容易的事。了解宝宝的生理和心理特点，就能知道，宝宝对吃饭的想法和成年人完全不一样。

幼儿对食物的外观要求比较高。如果食物不能吸引宝宝，宝宝就会把吃饭当成一种负担。因此为幼儿准备食物，要尽量做得漂亮一些，色彩搭配得五彩斑斓，形状美观可爱（图3-7）。这样，宝宝感到吃饭这件事本身充满乐趣，自然会集中精力。

图3-7　漂亮可爱的食物

如果宝宝不喜欢吃鸡蛋，不妨把鸡蛋做成太阳的形状，放在盘子中，配上豌豆或菜叶，再用番茄片做成花，宝宝就会乐于尝一尝太阳的滋味。宝宝不喜欢吃胡萝卜，不妨切成薄片、修成花朵形状和甜玉米粒一起，放在米饭上面蒸熟，宝宝就愿意把好看的花朵吃下去。

宝宝喜欢用手来抓食物，喜欢能够一口放进嘴里的食物。因此，块状食物的体积要小，不要让宝宝总感到吃不完。不妨做一些特别小的馒头、包子、饭团，让幼儿感到这是属于自己的食物，增加就餐的成就感。

可以把食物的外观制作得富有情趣，用讲故事的方式，给宝宝介绍食物的特点，让宝宝在心理上容易接受。如在给宝宝吃萝卜之前，先讲小白兔拔萝卜的故事，然后给宝宝看萝卜的可爱形状，最后端上餐桌，宝宝会高高兴兴地品尝小白兔的食物。

这样做或许会觉得很累、很麻烦，然而用爱心带领宝宝长大，是健康心理和快乐生活方式的一部分。快乐育儿，把宝宝的食物制作得富有情趣，让宝宝快快乐乐地吃饭，是美好的天伦之乐。

5. 解决好零食问题

幼儿生长发育快，新陈代谢迅速，对营养和食物的需求量大。因此，零食作为正餐的补充，可以及时为宝宝补充营养及能量。各类奶制品如酸奶、纯牛奶、奶酪等，含有优质的蛋白质、脂肪、糖、钙等营养素，因此，宝宝应当每天食用。酸奶、奶酪可作为下午的加餐，牛奶可在早上和睡觉前食用。

水果含有较多的糖类、无机盐、维生素和有机酸，经常吃水果能促进食欲，帮助消化，对幼儿生长发育极为有益。最好给宝宝在饭后适量吃水果。2岁以上的宝宝可以洗净手，让宝宝自己拿着吃。要选用成熟、没有腐败变质的水果。不成熟的水果含琥珀酸，琥珀酸会强烈刺激胃肠道，影响幼儿的消化功能，而熟透过期发生腐败的水果，会引起胃肠道炎症。

糕点包括饼干、蛋糕、面包等，富含蛋白质、脂肪、糖类等营养素，选择糕点时须知，各式奶油花类糕点含有色素、香精等添加剂，幼儿吃糕点要注意总量控制，可以作为下午加餐，以补充热量。糕点虽然口感好，宝宝爱吃，不宜作为主食，让宝宝任意食用，尤其是不能在饭前吃。

山楂制品包括山楂糕、山楂片、果丹皮等，既含维生素C，又能帮助消化，饭后适量进食，可以帮助消化，促进宝宝食欲。

糖果能提供一定的热量，但幼儿不宜多吃，尤其是饭前不宜吃糖果，因为糖果会产生饱腹感，影响进食正餐的量。

果冻因为口感好而深受宝宝的喜爱，但果冻不宜给宝宝食用。因为果冻容易造成宝宝呛咳、窒息，产生不良后果。

6. 宝宝口味重的问题

"口重"是指宝宝喜欢吃太咸的食物。要解决这个问题，要先认识什么是属于重口味的食物。一般而言，新鲜食物中除了一些具特殊味道的食物如辣椒、生姜等，食物在没有调味之前，多不具有刺激性口感。食物在经过处理、烹调的过程中，会使用盐、糖、酱油等调料，延长食物的保存期或增加口感。此外，为了添加特殊风味而使用辣椒酱、番茄酱、醋等调料，加强食物的适口性，满足口味喜好，这些调料使用量多时，会掩盖食物本身的风味，成为重口味的食物。

人类的味觉与生俱来，舌头上的味蕾能分辨出酸、甜、苦及咸味。这4种味觉，要经过接触与训练，慢慢增加接受程度。就咸味来说，含盐分的调料越多，人对于咸味的耐受程度会越高。

宝宝开始接触食物，来自于主要的照顾者，如父母、爷爷、奶奶、保姆等，并没有自己选择食物的能力。等到宝宝长大后，多数要接触自己熟悉的食物，平时习惯的食物口味成为第一选择。如果宝宝一开始接触口味偏重的食物，饮食偏好重口味食物的机会就高。重口味的食物对宝宝的健康有一定影响。调料使用较多，相对口感较重，钠盐摄取量增加，摄取高钠饮食后体内的细胞会出现脱水现象，产生口渴的感觉，血压也会上升，形成高血压。

油炸及含糖量高的食物，会导致热量摄取过多，形成肥胖的体形，相关慢性病如糖尿病、高血脂、痛风等也有可能发生。

宝宝的口味是逐渐养成的，从小养成良好的饮食习惯，能减少慢性病的发生。在宝宝的饮食中，适当地搭配一下菜色的做法，口味重的菜可以搭配清炒、凉拌、炖或卤菜，使口味均衡。给宝宝做菜，应当以清淡为主，重口味为辅。调味品应做到四少一多的原则，即少糖、少盐、少酱油、少味精、多醋。应当尽量避免腌制食品和含钠高的加工食品。味精、酱油、虾皮等含钠极高，出于风味和营养的需要，宜限量进食。

1～6岁的幼儿每天食盐不应超过2g，1岁以前以不加盐为宜。对于有心脏病、肾炎和呼吸道感染的宝宝，更应严格控制盐摄入量。

烹调起锅时，少加盐或不加盐，在餐桌上放一瓶盐，等菜烹调好端到餐桌后再放盐。因为就餐时放盐，主要附着在食物表面，来不及渗入内部，而人的口感主要来自菜肴表面，吃起来咸味足够。这样做既控制用盐量，又能避免添加的碘元素在高温烹饪中的损失。

三、幼儿睡眠指导

（一）定时做睡觉准备

让宝宝拥有良好而充足的睡眠，是保证宝宝健康的一项重要内容。然而哄宝宝入睡是件头痛的事，几乎所有的家庭都曾为让宝宝按时睡觉而伤脑筋。

1岁左右的宝宝，已经初步具备了独立意识，宝宝会以怕黑、怕一个人待着、想跟父母多待一会儿等种种理由，到时间不睡觉。宝宝喜欢预先知道下一步要做什么，所以，定时做睡觉准备，就会使宝宝想到上床睡觉的时间要到了。一般可以按以下原则去做。

1. 让宝宝从睡觉准备活动中获得安全感

例如，和宝宝聊一聊白天发生的事情，聊一聊明天的打算，让宝宝把第2天要穿的衣服取出来，也可以在睡觉前，给宝宝讲故事或吃点小点心，如果每天睡觉都这样，宝宝就会知道该睡觉了。

2. 使用"信号"

对宝宝讲清睡觉的具体时间，比如对宝宝说"电视剧结束了，就应当上床睡觉了"。也可以在彩纸上画一个钟，大表盘上分别标上游戏、睡觉和讲故事的时间。用指针告诉宝宝下面做什么事情。或者，把纸钟放在闹钟旁边，指针指向睡觉时间，当两个钟的时间同样时，宝宝就知道应当睡觉了。

3. 睡觉前，不要做剧烈活动

打闹嬉戏和有剧烈活动的游戏，会影响宝宝入睡。要提前半小时让宝宝安静，这样才能放松。不要让宝宝睡觉前用枕头打仗或踢球玩，可以给宝宝读书、讲故事或者听音乐。也不要让宝宝白天玩得很累，这样也不容易入睡。

4. 让睡觉前的时间过得有趣味

例如营造温馨、舒适的气氛，让宝宝感到宁静安全。许多宝宝睡觉前喜欢听父母讲同一个故事，或者是父母编的故事，或者是童话歌谣。

（二）分床独睡

分床独睡，是每个宝宝都要面临的问题。有的宝宝六七岁了，还赖在家长床上不肯走，过晚分床睡，会带来一系列心理问题。为保证幼儿心理健康发育，父母与宝宝分床睡不要超过3岁。一方面，2～3岁正是宝宝独立意识萌芽和迅速发展时期，安排宝宝独自睡，对于培养宝宝心理上的独立感很有好处。这种独立意识与自理能力的培养，对宝宝日后社会适应能力的发展有直接关系。另一方面，宝宝四五岁时，到了男孩恋母、女孩恋父的时期，这个时期的恋父恋母情结比之前单纯的喜欢和父母在一起有所不同，不但会表现得对父母更加依恋，而且具有排他性。因此，3岁之前分床是顺水推舟，否则到四五岁时，再分就很难。越大越难，如果强行分床，容易出现心理问题。对待2～3岁幼儿的分床问题，要讲明道理并做准备：先要让宝宝明白，独睡是长大了的标志，而不是父母从此不再爱宝宝了。此外，还要培养宝宝晚上睡觉不乱踢被子和小便时醒来知道叫人的习惯。

1. 布置小床和卧室

可以给宝宝布置一个快乐的儿童天地，在墙上挂上各种五颜六色的图案，再把宝宝平时喜欢的玩具挂在床边，入睡时，可以暂时开一盏弱光灯。还可以根据宝宝的需要不断变换室内和小床周围的摆设，让宝宝总是充满新鲜感。

2. 循序渐进

先分床，再分房，让宝宝慢慢适应。必要时给宝宝一只绒毛熊作为安慰物。诱导宝宝晚上睡眠时，可以讲一个小故事，可以轻轻拍一拍背，让宝宝有一种安全感，安静入睡。有的家长在分床后，一见宝宝哭闹，就难以坚持，又让宝宝回来同睡，这样做只会适得其反。宝宝和父母分床而居并巩固成习惯，不是一夜间能顺利完成，反复也难免。但家长只要下定决心，就要持之以恒，好习惯才可能日趋巩固。

（三）给宝宝盖被子

宝宝蹬被子，令父母很头疼。尤其是半夜里宝宝蹬掉被子，会引起感冒及其他疾病。宝宝蹬被子，可以采取相应办法加以防范。

1. 保持舒服睡姿

有的宝宝睡姿不正，仰睡或俯睡，都容易引起呼吸不畅，因为"憋得难受"会蹬被子。不妨让宝宝右侧卧，睡姿正确，因憋气睡不着的事就不会发生了。

2. 被子厚薄合适

宝宝盖的被子要随季节而更换，厚薄要与气温相适应。

3. 室内温度适宜

除了寒冷天气要关紧窗户，平时应适当开窗通风，但卧室不应在空气对流的"风口"。睡觉以前，别让宝宝看紧张刺激的卡通片或故事书，防止睡前过度兴奋，否则，往往会使宝宝睡不安稳而蹬被子。

比较小的宝宝，不妨做一个宽松带拉链的睡袋。

幼儿生活自理能力较差，盖被子这样的小事，也需要家人的悉心照料。在给宝宝盖被子时，应注意以下几方面。

（1）春、秋季 春秋两季，室内温度在10～15℃时，让宝宝把手脚盖好，不伸出被窝，只露出头部，睡姿要平仰或侧睡；室温上升到18～25℃，盖好被子后，允许幼儿把双手放在被子外；春夏、夏秋之交，室温在25～30℃，特别是遇上闷热的天气，可以让幼儿把手、脚露在被子外面，但要盖好胸口、腹部。春、秋季被子的重量应在1～1.5kg。

（2）夏季 初夏季节，气温升至32～34℃，天气已经较热，但幼儿熟睡时，处于静止状态，如不盖好腹部，容易感冒，或肠胃受寒引起消化不良、腹泻等症状。因此要用薄毛巾被盖好腹部，还应及时将幼儿踢掉的毛巾被盖好。

（3）冬季 冬季气温降到0℃左右，特别是遇上寒流时，会更加寒冷；如果室内没有暖气设备，要使宝宝睡得好，被子要在2.5kg左右；宝宝钻进被窝后，应尽快为宝宝捂严塞紧，脚部被子往下向里折，这样，宝宝会像包在一个小睡袋中；要求宝宝安静地闭上眼睛睡觉。被子塞得紧，冷风进不去，幼儿会睡得很香甜，也不容易感冒。

（四）让宝宝午睡

午睡对幼儿还是很重要的，可以为好动的宝宝补充体力，让他一直心情愉快地坚持到晚上的睡觉时间。千万别急着让宝宝放弃午睡。如果宝宝哪天没有睡午觉，到晚上睡觉的时候或者在此之前，宝宝开始烦躁，那就说明他白天还是需要睡觉。以下午睡策略有助于让宝宝顺利午睡。

（1）为了不与晚上的睡前程序有冲突，可以使用相同程序让宝宝入睡，只是时间可以短一些。

（2）如果宝宝不愿意在自己房间待着，可以把门反锁上，或者安一个门闩，告诉他睡觉时间到了，不能再出去玩了。

（3）如果家长也有条件午睡，不妨跟宝宝一起躺下来。

（4）如果宝宝还是抗拒午睡，那就让他在自己房间里"安静一会儿"。宝宝有可能会因此睡着，即使没有睡着，这段时间也能让他稍微休息一下。

（五）幼儿常见睡眠问题

1. 入睡后翻滚

宝宝入睡后爱翻滚，不一定是疾病的表现，但至少说明宝宝睡得不深，应当找一找原因。常见的原因包括以下几个方面。

（1）睡床有不舒服的地方，如被子垫得不平整或太厚或穿的衣服过硬、过紧等，会使宝宝感到不适而翻来滚去。

（2）白天过度兴奋，幼儿的神经系统较脆弱，如果白天玩得高兴过度或受到意外惊吓，晚上睡觉后大脑就不会完全平静，表现出睡眠程度不深，还会伴有啼哭。

（3）临睡前吃得过饱，有的家长总是担心幼儿吃不饱，晚上临睡前还让宝宝吃很多东西，入睡后宝宝肚子胀满难受，睡着以后也会翻来覆去。

（4）肠道寄生虫作怪，如肠道蛔虫、蛲虫经常在晚上捣乱，使宝宝睡眠难以安宁。

（5）缺钙，幼儿缺钙会睡不安稳甚至惊跳。

（6）发热、患病，有的宝宝平时睡觉很好，突然出现睡眠不安宁，家长应当仔细观察宝宝是否发热或有其他异常，及时把握就医的时机。

2. 入睡后多汗

有的宝宝入睡后会出汗，甚至大汗淋漓弄湿内衣，家长非常担心，认为是宝宝缺钙。其实，幼儿入睡后出汗，大多属于正常生理现象。幼儿新陈代谢旺盛，产热量大，体内含水多，皮肤薄，血管丰富，出汗有助于热量的散发，以维持体温的恒定。同时，出汗可以排出体内尿素、脂肪酸等代谢废物，汗液还可滋润皮肤，保持皮肤湿润。幼儿的神经系统发育不完善，入睡后，交感神经会出现一时的兴奋，导致浑身出汗。所以，幼儿仅仅出汗较多，而一般健康情况较好，那么缺钙的可能性就不大。如果除过多出汗外，伴有睡眠不安、惊跳、枕部脱发等症状，则有缺钙的可能，应及时就医。

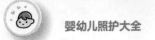

3. 睡眠紊乱

作为生长发育高峰期的宝宝，对睡眠的需求很高。因为睡眠与生长激素的分泌有关，人的生长发育，依赖于垂体分泌的生长激素，而生长激素只有在睡眠时分泌的量最多；人体各种营养素的合成也只有在睡眠和休息时，才能更好地完成。因此，睡眠充足，宝宝生长发育得就好、快。婴幼儿年龄越小，睡眠应当越多，对宝宝的睡眠应当加倍重视，以防出现睡眠紊乱。

睡眠紊乱，在婴幼儿中极其常见，据统计，30%的儿童在4岁前均出现过类似问题，其中8个月至2岁则属高发年龄段。

幼儿睡眠障碍的表现包括夜间频繁醒来、睡眠不安宁、恐惧黑暗、磨牙、遗尿、呓语、梦游、摇动身体、抓挠皮肤、入睡困难等。

幼儿睡眠障碍发生的原因：首先是精神刺激，如受到惊吓或有苦恼的遭遇又不愿意让家长知道；或家庭成员关系紧张，致使宝宝总是处在压抑中等。其次是疾病，最常见于特异性皮肤病，多数患儿年龄在5岁以下，夜间出现瘙痒不止，宝宝抓挠皮肤而影响睡眠。对待患病幼儿要积极治疗，最好到专科医院做正规治疗。

4. 磨牙

晚上宝宝发出磨牙声，对于换牙期的宝宝，是建立正常咬合所需的一种活动。由于此间宝宝的上下牙刚刚萌出，咬合尚不完全适合，通过磨牙，能使上下牙形成良好的咬合接触。遇上这种夜间磨牙的情况，父母不必担心，通常会自行消退，无须治疗。如果宝宝出现长期的夜间磨牙，一般是精神因素或错合引起的。这种夜间磨牙是出于神经反射作用，口内无食物，唾液的分泌也少，牙齿得不到必要的润滑而形成"干磨"，牙齿组织的磨损相当厉害，造成后果较严重。睡眠过程中的无意识磨牙习惯称为磨牙症，夜间磨牙的人，第2天早晨常会感咀嚼肌疲乏，口张不开，牙齿有不舒服的感觉。有的患者年纪不大，牙齿咬合面却已经磨成平板状。由于牙齿表面的牙釉质过分磨耗，会使釉质下的牙本质暴露出来，轻者会出现对冷、热、酸、甜等化学或物理刺激过敏，严重者会造成牙髓炎、咬合创伤、牙周组织损坏或颞下颌关节功能紊乱。如果发生咀嚼肌疲劳和牙疼痛，会引起面痛、头痛并向耳部和颈部扩散，疼痛表现为压迫性钝痛，早晨起床时尤其显著。

治疗磨牙症，一般多采用去除病因和对症治疗相结合的方法。调节不适的咬合，消除精神因素特别是焦虑、压抑等情绪，保持心理健康。有肠道寄生虫病者可以做驱虫治疗；有牙齿酸痛者可以做脱敏治疗。在必要时，还可以找牙医装一个磨牙矫正器，晚间睡眠时戴在牙弓上，可以控制下颌的运动，制止夜间磨牙的发生。

四、幼儿日常生活照护

（一）培养自理能力

1. 学穿脱衣服

宝宝一般都会对脱鞋袜最感兴趣，在睡觉前，可以把做这件事当做游戏来教宝宝。开始时，先帮助宝宝解开鞋带，把鞋子脱出后跟，让宝宝自己动手把鞋子从脚上拉下来，这样容易取得成功，会让宝宝很高兴，产生信心，就会很愉快地配合做这件事。

脱袜子时，也要先帮助宝宝脱过脚跟。穿脱衣服，从单衣开始，先帮助宝宝解开纽扣，再让宝宝把手臂向后伸直，教给宝宝怎么样拉袖子，脱出手臂，然后可以教宝宝自己试着脱。脱裤子比较难，可以把裤子拉过臀部，褪到小腿处，再坐下来把裤腿从脚上拉下来。

每次做的时候，都要在旁边协助宝宝，轻声地指导，一边脱一边告诉宝宝这些衣物的名字。宝宝脱衣服不成功时，不要急躁，更不要对宝宝说类似"你怎么这么笨"的话。因为学习穿脱衣服，目的是要教会宝宝学习克服困难，培养宝宝独立的性格，而并不是简单地学做脱衣服这件具体的事。

2. 学刷牙

洗头、洗澡和刷牙，是照顾宝宝的三大难题。以刷牙最难，因为要把牙刷伸入小嘴里，又要刷得干净，的确让人伤透脑筋。

（1）让宝宝自然接受刷牙　大部分的宝宝刚开始都会排斥把牙刷放入口内，尤其是刚满1岁的婴儿，敏感的宝宝可能还会引起呕吐。

开始教宝宝刷牙时，可以先选一支大小适中、软毛的儿童牙刷，市面上的牙刷颜色非常鲜艳，有些还有卡通图案，可以吸引宝宝的注意力，也有分龄（0～2岁，3～5岁，6～9岁）。因为刚长出乳牙的婴儿正处于口腔发育期，先让小孩当做玩具放入口内，让宝宝不会排斥牙刷在口腔中感觉，不必马上要宝宝学会自己刷牙。父母每天刷牙时，让宝宝也拿着小牙刷在旁边观摩，听任宝宝自己伸入口中比画。

慢慢地，在宝宝学习刷牙的动作之后，开始教宝宝正确的刷牙方式，"左刷刷，右刷刷，上下刷"，宝宝自己刷完之后，称赞之外，可以让宝宝躺下，头向后仰再检查一下。

每次宝宝刷完牙，可以让幼儿躺在父母的大腿上，用小刷头、软刷毛的牙刷轻刷宝宝牙齿（无须使用牙膏），顺便检查牙齿是否刷干净。每次临睡前，帮宝宝刷牙和使用牙线，也是一项很好的亲子活动。如果要使用牙膏，只需少量，而且要多漱几次，以免吞下太多的氟化物。

（2）各阶段牙齿保健　除了刷牙之外，还要帮宝宝使用牙线，至少每天睡前一次，清除牙缝间及牙龈下的牙菌斑和食物残渣。因为乳牙的缝隙比较大，食物容易塞在牙缝，如果没有清除出来，会造成相邻两颗牙齿间的龋齿，肉屑、菜渣更容易塞入，恶性循环导致龋齿发展速度越来越快。

（3）提高刷牙乐趣　儿童牙刷刷头通常比较短，宝宝手腕不够灵活，所以可以选用刷柄较粗的牙刷，方便小手抓握。此外，色彩鲜艳的牙刷能够提高刷牙的兴趣。从小让宝宝看着父母亲刷牙，2～3岁起就可以让宝宝在游戏中学习刷牙，熟悉刷牙的动作，必要时可选用电动牙刷作为辅助，以免宝宝刷牙力气不足而刷不干净。

3. 学使用筷子

在使用筷子时，需要牵动手指、掌、腕、肘部的多个关节和多块肌肉，来做综合活动，完成使用筷子的动作。手指灵活运动，能刺激运动中枢，由此提高思维活动能力。因此，让宝宝早一点学习使用筷子，是提高智能的好方法。

宝宝长到1岁半以后，多数能学会用勺子吃饭，虽然宝宝的手指、手腕的控制技能还不太纯熟，但是发育的成熟程度已经基本能胜任学习使用筷子。当然，让这个月龄的宝宝学用筷子会很困难，但是只要宝宝能建立起充分的兴趣，总是想学着父母那样吃饭，就能够熟能生巧。

（1）让宝宝学习使用筷子吃饭，是一个循序渐进的过程。开始时，只要宝宝能够把饭菜送到嘴里，就是一种初步的成功。父母要及时给予肯定和赞扬，然后，因势利导地教给宝宝使用筷子的技巧，逐渐学会挑、扒、串等基本手法。

① 挑　让宝宝学着父母拿筷子的手法，把两根筷子并拢，直插进盘子底，挑起一筷子饭或菜，小心翼翼地送进嘴里。这种手法，是使用勺子到使用筷子过渡的基本用法。

② 扒　宝宝的小碗里剩下不多的一点饭，往往是吃饭时的难题，扔也不是，吃则宝宝因为近饱而兴趣索然，而宝宝现在还没有能力用小勺子或筷子把它吃光。应当及时教育宝宝珍惜粮食，告诉宝宝吃饭时要养成好习惯，不要剩饭。同时，手把手教宝宝用筷子把碗里剩下的饭菜扒进嘴里。从手把手教起，过渡一段时间，宝宝就能学会用筷子扒饭，逐渐掌握使用筷子扒的技巧。

③ 串　在吃比较不好夹的菜时，可以教宝宝用筷子把菜戳透以后，串在筷子上，串透以后，自己举起来送进嘴里吃。这类菜肴如丸子、鹌鹑蛋、马铃薯或萝卜

块、藕片等。但是，必须注意的是，让宝宝学习用筷子串透菜时，一定要有父母在宝宝身边，注意保护宝宝的安全，防止筷子误伸进喉咙过深，造成伤害。

学习筷子使用手法，能变化出这么多花样来，特别能够激发宝宝的兴趣，使曾经让不少家庭烦恼的宝宝吃饭问题、学习使用筷子的过程，变成一种妙趣横生的游戏。每次使用筷子成功，父母都要肯定和表扬，更加能使宝宝有兴趣天天学、顿顿练，使用筷子的技巧也相应会得到提高。在日常生活琐事中，学习了生活技巧，锻炼了手部精细动作能力。

（2）学习使用筷子（图3-8）

图3-8　学习使用筷子

① 正确引导　家长要有意识展示，吸引宝宝模仿。可以在宝宝面前演示使用筷子的技巧和手法，让宝宝觉得好玩、有趣，调动宝宝的兴趣，只要有充分兴趣，宝宝就能发挥模仿性强的特点，主动学习。

② 食物因素　宝宝学习使用筷子时，应当尽量在烹调上下一点功夫，以色、香、味来吸引宝宝的注意。宝宝看到自己爱吃的食物，又能自己动手吃到嘴里，使用技巧会进步得更快一些。

③ 选择筷子　初学时，最好使用有棱角的筷子，因为四方形的筷子夹住食物以后不容易滑掉。还要尽量选用本色、无毒害的安全筷子，不要使用刷过鲜艳彩漆的筷子。

④ 随时学用　使用筷子的技能，不一定仅限于在餐桌上，平时，和宝宝一起玩用筷子夹起小球的游戏，同样能达到锻炼的目的。

注意：如果宝宝从一开始就有明显的"左撇子"倾向或有用左手的偏爱，在学习使用筷子的时期，不要急于纠正，无论用左手还是右手拿筷子都行。如果采取强求和强制纠正的做法，会影响和阻碍宝宝语言能力的发展。

4. 如厕训练

1岁半到2岁之间，是培养宝宝大小便的最佳时期。父母要抓住这段时间，让

宝宝早日养成自己大小便的好习惯。

（1）家长的带头作用　家长可以让宝宝看见自己大小便，这样他的记忆中就会有印象——家长都是在卫生间的马桶上解决问题。家长还可以让宝宝坐在便盆上，发出"嗯、嗯"的声音，并告诉宝宝这是做什么用的。

（2）熟悉宝宝的排便规律　家长一定要熟悉宝宝大便的时间规律，当快到排便时间的时候，可以把宝宝放在便盆上，示意他可以开始排便了。如果宝宝不愿意排便也不要勉强，适应一段时间后，情况就会有所好转。在此期间，家长要不厌其烦地重复，以强化宝宝的记忆。

（3）对于小便，最好事先掌握宝宝分泌尿液的时间。当宝宝的膀胱开始充盈的时候，家长就要及时让宝宝排尿，可用吹哨的方法使宝宝形成条件反射，不自己随意排尿。夜间入睡前让宝宝排尿一次，把膀胱中积存的尿液排干净，以减少夜间起床排尿的次数。

（二）教会幼儿认识危险

家庭安全护理婴幼儿，除了尽可能增强生活环境中的安全性，还能做的，就是要教宝宝认识危险。

宝宝在自我意识领域方面的发展，包括了解安全、健康的生活方式和练习各种各样的自我保护技能等。首先要教给宝宝认识危险，通过积极的亲身体验形式帮助宝宝认识危险，并帮助宝宝掌握一定的应对危险发生的处理技巧，包括身体适应性和心理适应性。

安全教育主要包括人身安全和心理安全。结合宝宝的实际生活环境，具体包括用电安全、易碎物品处理、危险物品处理（刀、剪、化学物品、温度高的物件等）、认知危险事物和危险环境、避免危险性尝试行为、交通安全、健康的交往方式、应对独处和紧急危险等。

积极的安全教育有利于宝宝形成积极的自我概念、尊重自己的身体、更好地和别人交往。在进行安全教育的同时，也要注意，有些危险宝宝是不能应对的。因此，要尽可能地减少宝宝生活环境中的不安全因素，同时要掌握一些发生紧急危险或事故的应对技巧，然后才是针对宝宝的安全教育。

1. 通过游戏认识危险

1岁左右的宝宝对于事物的正确认识，游戏是最好的方式，要进行安全教育，游戏也是最佳途径。

（1）认识"高"　把宝宝放在10～15cm的平台上，看宝宝的反应。大部分会爬的宝宝会马上翻下来，没有特别害怕的表情；然后再把宝宝放到90cm高的桌子上，在一旁注意保护宝宝，看宝宝趴在桌子上的时候是什么表情，宝宝是否会爬到桌子的边缘就停止动作。游戏结束以后，告诉宝宝这很"高"，很危险，宝宝不能爬到上面来玩，如果下不来就要喊妈妈。

（2）认识"烫"　用两个一模一样的杯子，在杯子里分别倒入冷水、热水，让宝宝感受不同温度，并告诉宝宝"烫"。然后把水壶打开，拉宝宝的手放在水壶口上方，让宝宝感受蒸汽，并再次强调"烫"。还可以用两块毛巾分别浸过冷水、热水，当把毛巾给宝宝的时候，告诉宝宝"烫"，如图3-9所示。

烫，不要动！

图3-9　认识"烫"

用类似的方式，还可以教宝宝认识"扎手""夹手""咬人""摔跤"等危险信号。

在这样的游戏活动中，需要注意观察宝宝是否能够判断环境和事物的变化，有没有危险意识，是否做出身体的适应性反应。这样的游戏可以帮助宝宝理解危险信号概念，建立相应的安全模式，促进宝宝的自我意识发展。

2. 锻炼自助能力

生活环境中的很多危险因素可以避免。比如，可以将水壶放到宝宝碰不到的地方，那样就可以避免宝宝受到伤害。但同时，也限制了宝宝独立性的发展，让宝宝不知道如何帮助自己、保护自己。父母希望宝宝有一定的独立性，但不得让宝宝面对危险，解决这个矛盾最好的办法，就是教宝宝练习各种自我保护技能。

（1）学倒水　给宝宝准备一把小茶壶，提前装上宝宝要喝的水，把它放在宝宝方便拿的地方。宝宝玩累了、渴了，需要做的就是提醒宝宝自己去倒水喝。当然，刚开始的时候，可以适当地帮助宝宝完成，以后就放手让宝宝自己来吧，别怕宝宝把水洒得到处都是。这种游戏能提高宝宝的自理能力，训练宝宝的手眼协调性。

（2）骑马翻跟斗　当宝宝在摇马上骑得高兴的时候，突然从后面轻推，让宝宝身体朝前方倾斜并翻倒，观察宝宝的反应。这个动作需要在旁边做好保护，父母的手始终要拉住宝宝的后背。刚开始时宝宝会有些害怕，不要强迫宝宝，要教会宝宝用手支撑，并慢慢地爬下来。采用同样的形式，还可以教会宝宝练习如何从箱子里爬出来、如何从床上爬下来。可以提高宝宝的身体协调性，促进宝宝自我意识发展。

（3）学用剪刀　很多危险行为的发生，与宝宝探索新事物是分不开的。与其限制宝宝探索，不如放手让宝宝尝试，虽然有一定的危险性，但有了练习，以后就安全多了。给宝宝儿童安全剪刀，教宝宝用剪刀剪纸。可以用同样的方式，让宝宝学会用玩具螺丝刀、夹子等。当然，要注意生活中的这些东西，还是尽量不让宝宝接触到。学会使用工具，能提高宝宝的手指技巧，但要防止宝宝在使用工具时的伤害行为，促进宝宝在自我意识领域的发展。

3. 形成安全意识

安全意识的形成，需要一个很长的过程。因此，从宝宝会走、开始意识到自我的1岁左右，就要特别注意。要随时随地给宝宝灌输安全意识，结合场景或正在发生的情况状态，告诉宝宝什么是安全的，什么是不安全的，应当怎么做才是正确的方法。

父母要养成定期检查家庭环境安全的习惯。帮助宝宝认识安全的时候，要用积极的方式。比如，宝宝非常喜欢玩剪刀，与其把剪刀藏得远远的，不如拿出来指导宝宝怎么用。否则，万一不小心让宝宝拿到剪刀，不会用可能会伤到自己。当宝宝从某种危险环境中脱离以后，在以后的教养过程中遇到同样的危险场景，不要吓唬宝宝"还记得××××吗？""不准碰！"这样会让宝宝变得特别胆小。要正面提示宝宝，给宝宝正确的信息，让宝宝懂得远离危险。

（三）日常生活安全防护

1. 家庭意外事故安全隐患

（1）电源插座　各种电线、电源插座暴露在外，距离地面不高，宝宝容易触摸到，电源插座上的那些小孔、小洞对宝宝有很大吸引力。电视机、DVD机等比较沉的电器，要远离桌子，将电线隐蔽好。在电源插座上装上安全防护套，或用胶带封住插座孔。也可以换用安全电插座，此类产品没有电插头插入时，插眼会自动闭合。

（2）门　门被大风吹刮动或无意推拉开时，容易夹伤宝宝的手指。此外，房间门把手通常采用金属材质，带有尖锐的棱角。在家中所有门的上方装上安全门卡，也可以用厚毛巾系在门把手上，一端系在门外面的把手上，另一端系在门里面的把手上。当风吹过时，即使把门吹动也不会关上。或者用棉布做成漂亮的门把手套套住，宝宝就不会受到门的伤害。

（3）茶几 茶几边缘、楼梯、桌椅、橱柜、梁柱等有尖锐端的都是危险源。在宝宝学习"坐、爬、站、走"的过程中，危险指数上升。桌椅、茶几等这样的家具边缘、尖角要加装防护设施，安装上圆弧角的防护垫，或选择边角圆滑的家具。矮茶几上不要放刀、剪等利器和玻璃瓶、打火机、热水壶等危险物品，以防对宝宝造成伤害。

（4）地板 光亮整洁的石质地板比较坚硬，容易滑倒，练习爬行、站立、行走的宝宝容易摔倒。坚硬的地板更容易磕伤宝宝的头部，伤到四肢。地板不要打蜡，蹒跚学步的宝宝会容易跌跟头；地面溅上水或油渍的时候，要及时清理，以免增加地板的滑度；宝宝活动比较频繁的区域，最好铺上泡沫塑料垫，即使摔倒，危险度也会降低。

（5）抽屉 宝宝一般会对抽屉特别好奇，会自己动手去拉抽屉。滑动自如的抽屉，会夹伤宝宝的手指。很多家长会把危险品藏在抽屉中，例如，剪刀和刀叉之类的尖锐器具，宝宝拿到后后果不堪设想。可以使用抽屉扣，防止宝宝任意开启抽屉；橱柜中的小抽屉可以使用安全锁。

（6）楼梯 稍不注意宝宝就摸爬到楼梯上，容易造成滚落的危险。最好在楼梯处装上安全栏杆，防止宝宝攀爬。

2. 保护宝宝的耳朵

要注意尽量避免掏、挖宝宝的耳朵。妈妈为了宝宝耳朵内的清洁，经常检查宝宝的耳朵里是否有耳屎，总想要掏挖干净。因为并不熟悉耳朵的解剖结构，看不清耳内的组织或用力不当，容易把耳道深处的鼓膜刺破，造成外耳腔和中耳腔相通，导致病菌乘虚而入，在中耳腔内引起感染，严重的甚至造成鼓膜穿孔，耳道内感染、流脓，影响宝宝的听力，甚至导致耳聋。因此，应当禁止替宝宝挖耳屎。清洁耳道时，应当用消毒棉签，并且要避免过分用力。

如果幼儿患慢性化脓性中耳炎，耳道内常会有脓液流出，要及时去医院就诊，并按照医生的嘱咐定期、定时采用药物治疗，以迅速控制病情的发展，如果病情严重导致鼓膜穿孔，要及时做鼓膜修复手术。否则，反复感染、流脓或鼓膜穿孔，使中耳腔内起传递声音作用的听小骨受到严重的破坏，一旦听小骨破损或断裂，会严重影响幼儿的听力，造成无法挽回的影响。因此，及时控制慢性化脓性中耳炎非常必要。

用药不当会影响幼儿的听力，尤其是一些具有耳毒性的药物例如氨基糖苷类抗生素。有时宝宝得了一些小病，家长在不太了解药物性能和宝宝病情的情况下，盲目地要求医生为宝宝打针用药，甚至以为打针比吃药效果好，对个别具有过敏

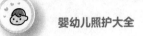

体质的宝宝来说，有些药物对宝宝的听力有明显毒害作用，盲目使用后果不堪设想。因此，宝宝用药一定要慎之又慎。

3. 防止肘脱臼

1岁以上的幼儿活泼好奇，又好动且精力旺盛。因此，经常会出现肘关节损伤，尤其是发生幼儿桡骨头半脱位的情况很多，即俗称的肘脱臼。由于宝宝的关节囊及肘部韧带松弛而薄弱，在突然用力牵拉宝宝胳膊时，极其容易造成桡骨头关节脱位。常见到家长在给宝宝穿衣戴帽时动作过猛，宝宝不听话，家长突然用力牵拉，均可能造成脱位。如果出现过一次肘关节脱位，可能出现第2次、第3次，形成习惯性半脱位。

桡骨头半脱位以后，宝宝立即会感到疼痛并哭闹，肘关节呈半屈状下垂，不能活动。到医院复位后，疼痛自然消失，可以拉肘和用伤臂拿东西。对待出现过肘关节半脱位的宝宝，要倍加小心，尽可能少用猛烈动作牵拉宝宝，防止再度出现脱位。幼儿骨关节稚嫩，身体各部位都处在发育之中，对待宝宝要细心呵护，不可过于用力牵拉宝宝的胳膊，防止出现意外。

4. 玩具安全隐患

（1）铅　铅是目前公认的影响中枢神经系统发育的环境毒素之一。儿童胃肠道对铅的吸收率比成年人约高5倍，由于儿童的中枢神经系统发育不完善，所以，对铅中毒比成年人敏感。铅中毒影响宝宝的思维判断能力、反应速度、阅读能力和注意力等，使宝宝学习成绩不好，辍学率增加。老师经常抱怨的学习成绩不好的学生，有可能就是脑中的铅在作怪。而含铅喷漆或油彩制成的儿童玩具、图片是铅暴露的主要途径之一，导致婴幼儿铅中毒。现在的玩具基本上都用喷漆，如金属玩具、涂有油漆等彩色颜料的积木、注塑玩具、带图案的气球、图书画册等，即便毛绒玩具的眼睛、嘴唇也可能是含铅油漆喷的。宝宝抱着玩具睡觉、亲吻玩具和玩过玩具不洗手就拿东西吃，均易造成铅中毒。

（2）噪声　随着新奇玩具的大量出现，尤其是噪声大的玩具，对婴幼儿的听力危害很大。儿童对声音要比成年人灵敏。许多玩具发出各种声音，有的噪声高达120分贝以上，玩具电话竟达到123分贝，长此以往对儿童的听力伤害极大。一些看似安全的玩具使用不当也会对婴幼儿产生危害，比如经过挤压能吱吱叫的空气压缩玩具，在10cm之内发出的声音可达78～108分贝，相当于一台手扶拖拉机在耳边轰响。

正常人的谈话声为30～40分贝，高声说话为80分贝，大声喧哗或高音喇叭为90分贝。一般情况下，40分贝以下的声音对儿童没有不良影响，80分贝的声音会使儿童感到吵闹难受。如果噪声经常达到80分贝以上，儿童会产生头痛、头昏、耳鸣、情绪紧张、记忆力减退等症状。婴幼儿的健康成长，需要安静舒适的环境，如果长期受到噪声刺激，就会出现激动、缺乏耐受性、睡眠不足、注意力不集中等表现。

（3）重金属　有些玩具在表面涂用金属材料，对儿童的危害相当大。金属材料中含有砷、镉等活性金属，幼儿喜欢舔、咬玩具，如果这些元素含量超标，长时间会对儿童造成伤害。砷进入机体后易与氧化酶结合，造成营养不良，易冲动，也会引起胃溃疡、指甲断裂、脱发；镉进入人体后极不容易排出，慢性镉中毒会造成贫血、心血管疾病和骨质软化；汞对脑组织有一定危害，严重的会危及造血和肝肾功能。

（4）病菌　调查发现，宝宝手中的毛绒玩具90%以上有中度或重度病菌污染。相对于塑料玩具来说，毛绒玩具消毒较困难，极容易再度沾染病菌，而消毒后的塑料玩具再度沾染病菌的可能性就会小很多。鉴于此，对于毛绒玩具应当经常消毒清洗，以免成为感染源，尽可能少玩毛绒玩具。此外，由玩具造成的意外伤害也不容忽视。要避免意外伤害的发生，必须靠家长的监护。要特别注意，不能拿体积过小的东西如螺丝钉、纽扣，带危险性的东西如剪刀、打火机给宝宝玩。

（5）安全玩具挑选　玩具必须标明适合儿童使用的年龄范围。选购玩具产品时，要注意标志，最好是正规厂家生产的玩具，对于"三无"（商标、厂家、许可证）产品要拒绝购买使用。儿童玩具并非越多越好、越复杂越好、越贵越好。选择玩具要注意的内容如下。

① 有锐利尖点和边缘的玩具，应当避免让8岁以下儿童使用。

② 3岁以下儿童，应避免选择有小零部件的玩具。避免使用体积过小的玩具，以免被吞食后，卡住宝宝的喉咙，玩具规格应当长6cm、宽3cm以上。

③ 飞镖、弹弓、仿真手枪、激光枪等玩具一定要加强管理，防止儿童在使用过程中伤人。

④ 儿童玩具使用的材料，不能含有有毒和危险的化学品。

⑤ 定期检查宝宝的玩具，特别要注意避免给宝宝玩有尖锐的边缘和尖点的玩具、有破裂的木质玩具，要及时把破裂或分离的玩具修补好。玩具的电池要定期更换，以免电池内化学物质影响宝宝健康。

⑥ 不要购买一些有损儿童身心健康的玩具、含有色情内容的玩具。

⑦ 选购玩具要注意是否易于消毒和洗涤，皮毛制的动物形象玩具，不能洗涤消毒，容易带菌，不卫生，不宜选用。

5. 安全教育

宝宝2岁后理解力增强，应当在日常生活中及时进行安全教育，让宝宝懂得什么是危险、怎么避开危险。

（1）防意外　告诉宝宝，什么东西会带来伤害。如宝宝要玩暖瓶时，要告诉宝宝开水会烫伤皮肤。当着宝宝的面，倒出少许开水，稍停片刻，让宝宝摸一下，让宝宝有感性认识。

虽然宝宝对高处也有恐惧，但出于好动与好奇，常会忘掉危险。要经常提醒宝宝不去危险的地方，不做危险动作。如不要从窗台上俯身下望，不要站在窗台边，不要从阳台向下探身，不要试着从高台上跳下等。宝宝做出可能发生危险的动作时，要严加制止。

要让宝宝知道躲避汽车，不在马路中间玩，不横穿马路和猛跑，要告诉宝宝遇到汽车的躲避方式。汽车过来时，妈妈不要只是急忙抱起宝宝，最好牵着宝宝的手，避到近侧的路边，让宝宝亲身体验应当怎么应对。过路口时，要让宝宝记住走人行道，学会看红绿灯。

生活中有许多导致意外的因素，如小扣子、小玩具会被宝宝吞入口中而卡住，锐利的物品会扎着宝宝，电源插座会电着宝宝等。因此，防意外教育要随时进行。

（2）防走失　告诉宝宝家庭地址、父母的姓名、自己叫什么，最好能知道父母的电话号码和单位，3岁左右的宝宝完全能记住。

宝宝在室外做游戏时，家长要在旁边看护，如果一时有事，也要托付给成年人，并叮嘱宝宝不能跟不认识的人走，即使熟人也是如此。带宝宝去公园、商场要防止走失。一旦发现宝宝不在身边，要马上找到保安，配合迅速寻找和广播找人。

（3）防伤人　宝宝和小伙伴在游戏中常会不知轻重，容易伤着对方或被对方伤害。在动手打架时，会出手或用器物致使对方受伤甚至致残。因此，要教育宝宝尊重别人，利用讲故事给宝宝讲这方面的内容，告诉宝宝不能拿石头、棍子打人，不能用手去抓挠对方的眼睛，不要用力去推小朋友，更不要咬小朋友等。还要让宝宝懂得避开攻击，告诉宝宝不和拿棍棒的小朋友玩，小朋友动手打架时要躲开，避免抓伤、打伤自己。

（4）分界线　宝宝往往不清楚什么是勇敢、什么是鲁莽，特别有不少影视节目中打打杀杀的镜头颇多，"英雄人物"能力超群，刀枪不入、凌空飞行等。宝宝的理解能力差，看到这类镜头要告诉宝宝不应当模仿。如果宝宝鲁莽地做了有危险的事，要及时想办法防止出危险，并妥善处理。

（四）幼儿衣物选择与清洗

1. 选择内衣

外来轻微的刺激，都可能会对宝宝稚嫩的皮肤造成影响。因此，内衣质量的好坏直接关系宝宝的健康。在为宝宝选择内衣时，首先应当考虑安全性，尽量选择浅色的内衣，通常来说，这样的衣物染色牢度较好。在选择白色纯棉内衣时要注意，真正天然的、不加荧光剂的白色，是柔和的白色或略微有点发黄。儿童内衣多为纯棉品，选购时要考虑缩水问题。注意选择缩水率低、款式较宽松的内衣，但尺码不必太大，否则会影响宝宝的活动。

给宝宝选择内衣要注意款式，晚上睡觉最好穿连裆内衣，可以保护肚脐不会受凉；由于宝宝的头较大，适宜选择肩开口、V领或开衫容易穿脱。此外，还要注意内衣的颈部、腋下、裆部缝制是否平整。选购有装饰物的内衣时，必须检查饰物的牢固程度，不宜给宝宝穿饰物过多的内衣。

注意内外包装上的固定物，如各种丝线、针头、装饰扣、别针等，穿着之前应当全部取下，缝制在内衣内侧的标签最好在穿着之前去除，以免伤到宝宝细嫩的皮肤。应选择说明齐全、标注明确的商品，这样的产品质量相对有保证。

新购买的儿童内衣应当充分洗涤后再穿，可以洗掉衣服上的"浮色"和织物中残留的大多数游离甲醛，同时也可除掉衣物在生产、销售过程中可能附着的脏物等，更好地保护宝宝的皮肤。洗涤宝宝的内衣时，应当与成年人衣物分开，最好使用婴儿专用洗涤液或肥皂，成年人使用的消毒液不能用来给宝宝洗衣物。

2. 衣物清洗

由幼儿的皮肤特点决定，清洗宝宝衣物与成年人衣物不一样，幼儿皮肤只有成年人皮肤厚度的1/10。宝宝的皮肤薄、抵抗力差，稍不注意会引发问题。因此，清洗宝宝的衣物时要特别注意以下几点。

（1）除菌剂、漂白剂不可用　除菌剂、漂白剂等洗涤和漂清的过程再长、再仔细，也难免会有残留，对宝宝的皮肤不利。

（2）晾晒　婴幼儿衣物可以在阳光下晾晒，虽然阳光暴晒可能会缩短衣服寿命，但能起到消毒作用，况且幼儿长得快，衣服使用时间短一些没关系。

（3）漂洗很重要　无论用什么洗涤剂清洗，漂洗都是不能马虎的程序。一定要用清水反复漂洗两三遍，直到水清为止。

（4）污渍尽快洗　宝宝的衣服上，总是会沾上果汁、巧克力渍、奶渍等，这些污渍不易清除，只要刚刚沾上，应当马上就洗，通常容易洗掉。如果过一两天才洗，污渍就可能深入纤维洗不掉。

（5）内衣外衣分开洗　内衣与外衣一定要分开洗涤。通常情况下，外衣要比内衣脏一些。深色与浅色也要分开洗，免得造成染色。

（6）不与成年人衣物混洗　宝宝的衣物，不能和成年人的衣物一起洗，因为成年人衣物上沾有更多细菌，混同洗涤时细菌会附着到宝宝的衣服上。要单独洗宝宝的衣物，要有专用的盆。

（7）选择专用洗涤剂清洗　市场上有许多婴幼儿衣物的专用洗涤剂，虽然价格贵一些，但对宝宝的身体有好处。不会伤害皮肤，造成过敏。如果没有专用洗涤剂，用肥皂也可以。注意要按照商品标示的洗涤说明洗涤，如稀释的比例、浸泡的时间等。

（8）手洗为优　洗衣机是洗全家人衣物的，机筒内会藏有许多细菌。婴幼儿衣物经机洗会沾上细菌，有一些细菌对成年人没有危害，对婴幼儿却有麻烦。因为宝宝的皮肤抵抗力差，容易引起过敏或其他皮肤问题。

（五）意外受伤处理

当宝宝意外受伤，应当尽量缩短等待接受治疗的时间，防止伤口恶化。因此，了解如何迅速采取急救措施很重要。手边缺少必要的急救工具时，可以利用日常生活用品处理宝宝的伤口。

1. 幼儿意外割伤

用消毒棉或布按住伤口止血，直到血液不再流出，然后换一块干净的消毒棉或布把伤口包牢。如果伤口较深、流血较多、伤在关键部位，处理后要立刻送宝宝到医院治疗。

2. 手臂受伤或骨折

处理手臂或骨折的伤口，在肘关节可以弯曲的情况下，把受伤的手臂用绷带或枕巾悬在胸前。固定好手臂后，立刻去医院治疗。

3. 扭伤或拉伤

若无出血性外伤，可以用冰袋做局部冷敷以止痛化瘀，对于青肿部位用弹性绷带或局部包扎（图3-10），固定受伤部位后应去医院治疗。

图3-10　局部包扎

4. 轻微割伤或擦伤

如果手边没有创可贴，处理轻微割伤的最佳方法是让伤口自行痊愈。用湿纸巾或清水轻轻地将伤口周围擦洗干净即可。

5. 眼部受伤或眼内有异物

用清水把受伤眼睛冲洗干净，然后用眼罩或折好的棉手绢遮住眼部，并轻轻固定在头部。眼外伤无小事，应当立刻就医。

6. 烧伤或烫伤

在处理伤口时，应当先用冷水冷敷患处至少10分钟，然后用保鲜膜包裹患处，或用烫伤药膏均匀地涂于患处。如果幼儿烫伤或烧伤的面积大于一枚邮票，则应及时就医。

7. 手指戳伤

发生手指关节扭挫伤后，用冰块裹布冷敷在伤处，每次敷10～15分钟，即能消肿。如果受伤时间已经超过3～4小时，就不要再冷敷。冷敷之后，可以贴上消肿止痛贴剂，可以用厚纸裹住伤指，以免伤指再活动，严重的要请医生诊治。

8. 手指夹伤或砸伤

如果无出血，可以照手指戳伤的方法处理。

9. 毒虫蜇伤处理

常见的虫蜇伤有被蜂、蜈蚣、毛毛虫、毒蝎、蜘蛛等（图3-11）毒虫蜇咬。一般蜇咬伤都在暴露部位，局部红肿，有刺痒感或灼痛感，明显可见虫叮咬痕迹。

图3-11　毒虫

蜂蜇伤，包括黄蜂、马蜂、蜜蜂、胡蜂等各种蜂虫的蜇伤。宝宝被蜂蜇后，伤处有出血点或红色疙瘩、水疱，被蜇部位周围皮肤红肿、剧痒或是刺痛难忍，严重者会引起发热、头晕、恶心、呕吐、四肢麻木，还有可能出现全身性变态（过敏）反应。发生蜂蜇后，可以先找到受蜇准确部位，用镊子小心把蜂刺拔出，不要碰破伤处皮肤上出现的水泡。拔出蜂刺后，用温开水反复清洗伤口，冷敷伤口，减轻疼痛。如果出现过敏症状，则要送医院处理。

有一些毛毛虫浑身带刺，五颜六色鲜艳夺目，婴幼儿见到后误接触，受到蜇刺，引起局部皮肤刺痛、刺痒，严重者受蜇部位发生大片红疹或水疱，引发全身性变态（过敏）反应。遇上这类情况，先用清水为宝宝洗净局部皮肤，仔细检查是否有毛刺扎在皮肤上，有的要逐一拔除，然后用风油精、清凉油、花露水等敷抹患处，如果宝宝仍觉刺痛刺痒难耐时，可以局部冷敷止痒后再敷药。

蝎子蜇伤后非常痛，伤处有出血点，周围皮肤红肿，如果引发淋巴炎症，还可能有一条红线沿伤处延伸。受蜇伤严重者，会出现高热、头痛、恶心呕吐、四肢抽搐、呼吸麻痹等症状。发现蝎蜇伤后，立即要把毒汁挤出，或用拔火罐等办法吸出毒液，然后用清水洗净伤处，立即送往医院处理。

（六）抗菌与防病

人们对细菌、病毒往往会谈之色变，因为它们会侵害机体，让人生病，影响正常生活。其实，细菌也分有益菌和有害菌。在消化道内，就存在不少帮助分解、消化食物的有益菌群，如双歧杆菌、乳酸杆菌等。人体内各细菌群落都有一个平衡状态，如果这个平衡被打破，就会出现腹泻等症状。如有时宝宝患呼吸道疾病，服用很多的抗生素，结果连体内一些有益菌也被杀灭，而一些有害的菌群，因为没有了天敌而迅速繁殖，或出现变异，能使药物越来越失去效力，导致细菌的耐药性越来越强。

人的抗病能力就像防卫能力一样，是逐渐养成的。主动形成抗病能力的方式，是注射防疫疫苗，被动方式就是去接触这些细菌和病毒，逐渐地认识它，机体自身就会形成对它的识别和抵抗能力。从这个意义上讲，让宝宝过度"干净"反而更易生病。宝宝平时接触细菌过少，免疫系统缺乏识别能力，身体抵抗疾病的能力就较弱。

宝宝需要良好的生活环境，但是好环境不等于真空环境，更不是要给宝宝营造"远离细菌"的环境，要想增加宝宝的免疫力，除加强身体锻炼、注射疫苗等方式以外，也可以让宝宝在一定的"脏"环境中磨炼摔打，通过与细菌的适当接触，让机体免疫系统认识细菌，进而形成强大的、战胜细菌的免疫功能。

五、家庭体检与疾病辨识

（一）家庭体检

在家庭做体格检查，是发现宝宝发育有否异常及是否生病等的最佳途径。医院人多病杂，总是去医院，幼儿容易被感染。父母最好能懂得一些相关知识，自己在家为宝宝做体检，以便及时发现异常，有利于宝宝的生长发育。

1. 每月应检查的项目

（1）看牙齿　半岁左右萌出下门牙2颗，8个月左右萌出上门牙2颗。萌出的牙齿颗数应当为月龄-6。超过12个月出牙过晚的宝宝应到医院诊治。

（2）称体重　体重是宝宝全身所有器官与组织的重量总和，最能反映其体格发育状况。一般规律是出生时平均3kg，前半年每个月增长0.6kg，后半年每个月增长0.5kg，以后每年增长2kg，具体可用岁数×2+8kg的公式来推算。宝宝的体重在此计算值的上下10%之内，均属正常；超过20%为肥胖；低于15%为营养不良。

（3）量身高　婴儿出生时平均身长50cm，前半年每个月增长2.5cm，后半年每个月增长1.2cm，第2年增长10cm，以后每年增长5cm。还要关注上半身与下半身的比例是否正常。上下半身的分界点是耻骨联合上缘，出生时上下比多为1.7，5岁为1.3，10岁时为1。

（4）测头围　头围大小可以反映出宝宝脑发育情况。测头围的操作方法是用一根软尺，前面经眉弓，后面经后脑勺，绕头一周。出生时头围一般为34cm，6个月时为42cm，1岁时为45cm，2岁时为47cm，10岁时为50cm，头围过小过大都应到医院诊治。

（5）量臂围　臂围是指胳膊的粗细。学龄前幼儿的各种活动对其上臂和前臂的肌肉、脂肪等的发育影响较小，胳膊的粗细可以反映出幼儿身体发育的自然趋势，进而判断宝宝的营养是否达标。出生后1个月平均10.2～10.5cm，1岁平均13.5～14.7cm，2～7岁之间增加1～2cm。评估标准为1～7岁儿童超过13.5cm为营养良好，保持在12.5～13.5cm为营养中等，低于12.5cm则为营养不良。评判为营养不良的宝宝应请医生仔细寻找原因，及时调整食谱，补充营养，力争把宝宝的臂围提升到正常水平。

2. 其他检查项目

（1）囟门　位于头部接近额头的地方，是额骨与项骨边缘形成的菱形间隙。出生时为1.5～2cm（两对边中点连线）。出生后2～3个月，随着头围增大而有扩大，以后逐渐缩小，常于1岁至1岁半闭合。若闭合过迟，可能患有佝偻病、呆小病等，应到医院诊治。

（2）舌系带　指舌头下面的一根筋，与舌头运动有关。如果宝宝说话不清晰，很可能是舌系带过短，最好在学习说话之前予以手术，以免影响语言发育。

（3）食欲改变　健康状况正常的宝宝能按时饮食，食量正常。食欲过旺或食

欲减退都应当引起注意。

（4）睡眠不宁　几个月的婴儿，病前多表现为睡眠不安，烦躁或不时哭闹，哭声尖厉或无力，阵发性哭闹伴有面部痉挛等。另有类似夜惊、但症状更为严重的突然单侧面部及四肢肌肉的抽搐。嗜睡、贪睡过度或睡眠时间过长。

（5）性器官　男孩要检查有无隐睾、鞘膜积液、疝气、尿道畸形等，其睾丸增大不应早于10岁，也不应晚于15岁。女孩要注意有无疝气、阴唇粘连，乳房发育不应早于8岁不宜迟于13岁。

婴幼儿处在特殊生理阶段，生病时常症状不明显，不典型，又不会说话，患病时不容易被及时发现。婴幼儿生病后的表现与成人不同，并且病情变化和进展迅速，短期内即可恶化。如果不及时发现，会耽误诊治时间，使得病情进一步发展，引起不良后果。因此，应了解一些基本常识，提高警惕，以便及早发现、及早治疗。一般情况下，婴幼儿疾病初发之时，可从食欲、睡眠、呼吸、情绪和大小便情况来判断，及早发现疾病。

（6）呼吸异常　健康宝宝呼吸平静、均匀而有节律。如果出现呼吸时快时慢，呼吸深浅不均匀、不规则，应引起注意。

（7）情绪改变　健康的情绪表现为愉快、安静、爱笑、不哭闹、两眼灵活有神等。患病时会一反常态，不仅出现一系列身体不适，宝宝的情绪也会改变，烦躁、爱哭闹或反常的乖甚至没精打采都属异常。

（8）体重改变　如果宝宝体重增长速度减慢，不增加或反而下降，必定有某些疾病隐患存在，如腹泻、营养不良、发热、贫血等。

（9）大小便异常

① 小便　少尿、尿频、尿急、尿痛、多尿、尿失禁等。婴儿每日平均尿量为400～500ml，1～3岁的幼儿每日平均可达500～800ml。婴儿每日尿少于125ml，幼儿少于200ml则称为无尿。

② 大便　正常婴幼儿每日大便1～4次。不排大便或大便次数增加，且有黏液混杂，或带脓血，或有异常气味，如酸臭伴气泡，是消化不良。特殊恶臭味常见于严重腹泻。果酱便见于肠套叠；脓血便见于菌痢；鲜血便见于肛裂、息肉等。

（10）听力　大约30%的耳聋是在胚胎时期病毒感染所致，及早检查可给予及时治疗，因此家长应在日常生活中注意观察宝宝的听力情况。

① 3个月内　对于突然发出的声音刺激，可出现眨眼反射及手足伸屈运动，有的还会哭叫。

② 3 ～ 4个月　对于稍响的声音或妈妈的呼叫声，会用眼睛寻找声源。

③ 7 ～ 8个月　对宝宝爱听的声音会有喜悦的表情，有的还会发出声音模仿。

④ 9 ～ 10个月　能伴随音乐节拍摆动身体，甚至手舞足蹈。若发现异常，要及时到医院诊治，不得延误。

（二）疾病辨识

宝宝从小到大，难免会生病，只要平常对宝宝细心一点，及早发现、及早治疗，宝宝就不会太痛苦，家长也会减少烦恼。

1. 体重异常

本来胖乎乎的小脸慢慢地消瘦下来，躯体和四肢的皮下脂肪变薄；较长时期内，宝宝体重增加不明显或几乎不增加。

2. 身高异常

较长时期内宝宝增高不明显，个头几乎不增长。常见于有明显挑食或偏食的宝宝，也与不良生活方式有关，比如经常睡觉很晚。

3. 面色异常

宝宝面色苍白或萎黄，皮肤弹性差，或有较严重的皮肤损害，例如皮肤粗糙、色素沉着、汗毛脱落、出现皮下出血点、出现"乌青块"。在排除皮肤病等疾病的情况下，出现这些症状可能与缺乏某些微量营养素有关，或与过敏有关。

4. 头发异常

宝宝头发稀少无光泽、枯黄易断裂，或出现白发、枕部脱发等，可能与营养不良、缺乏某些营养素有关。

5. 视力异常

在昏暗的光线下视物不清，眼睛干燥，经常眨眼，常有眼屎，眼睛易疲劳。与宝宝不爱吃蔬菜，尤其不爱吃绿色蔬菜和胡萝卜等有关。

6. 出牙异常

宝宝出牙迟，1岁时8个乳牙还没出齐，到了2岁，乳牙还不到20个；有的宝宝乳牙掉后新牙迟迟不出；有些宝宝囟门闭合迟，走路迟、说话迟，与维生素D、钙或蛋白质缺乏有关。

7. 食欲异常

宝宝味觉减退，食欲减退；有的宝宝有异食癖，例如吃泥土、纸张或墙壁灰等物质，与缺乏微量元素锌等有关，也可能与肠道寄生虫有关。

8. 口腔异常

宝宝口腔有异味；经常出现口角炎、唇炎、口腔炎；舌头发胖，有的呈现"地图舌"；消化能力差，出现恶心、呕吐、腹痛症状，有时也会出现腹泻和便秘交替的症状，与缺乏维生素B_3、维生素B_1有关，或与经常吃温热性食品或油炸食品有关。

9. 精神异常

表情淡漠、不愿说话、不喜欢活动；或烦躁不安，或时时哭闹；睡眠时额头多汗，睡眠不实，易醒，经常翻来覆去，时有惊跳或突然啼哭，与营养不良、缺乏维生素或微量元素有关。

10. 血色异常

宝宝的嘴唇、眼结膜、口腔黏膜颜色苍白；手指甲血色差，用手轻轻压迫甲盖，放松后甲盖的血色恢复较慢；能诉说头晕，注意力不集中，与缺铁或B族维生素有关。

11. 异常出血

宝宝经常不明原因出血，刷牙时牙龈出血，不小心碰到鼻子或天气干燥时鼻子出血等，与缺乏维生素C有关。

六、幼儿用药常识

（一）幼儿用药剂型

家庭护理幼儿，能让妈妈差不多成了"半个医生"。给宝宝服药不同于成年人，宝宝吞咽能力差，又不懂事，喂药时很难与家人配合。因此，为宝宝选药不但要对症，而且要选择合适的剂型。选择合适的剂型，有助于完成给宝宝喂药这项"艰巨任务"。

1. 糖浆剂

糖浆剂中的糖和芳香剂能掩盖一些药物的苦、咸等不适味道，便于掌握剂量，宝宝一般乐于服用，比如幼儿止咳糖浆、幼儿健胃糖浆、幼儿硫酸亚铁糖浆、幼儿智力糖浆等。

注意：糖浆剂打开后不宜久存，以防变质。

2. 干糖浆剂

与糖浆剂相似，是经干燥后的颗粒剂型，味甜、粒小、易溶化，而且方便保管，不易变质，例如幼儿驱虫干糖浆、幼儿速效伤风干糖浆等。

3. 果味型咀嚼片剂

此类片剂中，因为加入了糖和果味香料而香甜可口，便于嚼服，适合1岁以上的幼儿服用，如幼儿施尔康、幼儿维生素咀嚼片、脾胃康咀嚼片、板蓝根咀嚼片等。此类药物要注意妥善保管，以免被宝宝误当"糖豆"过量食用，引起药物中毒。

4. 冲剂

药物与适宜的辅料制成的干燥、颗粒状制剂。一般不含糖，常加入调味剂，独立包装，便于掌握用药剂量，如蒙脱石散（思密达）、板蓝根冲剂、幼儿咳喘灵冲剂、幼儿退热冲剂等。

5. 滴剂

这类药物一般服用量较小，适合1岁左右的婴幼儿，必须严格按说明书遵守用药量，可以混合在食物或饮料中服用，如鱼肝油滴剂等。

6. 口服液

由药物、糖浆或蜂蜜和适量防腐剂配制而成的水溶液，是最常用的幼儿制剂之一。特点是分装单位较小，稳定性较好，容易储存和使用，如抗病毒口服液、柴胡口服液、幼儿清热解毒口服液、幼儿感冒口服液等。

7. 混悬液

由不溶性药物加上适当的辅型剂制成的上液、下固制剂。注意在使用时一定要摇晃均匀后再倒出来服用，只喝上层的清液起不到治疗作用，如布洛芬混悬液、多潘立酮（吗丁啉）混悬液、对乙酰氨基酚混悬液等。

选好药物后，还要采取不同的方式减轻宝宝服药的畏难情绪，耐心劝导，让宝宝理解服药与疾病的关系，争取让宝宝主动服药。对较小或不太懂事的宝宝切忌捏鼻子强灌，以免发生意外。

（二）家庭常备小药箱

家庭常备小药箱，以防止意外事故为主，备一些常用的医疗用品和常见药物，父母了解的医疗知识多少不同，常备药箱的内容也不尽相同。懂得多一些，学过初级护理或是医疗卫生常识的，可以备得丰富一些，应对的情况和可以处理的能力也就强一些。缺少医疗知识和一般急救处理、外伤处理常识的，常备药箱就会简单一些。家庭常备药箱主要是做一些初级的处理，有备无患。

通常来说，家庭药箱可以参考以下内容。

1. 洗护用品

安全指甲剪，吸鼻器，比较温和的皂液（成年人用的洗手液及消毒液不适合宝宝娇嫩的肌肤），婴儿洗发精，婴儿用滋润乳液，儿童专用防晒霜，儿童专用防虫剂。

2. 医护用品

婴儿用直肠温度计（比传统的水银温度计方便），不含阿司匹林的儿童用液体镇痛药（如布洛芬），消炎软膏（缓解昆虫叮咬和皮疹），外用乙醇（用来清洁温度计、镊子和剪刀），凡士林油或甘油（抹在直肠温度计上，做润滑用），有抗菌作用的药膏（对付擦伤或者摔破的创伤），医用剪刀、镊子（清理伤口中的碎片和脏物），不同尺寸和形状的绷带、薄纱布、纱布垫，医用胶布，杀菌棉花球，棉签，喂药器、小量杯或量勺，压舌板（检查咽喉肿痛），热水袋和冰袋，小手电筒（检查宝宝耳、鼻、喉和眼睛用），急救手册（应付各种突发的危险情况），催吐药（应对中毒的情况，但最好在医生指导下使用），腹泻药物（应对婴幼儿腹泻，按医嘱准备）。

（三）非处方药品的选用

非处方药，又称OTC药品，可以在没有医生指导的情况下治疗轻微的疾病。在使用此类药物时注意以下几点。

（1）正确选用药品　查看所购药品详细使用说明书，也可以在购买时向药剂师询问。

（2）查看药品包装　不要购买"三无"产品，不要购买包装破损或封口已被打开过的药品，更不要购买过期产品。

（3）详细阅读说明书　严格按说明书中标示的剂量使用，切不可超量使用，一定要看说明书中注明的禁忌。如果患有说明书中所列禁忌证，万万不能心存侥幸违禁使用。还要注意药物说明书中的注意事项，例如在服药时应禁食的东西、服用时间、服用方法等都要仔细读懂。

（4）注意保管好药品　通常需放置阴凉干燥通风处。需放置低温处的一定要按要求放置。

（5）服药3天后，症状仍不见缓解，应当及时到医院诊治。

（6）药品不要放在宝宝可以拿到的地方。

注意：并不是所有疾病都可以"自己诊断，自我用药"。同时还要认识到，包括非处方药在内的所有药物，都有不良反应。一些症状可以通过自己获取的信息和拥有的常识，对不适进行判断，如鼻塞、咽痛、周身不适、体温高于正常，判断可能患了"感冒"而选用抗感冒的药物。

第二节　幼儿期宝宝特殊现象与常见问题照护

一、幼儿期宝宝特殊现象照护

（一）宝宝爱"咬人、打人"

婴儿咬人和打人，千万不要为此而感到愤怒。婴幼儿确实会咬大人给他们喂食的东西（以及妈妈的乳头）。每样东西婴幼儿都会用嘴来咬一咬，用手来抓一抓，口和手是人类最原始的社交工具，他们在练习使用这些工具。一旦长出了牙齿，并且手掌能拍打之后，婴幼儿会用这些工具对不同的物体进行实验，看看会有什么样的感觉。对宝宝来说，这些早期的抓咬和拍打，尽管看起来是令人不快的行为，但实际上是嬉戏式的交流，也是心理挫败的表达方式，并非是攻击性的、无礼的行为。

攻击性的抓咬和拍打是1岁半至2岁宝宝最常见的行为，那时宝宝还不会用语言来表达自己的各种需求，因此他们只能透过动作进行交流。在宝宝的口头表达能力形成后，抓咬行为通常就会终止，但打人不会马上就停下来。

如果不加以阻止，那么婴幼儿期的那些没什么大不了的举动就会演变童年时期的攻击性行为。学步期的宝宝变得具有攻击性，目的在于释放被抑压的愤怒，控制住某个局面，展示自己的力量，或者在为争夺玩具而发生的争吵中保护自己的领地。有些宝宝甚至会做出令人讨厌的举动，借此来孤注一掷地接近关系疏远的父母。

一旦宝宝长大到能够用语言代替动作来很好地进行交流时，大部分学步期的攻击性行为都会逐渐地消退。父母必须对攻击性行为坚决地纠正，下面给出了一些让你的宝宝避免伤害别人的方法。

1. 考察根源

了解是什么触发了宝宝的攻击性行为，家长应当做一个日志（至少在心里做一系列的记录），从而确定宝宝的行为与引发此行为的环境之间的相关性。

2. 宝宝伤害了父母

用手掌打别人的脸是婴幼儿尝试进行的一种举动，它在社交上是不正确的。家长应当引导宝宝做出另外的、在社交上可接受的行为，如跟宝宝说"我们一起来猜拳"。同样，对抓咬的行为也要加以引导，可以跟宝宝说："唉哟！好痛啊！你伤害了妈妈！"然后引导宝宝的行为："来！拥抱妈妈！这样就很好。"一旦宝宝打人的行为成为表达内心挫败感的一种方式，父母必须向宝宝展示他的这种举动会带来的自然后果。宝宝对父母进行撕咬、踢打、推挤，你应当用相同的办法对付他——让他停下来。千万不能允许宝宝把你当成出气的沙包。你应当让他知道你不能允许他来伤害你。如果你在宝宝很小的时候就不允许他来伤害你的话，那么他长大后就不太可能允许别人来伤害他。你可以为他做出如何对别人打自己说"不"的榜样。比如，挡住别人的拳头，阻止别人对自己的殴打，但不要还手打别人。

3. 学步期的宝宝动手打婴儿

如果1岁半大的宝宝用玩具锤子重重地敲打一起玩的婴幼儿的脑袋，那你就应当拿走所有可以用来打人的东西。应当示范给宝宝看不能打人，并且告诉他怎么做，可以为他提供另一种做法，同时应当温和地引导宝宝的小手轻轻地拍打。

4. 不要还嘴去咬宝宝

家长也许会提出"宝宝需要懂得咬人会造成伤害"这样的理由。当然，这种想法有一定的道理，但是有一种方法更为可取：把宝宝带到身旁，把上臂压向宝宝的上齿，就好像咬自己一样。这么做的时候千万不要采取一种愤怒的、报复性的方式，而是科学的指出问题的关键所在，让宝宝明白咬人所造成的伤害，要求宝宝能体会别人的感觉。

5. 当宝宝伤害了另一个宝宝

当家长发现宝宝为了玩具打了另一个宝宝，应当告诉宝宝采用另一种办法来得到这件玩具，并且要做给他看。"我们不能打人，如果你想要得到那个玩具，应当等到别的小朋友玩好之后，或告诉妈妈，我会定好时间让你们轮流玩。我要从你那儿得到一样东西的时候，我是不会打你的，我会好好向你提出请求。"如果打人的宝宝不与你合作，应当要求挨打的宝宝这么说："我不跟你玩了，除非你向我道歉并且停止打人。"2岁大的宝宝还不能说出所有词句，但他们懂得这话的意思，因此你可以替他们说出这些话，让打人的宝宝去承受自己行为的后果。

6. 将侵害别人的宝宝暂时罚出场外

"咬人会伤害别人，伤害别人是错误的。你来坐在我的身边。"一般到2岁的时候，宝宝就能够在侵害别人和由此带来的后果之间建立起联系。应当鼓励宝宝说"对不起"。如果宝宝打别人时一点也不生气，那么他很可能本来就是想要亲吻或拥抱别人。

7. 为宝宝做出不侵害别人的榜样

生活在好斗环境中的宝宝会变得具有攻击性。如果年幼的宝宝看到大人之间斗殴，那么他就会得出以下的结论：殴打别人是你对待别人的方式。应当要求年长的宝宝起到榜样带头作用，向他指出他们是小宝宝的榜样。

抢夺别人的东西是学步期的宝宝以及学龄前儿童常见的侵害性行为。请注意，不要从宝宝的小手中把东西夺过来，从而在无意之中给宝宝做出了抢夺东西的榜样。要平静地向宝宝解释为什么不能抢夺东西，并且要求他把抢到手的东西还给别的宝宝或交给你，可以用另一个东西来交换。如果宝宝即将损害某个珍贵东西，或者很可能会用某件东西伤害到自己时，应当采用严肃的口气和身体语言来告诉他立即放下。

8. 使顽劣性格柔顺起来

对用力敲打玩具、猛击洋娃娃、踢打小猫、捶打墙壁的宝宝，家长要多加照顾。尽管宝宝做出这样的行为在一定程度上是正常的，但这些行为也可能是心理紧张和愤怒的警示信号。做出这样行为的宝宝很可能以这种方对待别人。除了要深入深究问题的根源之外，还应当鼓励宝宝玩比较温和的游戏。

9. 给予奖励

3岁以上的宝宝会对奖励做出很好的响应，比如家长可以制作一张"没有打人"的图表，并向宝宝说明："如果宝宝每天友好地对待小朋友的话，我们就在图表上贴一张笑脸。如果你有了3个笑脸，我们就去吃冰淇淋。"

10. 使宝宝养成自我控制的习惯

有些冲动的宝宝不思考就会做出打人的举动。应当向宝宝提出一些建议，让他出现打人的念头马上想起代替行为，从而帮助3岁以上的宝宝克服打人的冲动。可以告诉宝宝："每当你感到自己快要打人的时候，就马上找个枕头来重重地捶打，或者绕着园子跑几个圈。"可以为宝宝示范如何控制冲动。比如，下次你想打人的时候，让宝宝看着你怎样摆脱打人的念头，抓着自己的手并对它说："听着，我的手，你不应当打人。"宝宝会认真听的，尤其是他就是你想打的人。

（二）宝宝出现反抗期

宝宝出现反抗期一般在2岁左右，1岁半至3岁都有可能出现。

每个宝宝都具有与生俱来的独特性格，在遇到反抗期时其个性的鲜明度将会更为突出。原本很容易相处、不固执的宝宝会因为他的坚持或情绪无法获得化解而使得反抗期表现更为明显，时间也会比较长。

虽然每个宝宝都会遇到情绪发展的阶段，但并非每个宝宝都会出现反抗期的表现，某些情绪掌控能力较佳的宝宝就不容易出现反抗期表现。

宝宝在反抗期时的心态、反应转变，都会让他们更深刻的感受自我存在，也能够学习"不"的用法，同时也了解"拒绝"的权力，他们能够对于自我权力有好的感觉并奠定信心的基础。反之，如果他们在学习的过程受挫，可能就会对自我的感觉不佳，造成往后较为自卑、不愿表达的性格。

1. 反抗期宝宝的特征

（1）喜欢独立完成某件事情。

（2）开始设立自我规则。

（3）固执。

（4）较难受约束。

（5）与他人争吵次数增加。

（6）坐不住（心情浮躁）。

（7）严重时出现破坏性与攻击性行为，例如会去拍打他人、抢夺物品等。

虽然乍看起来，经历反抗期的宝宝好像不甚讨喜欢，但是其实这些行为、情绪的背后都代表这是宝宝发展独立意识的信号，因此他们会喜欢依照自己的喜好、意志行事。此外，宝宝也将因为接触了许多种物品、环境、他人的情绪等，而更有能力去接触各类事物，使得学习速度更快也更加成熟。

宝宝的反抗期也是展现独立意识的开端，当宝宝出现反抗期之后，问题便不在于反抗期是否会消失，而在于宝宝将来情绪表现的强弱。

2. 耐心面对宝宝的不忍耐、不妥协

家长应当在宝宝出现反抗期之前便先为双方建立良好的沟通管道，而非等到反抗期出现了才开始想办法逐一击破。除了平时便建立良好的亲子互动外，家长也应把握原则并拿捏分寸。当宝宝开始出现无法忍耐、不愿妥协的情况时，家长应当避免直接予以责难或处罚。除了因为过于严格的管教方式会让亲子关系较紧绷外，父母的情绪也会容易失控，对亲子双方或是整个家庭都无益。建议家长从旁观察宝宝的坚持，假如宝宝是因为衣服的颜色、想要吃零食等原因，家长便可

依照当时的情形或是家中的规范来调整，如果是无伤大雅的小小坚持，家长可以顺从宝宝的想法；当宝宝的坚持太过无理或是纯粹情绪发泄，家长则可以运用玩具、游戏等方式来转移宝宝的注意力。

在初次面对宝宝的拒绝、反抗时，家长可能会认为这是少见的情形，认为"船到桥头自然直"，过阵子情况就会好转。对此家长应当清楚正向思考与乐观的差别，如果单纯乐观地认为，宝宝现在的反抗表现能够自然而然的回归以往，忽略宝宝的需求，需要被看见与照顾，亲子关系、宝宝的心理状态较难改变。

正向思考的态度则能够对于宝宝不论好坏的表现都有预期，并且准备接受各种可能，持正向态度的家长也将对于宝宝的教养、教育更加有信心，因为有了预期，调整了自我心态，家长也更有能力去面对未来在亲子关系上可能出现的状况。

3. 帮助宝宝建立正确的自我意识

宝宝在1～3岁会通过肢体、感官的碰触来了解世界，但是探索的过程不可避免地存在着危险，家长应帮助宝宝建立正确的自我意识且能让宝宝不致暴露在危险当中。对此，应当随时注意家中的危险物品，如尖锐的刀剪、易碎物品、桌（椅）角、清洁剂等，都应放在宝宝不易取得的地方并仔细收好，尽量让宝宝待在你的视线范围之内。

宝宝在成长阶段喜欢探索、学习，如果家长总是制止，会限制宝宝的发展。家长在宝宝成长的过程中，要做的不是限制，而是从旁协助、辅导，告知宝宝过程中可能会受的伤害。在学习的过程中不论是得或失，均非常可贵。

（三）宝宝出现恐惧感

生动的想象力经常会催生出一些吓人的东西，比如妖怪、巨龙、鬼以及其他夜晚出没的怪物。因此，当宝宝到了可以自己编故事的阶段，一般会怕黑。另一方面，你也可以把宝宝怕黑看作是认知能力发育得更高级、更复杂的一种象征。怕黑其实就是想象力过于活跃的结果。以下方式有助于帮助宝宝克服恐惧感。

（1）认真对待宝宝的恐惧感　别不当回事或者嘲笑宝宝的想象力。

（2）不要用太过逻辑的观点看问题　跟宝宝解释晚上衣橱里不可能有怪物，不会起到任何安慰作用。

（3）从宝宝的角度观察房间　可能屋里的确有一个像蜘蛛网的阴影。

（4）给宝宝来点亮光　安一个夜灯或把门廊的灯打开，会让很多吓人怪物消失。

（5）给宝宝多一点爱抚　恐惧感通常反映了宝宝的某种焦虑感，他可能只是想让你抱抱。另外，给宝宝安排一套令他开心、有安全感的睡前程序也是很重要的。

（四）受刺激"晕倒"

有些宝宝受到刺激时，会大声哭闹，随即出现屏气，口唇、面色青紫，两眼上翻，手足舞动，不省人事的"晕死"症状，一般历时2～3分钟后缓解，医学上称为"屏气发作"，俗称"气死病"。屏气发作是幼儿神经症的一种表现。宝宝出现屏气发作时，不要惊慌，可以稍稍用力击打宝宝面颊部，疼痛感和意外刺激传入大脑时，宝宝会先深吸一口气，然后哭出声来，发作便会停止。

在运用击打法时需要注意，击打宝宝面颊部时需稍用力。如果力量不足，不能引起面颊疼痛，就不会产生刺激，起不到效果。拍打面颊时，部位要低一些，部位太高有可能打到外耳，损伤鼓膜，影响听力。屏气发作时，宝宝看上去"不省人事"，实际上宝宝"脑子糊涂心里清楚"，对家长的情绪反应很敏感。家长越是表现出惊慌，发作过后越是迁就宝宝，以后宝宝的发作会越频繁、越严重。

当然，最好的办法是锻炼宝宝的承受能力，要受得起刺激，经得起斥责。

二、幼儿期宝宝常见问题照护

（一）急性中耳炎

1. 病因

急性中耳炎的致病原因除幼儿黏膜免疫力尚未发育完全之外，加上连通鼻咽腔与中耳腔的耳咽管较短，相关的纤毛功能尚不成熟，鼻部的分泌物容易逆流至中耳，导致急性中耳炎。幼儿急性中耳炎的发病相当普遍，每次感冒都有诱发中耳炎的可能，容易感染、常吸二手烟、喝奶姿势错误的幼儿较易发生中耳炎。常见的致病菌是肺炎球菌和嗜血杆菌。

2. 症状

急性中耳炎主要的症状为剧烈耳痛、发热，进一步发展可能出现耳闷、听力下降。婴幼儿由于不能讲述耳痛症状，而表现为上呼吸道感染后出现发热、哭闹不安、摇头抓耳等。鼓膜穿孔后耳痛会明显减轻，并有脓液流出。用耳镜检查会发现鼓膜充血，或充满脓样物。由于抗生素的频繁使用，急性中耳炎的临床表现比较不易被发现，患儿往往没有明显的耳痛病史。多半是由于听力下降就诊，或因为其他疾病就诊时进行常规检查发现的。

幼儿急性中耳炎多半可以给予抗生素治疗，需要连续用药10～14天，症状在用药几天后会有所改善。不过，家长仍需遵照医嘱按时用药，才能彻底治愈。在药物治疗结束后，应进行检查，评估改善的结果，一般来说有50%的患儿仍有中耳积液现象，但此状况无需特别的处理。只要在发病后的4～6周重新评估中耳积液状况，如中耳积液消失，可结束检查。约90%患儿的中耳积液可于发病后3个月内消失。若在发病3个月后再次对患者进行评估，此时中耳积液仍存在，则须采用积极措施治疗，如放置中耳通气管等。

（二）耳部感染

宝宝是不是脾气暴躁，经常拉拽耳朵？这可能是因为他有耳部感染。2/3的宝宝在满2岁前都至少会发生一次耳部感染。如果宝宝最近一直流鼻涕、打喷嚏，则可能是耳部感染的症状之一。至少70%的耳部感染会继发感冒，这是因为身体抵抗力降低了。

小宝宝更容易发生耳部感染，因为其免疫系统还没有发育成熟，咽鼓管还在发育中，其长短和形状更容易发生感染。使用安抚奶嘴也可能会增加耳部感染发生的机会。一项研究发现，不使用安抚奶嘴的宝宝发生中耳炎的概率要低33%。

如果怀疑宝宝有耳部感染，一定要及时到医院诊治。有的耳部感染会不治而愈，医生一般会建议等两三天再用抗生素治疗。

（三）囟门清洗

囟门是胎儿出生时头颅骨发育尚未完成而遗留的间隙。后囟一般在出生后3个月内闭合，前囟在1～1.5岁闭合。由于囟门处没有坚硬的颅骨覆盖，应当注意保护，以防大脑遭受损伤。

（1）囟门的清洗可以在洗澡时进行，宜用宝宝专用洗发液而不宜用肥皂，以免刺激头皮诱发或加重湿疹。

（2）清洗时手指应当平置在囟门处轻轻地揉洗，不应强力按压或强力搔抓，更不能以硬物在囟门处刮划。

（3）如囟门处有污垢不易洗掉，可以先用麻油或精制油蒸熟后润湿浸透2小时，待污垢变软后再用无菌棉球按照头发的生长方向擦掉。

（四）小儿扁桃腺炎

扁桃腺是人体的守门将军、第一道防线。扁桃腺有丰富的血管和淋巴组织，抵抗各种细菌和病毒的入侵，把侵入咽部的病原体挡在门口。当扁桃腺受到感染，可能发生炎症。扁桃腺从1岁左右开始发育，4～10岁是发育高峰。随着宝宝逐渐长大，抵抗力渐渐增强，扁桃腺炎症会减少。

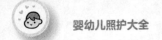

1. 急性扁桃腺炎

发生急性扁桃腺炎时宝宝会出现高热，持续好几天，大的宝宝会诉说喉咙痛，有吞咽困难或呕吐。检查可发现扁桃腺又红又肿，上面还有白色脓点、脓疱或布满血丝。需要药物治疗，并卧床休息，摄取适当水分，大部分患儿症状在7～10天消退。如果发热及全身不适现象超过3天或确认是链球菌引起时，则需要进行抗生素治疗，约需治疗10天。

2. 慢性扁桃腺炎

急性扁桃腺炎反复发作，如一年中发作4次以上可以诊断为慢性扁桃腺炎。急性发作时依照急性扁桃腺炎的治疗方法。非急性发作时可能无不适或仅有咽部异物感，检查发现扁桃腺增大，咽部轻度充血，则视情况给予药物治疗。要注意保持口腔清洁，多饮水，注意休息，吃易消化、营养丰富的食物。

3. 是否切除扁桃腺

一般来说，医生不主张切除扁桃腺，因为失去了扁桃腺的阻挡，病原体有可能长驱直入，引起全身感染。而且摘除了扁桃腺后，咽喉部还是会因感染出现疼痛、发热。除非宝宝几乎每个月都要发生扁桃腺化脓性感染，而且高热不退，并因扁桃腺肥大造成呼吸阻塞等，才考虑手术切除，但在5岁前一般不建议进行手术切除。

（五）生长性疼痛

生长性疼痛又称"幼儿生长痛"，医学上叫非特异性肢痛，与幼儿的生长发育有关。1～3岁的宝宝体重增长速度超过身高增长速度，所以一般显得胖而可爱，医学上把这个阶段称为"第一增重期"。

3岁以后，身高增长的速度会加快，由于此期间宝宝骨骼生长的速度极快，远远超过骨骼周围神经、肌腱的生长速度，导致肌肉、神经出现不协调疼痛，疼痛部位一般在双膝及附近肌肉，偶尔位于大腿或双踝部，也可能出现上肢疼痛。一般疼痛部位比较固定，多在晚间或宝宝入睡以后发生，疼痛程度差异性很大，宝宝可能因为疼痛突然惊醒，持续数分钟甚至数小时，经过按摩可以减轻症状。一般局部无红、肿、热改变，疼痛可以自行缓解。

恢复正常后，便不再感到疼痛，既能跑又能跳，活泼如初。病理化验和X线检查均不会有特殊发现。随着年龄的增长，身高增长速度减慢，疼痛逐渐减轻、消失，不会留下后遗症。

幼儿生长性疼痛，应当与病理性疼痛相区别，病理性疼痛的特点是疼痛在活动时加重，休息时减轻，病变部位有红、肿、热、痛等异常变化，且腿部活动受限。诊断幼儿生长性疼痛要做化验和X线检查，以排除风湿性关节炎、化脓性关节炎等，这类疾病需及时治疗。

生长性疼痛由于与生长发育有关，是一种暂时性的生理现象，一般不需要治疗，疼痛发作时可以局部按摩或热敷，也可以引导宝宝玩玩具、做游戏来转移注意力，同时还应当向宝宝说明道理，让宝宝知道这种疼痛是生长发育过程中的正常现象，不必害怕。

如果宝宝疼痛发作频繁、且疼痛较重，可以口服水杨酸类止痛剂。若用药后仍有疼痛，则需到医院做详细检查，排除病理性疼痛或其他病症。

（六）睡惊症

有的宝宝常在入睡后15～30分钟突然惊醒、叫喊，有时会出现喘息或呻吟，并常伴有双目圆睁、表情恐惧、意识蒙眬、面色发白、额头出汗或全身大汗淋漓等症状，这时对受惊的宝宝劝哄往往没有反应，强行唤醒问哭叫原因，宝宝又往往表情茫然，回忆不起惊叫的原因，只说很害怕，然后又迅速入睡。有些宝宝仅是偶尔发作，有的宝宝经常发作。这种情况称为"睡惊症"，是一种睡眠障碍。引起睡惊症的原因很多，主要与幼儿的大脑皮质层发育还没有成熟有关。当生活环境发生突然改变，或受到意外事故惊吓，或睡前过度兴奋，或学习紧张、承受压力大，或睡觉前看了恐怖电影、电视、听鬼怪刺激故事时，就会诱发睡惊症。

防治睡惊症，要让宝宝从小养成良好的睡眠习惯，按时作息，睡前不要过度兴奋或过量进食，不要责骂体罚，不要看恐怖影视剧，不要给宝宝讲惊险、恐怖的故事。

要保持和睦的家庭气氛，对有学习困难的宝宝，要端正心态，家长勿期望值过高，以免给宝宝造成过大的压力，应积极帮助宝宝采取各种措施克服困难，不要因学习成绩差而训斥宝宝。

平时应让宝宝多参加活动，使宝宝在心情愉快的情况下接受一些视觉、听力及运动等方面的刺激，提高宝宝对周围事物的反应性及动作的协调性，促进大脑发育。

随着年龄的增长，大脑发育逐渐成熟，心理承受能力逐渐培强，睡惊症可自然消失，家长不必过分担心。

（七）宝宝肥胖

肥胖症（图3-12）是指由于能量摄入长期超过消耗，使体内脂肪过度积聚、体重超过一定范围的一种营养障碍性疾病。

很多父母都不知道胖到什么程度不健康，那么来看看下面这个公式：

超重！

图3-12 宝宝肥胖

2 ～ 12岁宝宝的标准体重（kg）＝实足年龄×2+7（或8）

如果超过标准体重20%，宝宝可能就存在肥胖了。

1. 宝宝原因

（1）家族中有人是肥胖症。家族遗传与儿童单纯性肥胖症关系密切，通常父母很胖则宝宝也会发胖。

（2）经常吃高热量、高脂肪食物。过多摄入肉类及油炸食品，会造成脂肪堆积。

（3）经常给宝宝吃精细食品。白面、白米、甜点等并非儿童首选食物，其中含有过多的糖分。

（4）宝宝不喜欢吃蔬菜。蔬菜中含有大量纤维素，能够促进肠蠕动，预防便秘。

（5）宝宝喜欢喝果汁不喜欢吃水果。果汁饮料中含有很多食品添加剂，因此口味很棒，适量饮用对身体无害，但如果经常喝，甚至只喝果汁而不吃水果，就会导致营养缺失而热量过多。

（6）常带宝宝外出吃"大餐"。餐馆的饭菜脂肪多、调味品也多，吃多了让人发胖。

（7）家中的零食很多。饼干、点心、糖果、薯片等零食的营养成分低，热量却惊人。

（8）宝宝每天户外活动少。室内活动太多占据了宝宝有限的户外运动时间，使热量消耗降低。

2. 肥胖的危害

肥胖给宝宝身心健康带来极大威胁，并且可能引发一些影响到成年的疾病，见表3-1。

表3-1　肥胖的危害

危害	具体内容
反应迟钝	胖宝宝的反应比较迟钝，由于应激反应能力低下，容易发生外伤、骨折等
潜在疾病风险	肥胖的宝宝成年后发生冠心病、高血压、糖尿病的概率较健康儿童高
不利于心理发育	肥胖对宝宝的心理发育也会产生不良影响，随着年龄增长，宝宝会对自己的体形产生自卑心理，较难与别的儿童相处而形成心理障碍
肥胖可伴随一生	肥胖使儿童体内脂肪细胞数量增加，脂肪细胞日后也不会减少。因此，不少患肥胖症的幼儿长大成人后，肥胖的比例很高，治疗也较困难

3. 治疗肥胖症的措施

治疗肥胖症应遵循摄入小于消耗的原则。该准则适用于任何想要减重的人群。但对儿童来说较为困难，因为他们还不能很好地自我控制。对肥胖儿的治疗是一个综合过程，需要父母从饮食、运动及监督3个方面着手。

（1）管住嘴

① 控制饮食　控制饮食并不是让宝宝吃得少，而是要吃得科学。满足生长发育所需的营养即可，不吃营养成分低、热量高的食品。

a. 制定合理的食谱，谷类、水果、蔬菜、蛋和肉均衡安排。

b. 少食多餐，一日三餐定时定量，上午和下午各加餐一次，加餐以水果和奶制品为主。

c. 多吃粗粮，少吃白米、白面、面包这类精细的粮食。

d. 少吃油及糖、盐等调味品。

e. 晚上睡前2小时之内不吃东西，可以加一次牛奶。

② 控制零食

a. 把家中的零食全部清理掉。

b. 去超市不买零食。

c. 可以准备一些奶酪、坚果，当宝宝想吃零食时只给少量，并要放在加餐时吃。

（2）迈开腿　运动能提高新陈代谢，消耗热量。多参加运动能减轻体重。应当选择安全，有趣味性，便于长期坚持，能有效减少脂肪的运动。

① 适当的户外运动　安全、有趣的运动，对宝宝更有吸引力，便于坚持下来。

a. 每日运动1小时左右。

b. 开始时散散步、走一走，然后逐渐增加强度，例如跑步、踢球等。

c. 在运动前后补充水分，但运动后不能立即吃东西，必须过半小时再吃。

② 做家务　除了运动，宝宝每天还应当参与家务劳动，做家务也能消耗热量。

a. 每天体力劳动约1小时。

b. 试着让宝宝做一些简单的家务，如扫地、擦桌子。

c. 多鼓励宝宝与父母一起做家务，洗衣服时让他在一边洗自己的袜子，在洗碗时让他帮着端碗等。

③ 多动少坐　肥胖的宝宝大多不愿活动，宁可躺在沙发上也不愿意站起来走一走，所以要让他多动少坐。

a. 让宝宝自己上下楼梯。

b. 在外面也尽可能少乘坐电梯，多爬楼。

c. 出门多走路，少坐车。

（3）多监督　婴幼儿需要父母的监护才能够顺利成长。尤其是减重这件事，面对美食成人尚且难以抵御，更何况儿童，因此需要父母多多监督。

① 定期体检　能够及时发现发胖迹象，早发现早纠正。

② 定期量体重　家里准备一台体重秤，每周给宝宝称一次体重，掌握体重的变化并调整饮食与运动。

③ 全家齐参与　父母应当与宝宝一起参与减重的过程，改变不良饮食习惯，带宝宝多参加户外运动。

（八）流鼻血

宝宝流鼻血，多由于鼻中隔的前部受伤所致，这个区域有数条血管交会，一旦流鼻血往往出血量多，流血不止。容易流鼻血的宝宝一般分为几种。

（1）感冒会使鼻黏膜的抵抗力降低，加上感冒的附属症状如鼻塞、流鼻涕等，会使宝宝感到极不舒服，做出一些直接伤害鼻黏膜的动作，如用力擤鼻涕、挖鼻孔等，造成损伤。

（2）宝宝鼻过敏时，总觉得鼻子发痒、流鼻水、鼻塞，会经常挖鼻子，使鼻黏膜受伤而流血。

（3）由于宝宝经常抠挖鼻孔，使鼻子入口及鼻前庭等反复受伤、结痂，再沾上鼻屎，宝宝总有不适感，更会情不自禁地抠挖，恶性循环，久而久之鼻子入口处和前庭部会产生溃烂，容易流鼻血。

（4）血液疾病，虽然宝宝鼻子没有受伤，却时常流鼻血，通常流血速度较缓慢，次数很频繁，这种形态的流鼻血，常是由血液疾病所致。发现类似情况，须立刻到医院做血液检查，以防万一。

不要看到宝宝鼻子大量出血，家长就乱了方寸，最好立刻用拇指及中指同时紧压两侧鼻翼，使出血的部位受到压迫而停止流血，大约5分钟后松手，看看是否止血，若继续流血，再重复紧压鼻翼5～10分钟，多数能止血。如果仍不止，必须赶快找耳鼻喉科医生急诊。

有的家长看见宝宝流鼻血，常用卫生纸或棉花塞入鼻腔止血，但因压力不够或部位不对，不能止血。此时家长会让宝宝平躺下来，误以为可帮助止血，其实这么做并不合适。因为宝宝一躺下来，原本往外流的鼻血就会向后进入口腔，流向喉咙，反而会使宝宝呼吸困难，或吞入大量血液，刺激胃壁引致呕吐且带血液，更引起惊慌失措。

（九）口齿不清

口齿不清，是刚学说话的宝宝比较常见的语言缺陷。不少父母以为宝宝口齿不清，是年纪尚小，其实不然。虽然说话含糊是年幼宝宝学说话中常见的问题，但引起宝宝说话含糊的原因有很多。

（1）对这么小的宝宝来说，要找出一个恰当的词表达自己的意图，并且说出来，实在不是件简单的事。宝宝脑子里的想法，远比所掌握的词汇量多得多。因此，整个学前阶段，不少宝宝很难平静而流利地说出自己的想法，尤其在情绪激动和悲痛的时候更为突出。如果父母对宝宝的词不达意显得不耐烦，就会影响宝宝说话的主动性。也有的宝宝害怕小伙伴取笑，对选择用词会感到紧张和犹豫，也会影响语言的表达，说话显得更加含混不清。

（2）宝宝学说话期间，应当给予足够的重视，耐心地帮助宝宝树立起说话的信心，有意识把宝宝引导到较为轻松的语言环境中。

（3）宝宝说话含糊、表达不清楚的时候，父母的面部表情和说话时的语气等表现，会把心情流露出来，会使宝宝感到紧张。父母往往很心急地让宝宝把话说清楚，让宝宝意识到自己说的话没让父母满意，说话会更加犹豫，下次再要对父母说什么的时候，总担心又说得不对，会更开不了口。

（4）宝宝还没有掌握说话能力时，很可能出自好奇而模仿别的口齿不清的宝宝。

（十）口吃

口吃，起初发生于2～4岁的小儿中，在学习说话的最佳时期内。宝宝一般总是希望用较多的词汇，来表达自己的意思，却因为掌握的词汇量太少，有时候要边想边说，往往会把第一个字重复多次。这个阶段宝宝还会出现用字不当、发音不准、语法结构错误等问题。家长对宝宝的语言表达能力往往会要求过高，宝宝出现表述困难时，会遭到家长的训斥和惩罚，这样一来，容易使宝宝产生焦虑不安、紧张烦躁等不良情绪，从而引起口吃。另外，有的宝宝会在无意中模仿口吃者的发音，时间一长反倒会成习惯。纠正宝宝的口吃应当注意以下几点。

（1）主动关心宝宝，宝宝说错了不要紧，要耐心细致地反复纠正，教宝宝正确地说话。不可以嘲笑和训斥、责怪，切忌打骂，以消除宝宝紧张、焦虑等情绪。要劝告周围人不要嘲笑或模仿有口吃的宝宝。

（2）要注意叮嘱宝宝，说话时不要太用力，要放低音量，用轻柔的音调讲话，有节奏地发音，恢复语言的正常节律。

（3）从说话的第一个字进行诱导，要缓慢地、轻轻地诱导宝宝发音，然后过渡到第二个字。

（4）有意识地培养宝宝慢慢说话的习惯，还可以让宝宝每天朗诵几首儿歌或诗歌。

（5）尽量让宝宝与人多交谈，尤其是谈一些愉快的话题，宝宝不紧张，就不会出现口吃。

（6）当宝宝口吃有所改善时，要给予鼓励，以巩固成绩。

（十一）哮喘

支气管哮喘是儿童时期最为常见的慢性疾病，患病人群以学龄前及学龄儿童为主，70%的儿童首次出现哮喘症状的年龄在3岁以下。

1. 为何会患上哮喘

哮喘的病因很多，其中与基因的关系最为密切。此外，环境因素对发病也有重要作用。

（1）遗传因素　许多研究资料表明，家族中患有哮喘的，儿童哮喘的发生率高于其他儿童，并且血缘越近发病率越高。父母是过敏体质的，宝宝患湿疹、荨麻疹及哮喘的可能性较大。

（2）环境因素　除了遗传因素，外部刺激也是发病的重要原因，与幼儿密切相关的环境因素见表3-2。

表3-2　环境因素

因素	具体内容
吸入物	很多吸入物都会刺激呼吸道引发哮喘，常见的有尘螨、花粉、真菌、动物的绒毛、甲醛、油漆等
感染	哮喘的形成和发作与反复呼吸道感染有关，如病毒、细菌、衣原体或支原体感染
食物	一些婴幼儿容易对食物产生过敏，比如鱼虾、蛋、牛奶、香料等
气候	气候变化也会诱发哮喘，可能与气温突然变冷或气压降低时，容易诱发支气管痉挛有关。因此哮喘一般多在春秋两季发病
运动	不少哮喘都是在运动后发作的，称为"运动性哮喘"

2. 支气管哮喘有什么危害

支气管哮喘是一种严重危害宝宝健康的呼吸系统疾病，危害主要包括以下两个方面。

（1）发作时的危险　发病时呼吸困难，危及生命。

（2）成年后的麻烦　儿童处在快速生长发育期，特别是婴幼儿期，是肺功能发育的关键时期，如果哮喘得不到及时有效的治疗并控制病情，那么宝宝的呼吸功能将受到严重损害，病情可能延续到成年时期，影响一生。

3. 哮喘发作时有何症状

哮喘发作时的症状很明显，常见症状见表3-3。

表3-3　哮喘发作时的常见症状

症状	具体内容
哮鸣	宝宝呼气的时候从肺里发出一种尖锐的声音，就像高音调的笛声，医学称之为"哮鸣"。这种症状非常明显，会立即发现与咳嗽、气喘都不同。宝宝吸气的时候则不会哮鸣
咳嗽	病情较轻的宝宝表现为阵发性干咳，随着病情发展会咳出无色的黏稠痰，有时呈现泡沫状
打喷嚏、流鼻涕	这是上呼吸道疾病的典型症状，多在哮喘发作之前发生
烦躁	很多宝宝会出现烦躁不安的症状
其他过敏	因食物、花粉等过敏引起的哮喘，会同时出现荨麻疹、呕吐、腹泻等症状
发病迅速	不论哪种原因诱发的哮喘，都可在数分钟之内迅速发作
反复发作	症状缓解之后可能反复，并且多在夜间发作

4. 哮喘紧急发作处理措施

宝宝突然哮喘发作，在送医院之前，现场必须采取措施紧急施救。

（1）立即将宝宝抱到空气流通的地方，如果是夜间发作需立刻打开窗户。

（2）让宝宝坐在你的怀里，而不是平躺。

（3）保持宝宝的双臂伸向前方形成一个环。

（4）如果家中有吸入剂要立即使用，使用后5～15分钟症状可以得到缓解。

（5）对大量流汗的宝宝要及时补充液体。

5. 哮喘能治好吗

哮喘是无法根治的，因为它与遗传密切相关，目前的医学研究还不能解决。但通过药物治疗和家庭护理，哮喘是可以缓解的。药物治疗哮喘的目的是控制病情，保证宝宝能够正常生活；家庭护理的目的是防止哮喘复发，维持宝宝的健康发育。值得庆幸的是，很多婴幼儿期患有哮喘的宝宝，长大后病情都会消失，比如对食物、花粉不再过敏。

6. 如何预防哮喘发作

预防哮喘发作的关键在于父母的悉心护理。家有哮喘宝宝不必过于紧张，做好下述护理措施就能避免病情复发。

（1）不接触过敏原　避免接触一切可能的过敏原是最好的预防方法。

① 春天外出时远离花丛。

② 从4～6个月添加辅食时起，就要注意观察食物过敏现象，找出引起宝宝

过敏的食物。

③ 每天都要清洁室内环境，不让灰尘堆积、尘螨滋生。

④ 不在宝宝房间放长毛绒玩具。

⑤ 不养宠物。

⑥ 宝宝房不装修、不摆新家具。

⑦ 不在宝宝身边抽烟。

⑧ 不使用空气清新剂、蚊香等有挥发性刺鼻气味的物品。

（2）防止病毒感染　呼吸道感染与支气管哮喘发作有密切关系，因此防止病毒感染很重要。

① 培养宝宝良好的饮食、作息规律。

② 适当体育锻炼。

③ 多喝水。

④ 勤洗手。

⑤ 确保充足的休息。

⑥ 在病毒流行期间，不去人多的公共场合。

（3）天气突变要随时加减衣物。

7. 给宝宝关爱

哮喘发作时，宝宝难过的样子往往会令父母很心疼，可是父母不应当溺爱宝宝，而是应该给宝宝更多的关爱。

不过分宠爱和迁就宝宝，以平常心对待他因病撒娇的表现，不能满足不合理的要求，这样做是为了不让他产生依赖心理和情绪化行为。

护理哮喘宝宝是一个长期的过程，时时刻刻都要注意防止哮喘发作，这需要父母有足够的耐心，给宝宝更多的关爱。

第三节　幼儿期宝宝早教与交流

一、幼儿期宝宝自我意识的培养

（一）自我意识　

自我意识是人类特有的意识，是人对自身的认识，和自己与周围事物的关系的认识，它的发生和发展是一个复杂的过程。自我意识并不是天生具备的，而是在后天学习和生活实践中逐步形成的。

婴儿早期还没有这种意识，不认识身体的存在，所以会吃手，抱着脚啃，把自己的脚当玩具玩。以后随着认识能力的发展，宝宝逐渐知道手和脚是自己身体的一部分。1岁以后宝宝开始有自我意识，知道自己的名字，能用名字来称呼自己，表明宝宝开始能把自己作为一个整体与别人区别开来。开始认识自己的身体和身体的有关部位，如"宝宝的脚""宝宝的耳朵"等，还能意识到身体的感觉如"宝宝痛""宝宝饿"等。1岁左右的宝宝学会走路以后，能逐渐认识到自己能发生的动作，感受到自己的力量，如用手能把玩具捏响，用自己的脚能把球踢走，这些都是幼儿最初级的自我意识表现。大约到了2岁，幼儿学会说出代词"我""你"以后，自我意识的发展会出现一个新的高度。这时候，宝宝不再把自己当做一个客体来认识，而真正把自己当做一个主体。到3岁以后，宝宝开始出现自我评价的能力，能对自己的行为评价好与坏。

自我意识是人类个性的组成部分，它的发展有着许多社会因素的作用，在宝宝自我意识的形成和发展中，要教会宝宝教育自己，完善自己的个性。宝宝渐渐地长大了，开始意识到自己是一个独立的个体，有了独立意识，想要尝试自己去做事，想要学会自立。帮助宝宝的自立希望变成现实，也是能力培养的过程。

真正培养宝宝的独立性，鼓励宝宝照顾自己，就要允许宝宝不断地去探索周围的世界，挑战不同氛围的极限。因此，家庭环境的安全性对于宝宝的自立尝试非常关键。

能走路好动的宝宝，总是爱"惹祸"，但是，与其看到宝宝去摸危险的物品，大呼小叫地急忙制止，不如把家庭中所有能带来危险的物品都收敛起来，给宝宝提供安全有趣的玩具，既能给宝宝更大的自主权，父母又会更加安心省事。

1. 由宝宝做主

有时候给宝宝设置一些限制很必要，但有时候让宝宝成为家庭事务的决策者，则不失为一种新鲜的尝试——即使宝宝的决定听起来很幼稚、很可笑。如果在大热天，宝宝却决定穿滑雪服，尽管随宝宝去做吧，穿上以后知道热，自己就会脱下来。在给自主权，让宝宝做决定的过程中，宝宝会有学习和认知的机会，及时引导有助自立。成功地做好一件事情，会让宝宝很有成就感。在这一过程中，需要细心仔细地引导宝宝；把一件事情分成几个层次，协助宝宝先做什么，再做什么，逐一完成。例如，引导宝宝帮助妈妈分享食物。

2. 邀请参与家务

有时候，宝宝会对一些家务事非常感兴趣，如做饭、打扫、洗衣服等，宝宝很想参与和帮忙，这时候可不要拒绝，可以邀请宝宝一起来做。要想好让宝宝做些什么，既不要帮倒忙，同时又满足宝宝的好奇心，比如在厨房里帮助搅散鸡蛋、帮妈妈拿一件器具、帮着把餐垫放在桌子上。

3. 给予自由，不插手

如果安排了一件事给宝宝，就放手让宝宝自己做，即使花费相当长的时间，也不要失去耐心、急于插手代劳。早上要上班，时间很紧张，而宝宝没有时间概念，不妨给宝宝一个时间限制，如5分钟把睡衣叠好。这样做会比总是妈妈代劳要好，能让宝宝更有成就感。

4. 表达爱意

不断地让宝宝感觉到父母浓浓的爱，宝宝会在父母的鼓励中，逐渐树立起自信心。要不断鼓励宝宝独自尝试新鲜事物，如果宝宝寻求帮助的时候，千万不要推辞，因为父母永远是宝宝最坚定可靠的后盾。

（二）掌握代词"我"

2～3岁的时候，宝宝开始掌握代词，如"你""我"。掌握代词是一个困难的过程，因为代词有明显的相对性。别人说"你"，而对自己则说"我"，反过来也是一样。比如，别人问："你吃不吃？"自己只能回答"吃"或是"我不吃"，而不能回答"你吃"或"你不吃"。

宝宝开始掌握"我"这个词的时候，在自我意识的形成上发生本质变化，从此，宝宝的独立性增长，在宝宝常说的"我自己来"这句话中得到表现。

宝宝有了自我意识后，行为会发生很大的变化，宝宝知道"我"就是自己。这个时期，宝宝也产生强烈的要求摆脱成年人的保护、按自己想法痛痛快快玩的心情，不愿意再事事都听从父母的摆布，常会什么事都要争着自己干，想要干什么就立即干什么，想得到什么就非得到不可。如果父母不同意，就会发脾气、翻脸、哭闹，常闹得父母无奈只好退让迁就。因此，绝大多数家长都会感到这个时期的宝宝难带。

宝宝出现这种现象是正常的，是心理发展的必经之路，只不过有的宝宝表现得强烈一些，有的宝宝则表现得不太明显。

这个关键时期，一定要珍视和尊重宝宝什么都想干的愿望，恰当地处理好与宝宝的关系，尽量给宝宝更多发挥独立性的机会。在宝宝发脾气时可以装作不知道，暂时不理会，或把宝宝注意力引向其他事情上。这样做反抗心理可以缓和，能促进宝宝心理的正常发展。如果父母对宝宝管教太严，用过多的"不准"和"镇压"的方法来制止反抗，会使矛盾加剧，阻碍宝宝心理的正常发展。

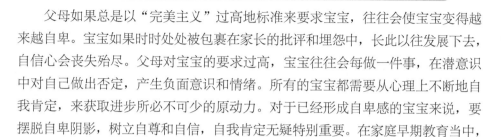

（三）自我肯定

父母如果总是以"完美主义"过高地标准来要求宝宝，往往会使宝宝变得越来越自卑。宝宝如果时时处处被包裹在家长的批评和埋怨中，长此以往发展下去，自信心会丧失殆尽。父母对宝宝的要求过高，宝宝往往会每做一件事，在潜意识中对自己做出否定，产生负面意识和情绪。所有的宝宝都需要从心理上不断地自我肯定，来获取进步所必不可少的原动力。对于已经形成自卑感的宝宝来说，要摆脱自卑阴影，树立自尊和自信，自我肯定无疑特别重要。在家庭早期教育当中，家长要特别注意，帮助宝宝学会自我肯定，找到自信。

1. 适当降低要求

对待已经有自卑心理趋势的宝宝，应当适当降低对宝宝的要求。假如宝宝画了一匹马，最好不要挑剔这里不好、那里不像，而应当及时发现宝宝的每一点成功之处，做出由衷的赞赏："看，那马尾巴画得真好呀，好像是在风中飘舞一样！"或者"你为马涂的颜色真漂亮！我敢说它是世界上跑得最快的马！"

需要强调的是，应当让宝宝觉得父母的赞赏完全出自诚恳，不是应付、客套，更不是虚伪、做作。为了实现这样的目标，必须调整方法，讲究语言表达艺术。让有自卑感的宝宝学会自我肯定的首要目标，应当是帮助宝宝从自己的行为中获得满足和动力。让宝宝懂得，做该做的事，把它做好就是成功，就是对自己最好的肯定。

2. 变更表扬的主语

让宝宝多作自我肯定，有一个最简单方法，是变更对宝宝做出的所有表扬的主语：只要把"我"改成"你"，把"我们"（父母）对你（宝宝）的表扬，转变成你（宝宝）对自己的表扬。这种简单的变化，能够更充分有力地让宝宝认识到自己的行为正确，起到增加对宝宝赞赏的效果。例如，"你今天用积木盖起了这么高的大楼，我真为你自豪！"可以改为"你今天用积木盖起了这么高的大楼，你一定要为自己感到自豪！"

3. 鼓励宝宝确立主见

父母应当对自卑的宝宝多表扬，但别人，包括小伙伴却不一定能做到这一点。宝宝或许会"实话实说"，或许会故意挑剔，甚至讽刺挖苦。此外，宝宝不可能永远依赖别人的评语来寻求动力，或迟或早都要依靠自己内心的动力来进步。假如宝宝完全依赖成年人的赞许，不知道怎样认可自己，如果长大了去做球员，就可能在比赛时每打出一个球就回头去看看教练的脸色，当然就很难成为一个成熟的球员。因此，对宝宝来说，指出做得好的地方以后，要提醒宝宝不必过分看重别人的评论。

如果宝宝由于做了一件错事而遭到批评，会一下子丧失信心。此时应当告诉宝宝，对待批评的最好办法，是承认错误并改正错误。宝宝主动承认了错误后可以告诉他："你这样做很不容易，因为这需要很大的勇气，你可以对自己说，你做了一件了不起的事。"

4. 努力强化自我肯定

对自卑情绪严重的宝宝来说，心目中的自我肯定往往很脆弱和飘摇不定，极需要得到外界不断的强化，强化自我肯定的方法很多。例如，可以为宝宝做一本"成就簿"，让宝宝每周花几分钟时间，写出或画出自己的"功劳"。告诉宝宝，所谓"成就"，不一定非得了不起的成就，任何小小进步，以及为这种进步做出的小小努力，都有资格记录下来。还可以为宝宝准备一些小小的奖品，如画片、玩具、图书等，每当宝宝做出一点成绩、一件感到自豪的事，就有可能获奖。还可以教宝宝学会以"自言自语"的方法，不断对自己做出赞扬和鼓励。当宝宝遇到困难、正踌躇畏缩时，不妨鼓励宝宝自己给自己鼓劲："来吧，你是一个不怕失败的好宝宝，再做一次努力吧！"

5. 自我肯定不宜过度

鼓励特别自卑的宝宝，多做一些自我肯定，并不意味着应当让宝宝"滥用"自我肯定。不要鼓励宝宝在任何时候、任何情况下都采用自我肯定。自我肯定也应当有度，要分时间、场合，更要有一定的原则、标准和尺度。再好的良药也不能过量，自我肯定如果用过了头，有可能变成一个自负高傲、唯我独尊的偏执者。

二、幼儿期宝宝体能训练

（一）手指游戏训练

手的动作，特别是手指的动作，越复杂、越精巧、越娴熟，就越能在大脑皮质建立更多的神经联系，从而使大脑变得更聪明。训练手的技能，对于开发智力十分重要。对待不同月龄的宝宝，可以进行不同的手指游戏训练。

1. 13～15个月的宝宝

（1）抓抓手　在给宝宝做抚摸的同时，有意识地帮助宝宝伸、屈手指，让宝宝"抓一抓手"，当宝宝能理解后，会自己伸出手来"抓"。这时再说"抓一抓手"，宝宝会迫不及待地显示自己的本领。这个动作用来锻炼手指的柔韧性，同时也调动宝宝动手玩的意识。除进行抚摸之外，还可以经常给予宝宝手部皮肤有力的刺激，比如把手交替伸进温度适宜的冷、热水中。或者让宝宝多接触一些不同性质的物品，比如沙子、石子、布偶等。这样，可以锻炼手部神经反射，促进大脑发育。

（2）捏小球　准备一个空碗和一些小玩具，如小圆珠、小方块等，帮助宝宝练习拇指和食指的配合能力。让宝宝把这些小东西一个个拿起来，放到碗里，如图3-13所示。开始宝宝可能只会用整只手去抓，这时可以帮助宝宝用拇指和食指做捏的动作，慢慢地宝宝就能掌握，手指的动作也会由粗糙变得细致，从而锻炼拇指和食指之间的精细配合。宝宝在一次成功后，会大大增加使用手指的自信心，为以后更细致的动作做好准备。

图3-13　捏小球

家长或许已经习惯把食物直接送入宝宝的口中，或对宝宝自己伸手拿东西吃的行为横加阻止，这些行为恰恰会毁掉宝宝锻炼手指的机会。父母应当鼓励宝宝并提供充分的准备，找一些宝宝喜欢的食物，或一些柔软的硅胶玩具（直径在4cm左右）等，让宝宝主动去拿。一旦宝宝学会控制自己的手指，会不停地炫耀，对游戏乐此不疲。

2. 15～18个月

（1）穿成串　准备一根线和带孔的玩具，让宝宝把这些玩具一一用线穿起来，如图3-14所示。这个看起来很简单的游戏，对宝宝来说却是挑战。玩具的孔不要

图3-14　穿成串

229

太大，如果宝宝的小手都能伸过去就不能做。这样做可以训练宝宝用两只手共同完成一项任务，对培养身体协调能力有帮助。给宝宝提供的玩具不要太小，时刻注意不要让宝宝吞咽手中的小玩具。做之前，应先做示范，如果宝宝做不到可以手把手地教，直到宝宝能独立完成。一定要注意保护宝宝的自信心，让宝宝体会到手指精细动作游戏的乐趣。

（2）套杯子　找几只大小不相同的杯子，依大小次序把杯子套在一起，先让宝宝将小杯子从大杯子中一个个拿出，全部拿出后再把大杯子一个个套在小杯子上，反复几次，如图3-15所示。宝宝两只小手配合着拿杯子、放杯子，锻炼小手的同时能了解到大与小的区别。杯子最好不要用玻璃的，以免打破划伤宝宝。可以选择不同颜色的杯子，让宝宝将同样颜色的杯子套在一起，玩起来会更加有趣。

图3-15　套杯子

（3）搭积木　将各种各样的积木放在宝宝面前，让宝宝从最基础的两三层搭起，等到宝宝学会以后，逐渐增加积木，最后宝宝把自己建造的"摩天大楼"展现出来，从机械动作发展到主动思考，发挥宝宝的想象力和创造力。让宝宝学会把大脑的意识体现到手指上，做出自己想要做的事。要尽量多地为宝宝提供不同形状、不同大小的积木，让宝宝更容易建成自己的"大楼"，甚至可以把积木换成纸箱、纸盒等更大的物品，为宝宝提供更大的创意空间。为宝宝选择玩具时不宜过小，一般玩具的直径应在4cm左右，防止宝宝误吞，家人要时时留意，以免玩游戏时发生危险。

训练要循序渐进。为宝宝选择适合自身年龄的游戏练习，成功时应当多鼓励，失败时要多为宝宝创造练习机会，直至成功，不可操之过急。

（二）爬楼梯

宝宝不能一步一级上下楼梯，一般出自恐惧的心理和平时缺乏锻炼两个因素。因此，首先要消除宝宝的心理障碍，让宝宝多看成年人是怎样上下楼梯的，然后循序渐进地给予指导和实践（图3-16）。

图3-16　爬楼梯

先在地面上练习。可以在地面上画一形似楼梯的格子。引导宝宝一步一格地走进去。开始可以扶着宝宝单手练习，以后逐渐放手让宝宝自己走，还可以在格子的终点放上玩具，让宝宝走过去拿到，再走回来，往返练习。

爬滑梯的梯子。滑梯是玩具，宝宝大多会喜欢玩，滑梯上玩的小朋友多，对宝宝也是一种吸引。滑梯的梯子每一级跨度较小，便于宝宝练习。上滑梯时，能双手扶着扶手，容易消除紧张心理，宝宝会乐意参加。

选择一段级数较少的楼梯让宝宝练习。看一看楼梯有几级，鼓励宝宝几步爬到顶。如是六级楼梯，可以6步走完。宝宝上楼梯时在旁边数"1—2—3—4—5—6"。每数一个数，宝宝跨一步，数字数完，宝宝跨到顶。完成后可以奖励一面小旗，然后拿着旗子，倒数着往下走"6—5—4—3—2—1"。如果宝宝胆怯，可以先扶着小手陪着一起走，等到宝宝能稳当地上下后，逐渐放手独行。

在指导宝宝上楼梯时，要让宝宝把脚抬得高一点，避免摔跤；在下楼梯时，身体不要前倾，脚要踏牢后，再迈下第二步。

（三）平衡训练

人的平衡能力不是与生俱来的，而是需要从幼儿阶段开始实行训练。为了能使宝宝平衡能力发展得较好一些，可以对幼儿阶段的宝宝进行平衡训练。

1. 在日常生活中训练

宝宝学会走路以后，尽可能让宝宝自己走，不要总是搀着或抱着宝宝。开始宝宝可能走不稳，也可能会摔跤，但是，宝宝自己能逐渐学会调节，知道如何能走得稳当，从而建立起平衡能力。宝宝逐渐学会了爬楼梯，也应当进一步让宝宝自己走，爬楼梯也是一种训练平衡能力的好方法。还可以让宝宝在父母身上训练登高能力，即使从身上掉下来多次，宝宝也不会厌烦。宝宝能走稳以后，可以练习左右转、急转、骤停等，当宝宝能够蹦蹦跳跳时，开始训练宝宝用单侧腿跳着走，也可以站在最后一级台阶上，从上往下跳，类似动作反复做，能很快提高宝宝的平衡能力。

2. 有意识地练平衡

现代城市居住的小区、公园里，矮矮、窄窄的平面比比皆是，随处可见，花坛边、独木桥、平衡木、荡顶、滑梯、秋千、转轮等，也包括马路边上的轮椅专用走道等。让宝宝在这些地方练习走路，是锻炼平衡的好方法，而且，宝宝也会喜欢这种游戏式的训练方式，会很喜欢练习平衡。对于稍有高度的地方，开始时可以拉着宝宝的手练习，走一段时间后就放手让宝宝自己走。这样做，不但锻炼了宝宝的平衡能力，还能纠正"内八字""外八字"等不正确走路姿势，起到良好的辅助作用。

3. 通过游戏训练

在日常生活中，除了上述方法，还可以和宝宝一起做游戏，如"登高训练""朝下跳""不倒翁""过小桥"等小游戏，寓教于乐、寓练于乐之中，在玩乐中提高平衡能力，促进动作发展和智能发展。

（四）跑步练习

跑步能锻炼肌肉，增加呼吸次数。一般喜欢跑步的宝宝，身体都能发育得比较匀称。

日常生活中，常见到2岁左右的宝宝用满脚掌跑，跑起来摇摇晃晃，手脚动作协同不明显，尚属于跑不稳的时期。对于跑不稳的宝宝，应当手持玩具引导宝宝小跑着到自己面前来取，宝宝边跑家长边退，跑一会儿要休息一会儿。跑的距离和次数、时间因人而异，不要让宝宝太疲劳。

2岁以后的宝宝跑的动作比较协调了，并且能跑得较稳、较远一些，家长可以和宝宝一起做游戏，在游戏中示范跑或带着跑步，还可以通过听音乐、按节奏快慢等方式，教给宝宝如何正确地运用双手，交替摆动着跑，教宝宝怎样跑才不累，使宝宝在娱乐中学会跑。但应当注意，跑步的时间不宜过长，并且要把走与跑结合起来。

（五）双脚跳练习

从生理学角度来看，跳跃是一个复杂的条件反射过程。宝宝在克服自身体重跳起来时，需要付出很大的努力。

跳跃（图3-17）能锻炼身体大肌肉群和预防肥胖。从心理学角度看，宝宝学会跳，能产生愉悦情绪，增强自信心，塑造勇敢精神。

图3-17　跳跃

一般在2岁左右，就可以让宝宝进行跳跃动作的学习。在学习跳跃之前，要做一些准备工作，让宝宝养成跌倒后自己爬起来的习惯；要有在家人的保护下，玩各种大型玩具的能力；还可以旁观一些大宝宝跑跑跳跳的游戏，从而激发宝宝学跳的愿望。

（1）让宝宝扶持双手进行双脚跳，然后，家长用双手拉着宝宝的双手，和宝宝一起用力跳起来，跳一会儿，休息一会儿。要注意，千万不能提拉宝宝的双手，用力做双脚跳动作。

（2）让宝宝扶一只手，做双脚跳跃动作，可以在上一个动作的基础上，慢慢地让宝宝扶持着物体跳跃，也可以从最低一级台阶上扶着栏杆朝下跳。

（3）独自双脚跳。可以让宝宝拿着玩具，或者以小白兔跳、猴子摘果等游戏的形式来练习。

（4）教宝宝学习跳跃的动作，一定要注意遵循由易到难、循序渐进的原则。要逐渐教给宝宝正确的跳跃动作，特别是在双脚落地时，要教会宝宝两个脚掌先着地，两腿稍屈，成半蹲状态，然后站直。

（5）掌握正确的方法，并且对宝宝进行适当的帮助，能促使宝宝学好跑步和跳跃的动作，促进健康发育和动作能力发展。

（六）弹跳训练

弹跳运动，对骨骼、肌肉、呼吸及血液循环系统都是很好的锻炼，使宝宝长得更高、更壮、更健康。这种运动对免疫系统也很有益，对增强宝宝应对多种疾病，特别是提高对感染性疾病的抵抗力，有重要的价值。

对宝宝施行弹跳训练时，要根据宝宝的年龄与运动能力来定。

2岁以后，宝宝的运动能力明显增强，可以做"小兔跳跃"游戏，在宝宝前面双脚并齐，跳跃做动作示范，让宝宝模仿着向前跳；或两手拉着宝宝的小手，让宝宝借力向上跳，称为拉手跳。

3岁以后，宝宝完全能够独立进行各种弹跳活动，花样也会多起来，除了跳绳、舞蹈外，还可以踢毽子、跳橡皮筋、跳水。可以根据宝宝的爱好，鼓励宝宝选择一种或几种交叉练习，每次10分钟。

有的父母会担心，怕跳得多会损伤宝宝的大脑，这种担心大可不必。

人在弹跳时，虽然受到很大的外力冲击，这种冲击力从下肢传向脑部，但巧妙的骨骼关节构造，像是在人体内安装了一系列缓冲装置，完全能把冲击力化解在无形之中，确保大脑安然无恙。

弹跳运动能起到健身、健脑的作用，一些安全防卫准备措施也很必要，家长适宜在旁边关注宝宝，避免意外。

三、幼儿期宝宝适应能力培养

（一）适应环境

让宝宝适应新的环境，最主要的是幼儿园环境。学会随遇而安，是教会宝宝正确对待全新生活环境的一种优良素质。

从家庭的个体生活走向幼儿园的集体生活，对宝宝来说是一个巨大的变化。由于生活环境、生活方式，特别是接触的对象不同，宝宝开始会感到不习惯、不适应，产生怯生、恐惧心理，出现哭闹、逃跑、不肯吃饭、不肯午睡等现象。类似现象有时候会持续一两周甚至更长的时间。

入幼儿园前，先带宝宝去幼儿园玩一玩，与老师交谈来消除宝宝的怯生心理；通过参观幼儿园的活动室、玩具橱、游戏室等，增进宝宝的羡慕和愉悦情感；让宝宝通过看一看幼儿园小朋友欢乐的活动场面，从旁边体验一下幼儿园富有情趣的集体生活，促使宝宝产生自豪感。宝宝产生了进入新环境的意愿，就能为将来适应新环境奠定良好的思想基础。

给宝宝安排与幼儿园相适应的作息时间，早睡早起，每天中午定时睡午觉等，进入新环境后，宝宝容易适应新的生活制度。

注意培养宝宝的自理、自立能力，放手让宝宝自己吃饭，自己大小便，自己脱衣上床睡觉。家务劳动时，可以让宝宝在身边学着择蔬菜，拿一拿工具；外出时可以带上宝宝，尽可能让宝宝多接触外界的人和事，以增进宝宝的独立性，减少依赖性。

宝宝进入新环境后，如果出现不适应、不习惯现象，不应当过度溺爱心疼，舍不得、放不下。宝宝回家后，应当从多方面夸赞新环境，促使宝宝心理的转变。

（二）培养与小朋友相处的能力

这个年龄的宝宝，已经明显具备了交际意识。宝宝接近3岁时，可以与小朋友相互帮助，为共同达到某个目标而协作。

但是，现代城市的居住环境限制，使幼儿一般不太容易有同龄的小伙伴，宝宝平时所面对的，普遍只有家长等成年人的面孔，对于宝宝的成长很不利，容易导致宝宝形成胆小、怯懦、自私、不合群等不良性格。

其实，宝宝的天性喜爱玩，特别喜欢和同龄的小朋友一起玩。同龄的小伙伴在一起，体力和知识水平相近，兴趣也基本上一致，宝宝可以从小伙伴身上学习到新鲜的话语，玩更多的有趣游戏。不仅能增长见识，锻炼身体，发展智力，还能培养活泼、友爱、勇敢、守纪律的良好品质。因此，让宝宝多接触同龄的小伙伴，是宝宝自然的心理要求和兴趣所在，家长应尽可能地为宝宝找到同龄的玩伴。

3岁的宝宝个性凸显，在一起玩的时候，彼此之间有磕磕碰碰总是难免的，对于宝宝之间发生的小纠纷，父母应当正确和恰当地处理，处理得当，能让宝宝从中吸取有益的经验，完善良好的人格品质。

宝宝之间发生纠纷，首先要调查清楚宝宝发生纠纷的原因，然后实事求是地处理。如果宝宝平时表现出较为顽皮，也不能有偏见，总是认为肇事者是某一个宝宝，主观武断地错误判断。如果说宝宝受到冤枉，会在内心深处产生疏远情绪。更不宜一味偏袒自己的宝宝，否则会助长宝宝任性、暴躁的不良性格。

对宝宝要多进行正面教育，耐心诱导，讲清道理。要让宝宝明白错误在什么地方，怎样做才是对的。对于宝宝来说，讽刺挖苦、说反话起不到教育作用，责骂和殴打更不合适，不能使宝宝认识到错误而进一步改正，而且会引起宝宝的反感，造成性格怯懦或者加重逆反心理。

父母的行为，总是宝宝的榜样。因此，要以身作则，待人和蔼可亲，事事讲道理，给宝宝起好榜样作用。平时，要多对宝宝进行友爱教育，养成与小朋友分享的良好习性，从小培养宝宝友爱、谦让的良好品质。宝宝懂得谦让，纠纷自然会减少，学会了如何与小朋友和睦相处，能够受益终生。

（三）矫正宝宝的任性

一般来说，幼儿由于心理发展还不成熟，对很多事情缺乏认识和判断能力，多少会有一点任性。

从心理学角度来看，成年人如果任性，属于个性偏执、意志薄弱和缺乏自我约束能力的表现。而环境，则是导致儿童产生任性心理的主要原因。宝宝的任性心理不是天生的，而是家长不加约束，放纵教育的结果。宝宝的任性如果发展到一定程度，有必要加以纠正。

如果儿童任性心理得不到纠正，会妨碍宝宝的心理健康和心理的正常发展。因为任性会导致无法正确认识和判断事物，个性固执，不明事理，妨碍生活能力的发展，不善于与人交往，难以适应环境，不被别人接受而陷入孤独之中，经不起生活的考验和挫折，对宝宝健康成长不利。严重的还会由于性格容易冲动而走极端。

宝宝任性的表现千差万别。因此，解决任性的方法也应当因人因时因事加以实施，旨在给宝宝提供适当的约束，增加宝宝的心理自控能力，可以参照以下几种方法。

1. 转移注意力

宝宝注意力集中的时间比较短，父母可以利用这一特点想办法转移宝宝的注意力，改变宝宝的任性行为。例如，一名跟着母亲购物的儿童，在商场里玩得很上瘾，母亲急着赶回家，可宝宝就是不愿意走。如果母亲说"我们回家吧"宝宝可能会坚持要在商场玩。如果母亲说"走，妈妈带你去坐汽车"宝宝可能就会愉快地答应，然后由妈妈领着坐公共汽车回家。

2. 情绪上理解，行为要约束

如在吃饭的时候，宝宝忽然想起爱吃的菜今天没有，生气地拒绝吃饭。即使冰箱里有材料，母亲也不应当迁就宝宝，马上就给宝宝做。应当明确地表示，饭菜准备好了，就不能随便更换。如果宝宝继续闹，可以饿上一顿，等到宝宝感到饥饿时，自然会找食物吃。

3. 暂时回避

有些宝宝会因为自己的不合理要求没得到满足而纠缠不休，这时，家长可以暂时不去理会宝宝，要让宝宝感觉到，使用哭闹的方式是无效的，宝宝就会停止这种方式。事后可以与宝宝坦诚地交流，跟宝宝讲明道理。

当然，解决宝宝任性的方法很多，但解决任性问题的关键，在于培养宝宝认识和判断事物的能力。

四、幼儿期宝宝情感培养

（一）情感交际练习

情感交际这个词，说起来显得很书面化，实际上，就是要教会宝宝的举止行为显得彬彬有礼、仪态大方，懂礼貌，守秩序，做事有条理，而这些个人基本素质的养成，3岁前后是最关键的时期。

1. 做客的礼貌

到了周末，全家人准备一起到爷爷奶奶家去做客，对宝宝要做好引导，让宝宝表现出礼貌和教养来。进了家门口，应当先问爷爷奶奶好。父母送给爷爷奶奶的礼物，宝宝不可以抢先上前打开。爷爷奶奶疼爱孙辈，递过来好吃的东西时，要先拿最小的，并且要立即向爷爷奶奶说"谢谢"，不要在做客的时候，大声喊叫、乱翻抽屉、柜子和擅自拿取东西。需要什么东西，要用礼貌语言"请"爷爷奶奶拿，离开爷爷奶奶家时，要先向老人说"再见"。宝宝随着父母外出做客时，表现出色后回家要及时表扬。

2. 安静能力

让3岁左右的宝宝安静片刻，也是一种自我情绪控制的方法。具体做法是家长和宝宝都做好准备，关上门窗，关闭室内一切发出声响的设备。然后，一起安安静静地坐好，闭上眼睛。渐渐地排除掉一切杂乱、紧张和躁动的心情，仔细听一听，能听到许多以前没有注意到的细微声响，风吹树叶的响声、树枝间鸟儿的啼鸣声、远方传来的车辆驶过的声音等。经过这种训练，宝宝会明白：保持安静，能更好地集中注意力，才能听到以前听不到的细微声音，学会保持安静的方法。对于幼儿来说，开始安静训练2～3分钟即可，渐渐延续到5分钟结束。在进行安静训练时，可以采用耳语或者用手势表示结束。然后，起来离开屋子，进行户外活动。安静训练可以每周进行1～2次，受过训练的宝宝，会自觉安静，减少活动和声音，学会约束自己；同时，也能够培养专注能力，对于以后学习有益。

具有保持安静的能力，也是教育宝宝懂得文明礼貌的行为，以后再带宝宝去图书馆、阅览室、医院等场所，宝宝就知道了屏气凝神地安静下来。通过安静训练，达到收发自如，该活泼的时候尽情活跃，该安静的时候能够控制自己。

3. 做家务劳动

教给宝宝做一些简单的、力所能及的家务劳动。可以帮助父母拿报纸、取牛奶、倒垃圾，在厨房帮助择菜，饭前摆放碗筷、饭后收拾桌子等，培养勤快、爱清洁和主动协作的习惯。

4. 做事有条理

宝宝睡觉前，把脱下的衣服、裤子叠好，按穿着的反顺序，摆放在床前的椅子或衣架上，起床后，按照摆放顺序直接穿着衣物。平时，要教给宝宝学会怎样按顺序收拾好自己的东西，养成条理分明的生活习惯，不乱扔乱放，从生活小事上培养做事有条理的个性。

（二）同情心培养

2岁多的宝宝看到别人的痛苦时，会很诚恳地去轻抚或拍触痛苦者，以表示同情。宝宝会根据自己的想法和理解去安慰别人，如果宝宝认为玩具可以解除痛苦，就会把自己心爱的玩具送给痛苦者，宝宝听到故事里讲到小白兔被大灰狼吃掉后，会为小白兔而眼泪汪汪。

同情心是宝宝成长到一定阶段出现的认知体验，抓住宝宝初步具备同情心的时机，对宝宝进行爱心教育，是进行幼儿情绪教育、提高情商素质的好方法。培养同情心的过程中，语言非常重要。当宝宝能够理解语言的意义，并且能够用语言进行表达时，父母就可以给宝宝讲故事，告诉宝宝痛苦者的感受，培养宝宝的爱心。

鼓励宝宝帮助比自己小的小朋友。如果比宝宝更小的小朋友跌倒了，鼓励宝宝去扶起小朋友，教会宝宝安慰小朋友。

如果环境许可，可以给宝宝养殖小动物，如小鸡、小猫、小狗等。让宝宝在照顾小动物的过程中，培养温柔善良的性情。如果小动物不幸死去，宝宝为此感到伤心时，父母应当表示理解，不宜嘲笑和责怪宝宝。

五、幼儿期宝宝创造力培养

（一）动手益智

随着活动范围增大，可以给宝宝选择一些小铲、小桶、小圈环等玩具，从而增加宝宝游戏的内容，开发智力。为了锻炼宝宝手脑协调能力，在家长的监护下，可以一起动手，使用画笔画画，做拼图等，如图3-18所示。还可以给宝宝准备两只方盒，里面放一些小木棍和小玩具，将球投进一个较大的箱子内，看谁投进去

(a) 画画练习　　　　　(b) 拼图

图3-18　锻炼宝宝手脑协调能力

得多。这样，通过弯腰、蹲下、站起来、举手、投掷等动作的训练，可以达到促进大脑和体能的发育。

能够让宝宝百玩不厌的玩具，是能够充分发挥宝宝创造力和想象力的玩具，应当是"材料"性质的玩具。可以让宝宝使用这些材料自由地做成任何东西，最好用沙子、黏土、水、木板、手工纸、绘画颜料、积木、纸板等。多给宝宝提供这样的材料类玩具，宝宝会自由地埋头于创造活动中，不会产生厌倦感。宝宝在这个时期的活动以兴趣为转移，持续时间短，只要是宝宝感兴趣的，就会主动、有积极性，情绪也会保持在最佳状态，能克服困难。而只要是宝宝不感兴趣的事，就是能做好，也不愿意做。要把"教育""学习"这一类枯燥乏味的活动，转化为宝宝感兴趣的活动，变被动为主动，由宝宝自己以浓厚兴趣来调动积极性。

（二）创造力培养

创造力，指创造性思维的能力。创造思维能力在婴幼儿身上虽然有所表现，却很微弱和不稳定。为有效地培养宝宝的创造力，可采取以下方法。

1. 鼓励好奇心

幼儿的心理特点是活泼好动，好奇好问。宝宝不断地用身体和感官探索周围的一切事物，积累知识经验，发展思维能力。对此，父母不能像对成年人一样看待宝宝，对宝宝做出种种限制和随意斥责。根据心理学原理，凡是因好奇心受到奖励的儿童，会愿意继续进行试验和探索；反之则会妨碍智能的发展。

2. 培养首创性

为了培养幼儿的首创性，特别需要父母在生活中多关心和了解宝宝，使宝宝能自由地表达自己的思想感情和意愿，对于宝宝表现出来的即使很微小的创造性也应给予鼓励，增强宝宝的自信心。

3. 避免焦虑感

有的宝宝因好奇心而做了错事。例如，想看一看自动玩具里面究竟有什么东西，结果拆坏了新买的玩具。对此，单纯的惩罚只能阻碍宝宝创造性的发展。遇到类似情况，既应当对宝宝讲明道理，指出错误，又要肯定和鼓励宝宝试验探索的精神，以避免对所犯错误的焦虑感。

4. 提倡多样性

不要对宝宝照顾过多，担心过多，限制和剥夺宝宝独立活动的机会。要允许宝宝按自己的意愿去活动，为智能发展提供良好的条件。

5. 诱发想象力

创造性思维不同于一般思维之处，在于有创造性想象成分的参与。宝宝以天真发问或用自己的想象来解释客观事物时，要积极地给予诱导。同时，要积极引导宝宝参加各种活动，促使宝宝广泛而仔细地观察、比较和体验，在头脑中形成丰富准确和鲜明的印象，更好地发展创造想象力。

第四章

婴幼儿保健

Baby

第一节　婴幼儿免疫接种

一、预防接种

（一）小儿预防接种方式

小儿预防接种包括两种方式。

（1）在没有染病之前，给孩子接种和内服灭活菌苗和疫苗（图4-1），使体内产生相应的抗体。在受到同种的细菌或病毒侵袭时，机体就有能力歼灭这些入侵之"敌"。接种卡介苗、麻疹疫苗、百日咳菌苗等就属于这一类。这种预防接种，医学上称为"人工自动免疫"。一般情况下，免疫在接种后1～4周的时间出现，抗体保持数日至数年，须多次接种。

图4-1　小儿预防接种

（2）在已接触传染病尚未发病时，注射丙种球蛋白、胎盘球蛋白、抗毒素以及免疫血清等，即直接将抗体输入体内，增加消灭入侵的致病微生物的有生力量，从而防止发病或减轻症状。这种方法称为"人工被动免疫"，特点是注射后立即生效，但维持时间短，一般2～3周即消退。只适用于紧急预防或治疗。

（二）小儿预防接种的途径和方法

预防接种的主要途径和方法见表4-1。

表4-1 预防接种的主要途径和方法

途径和方法	具体内容
皮下注射法	是最常用的接种方法，如百白破、麻疹疫苗、乙脑疫苗等。部位一般选在上臂外侧三角肌附着处
皮上划痕法	如卡介苗，采用此法接种部位在上臂外侧中上部，也可用皮内注射法
皮内注射法	如结核菌素等，接种部位多选在前臂内腕侧
肌内注射法	如破伤风抗毒素等，部位多在上臂三角肌中部及臀大肌上外侧
口服法	这种方法简单易行，便于推广，如小儿麻痹糖丸
其他方法	如喷雾法、气雾免疫法等

二、计划免疫

计划免疫（免费疫苗）是指根据小儿的免疫特点和传染病疫情的监测情况制定的免疫程序，是有计划、有目的地将生物制品接种到婴幼儿体中，以确保小儿获得可靠的抵抗疾病的能力，从而达到有能力预防、控制乃至消灭相应传染病的目的。预防接种是计划免疫的核心。

（一）小儿进行计划免疫的必要性

宝宝出生后6个月以内有来自母体的抗体，可以防止宝宝感染某些传染病，产生暂时的免疫功能。6个月后，宝宝体内来自母体的抗体会逐渐消失，自己产生的抗体还不多，所以这时抵抗力很差，患传染病的可能性增多，若不进行预防接种，一旦染上疾病将会严重危害宝宝的健康，甚至造成终身残疾和死亡。因此，要按时进行预防接种。

（二）计划免疫程序

计划免疫是国家规定纳入计划的免疫，属于免费疫苗，又称一类疫苗，是从宝宝出生后必须进行接种的疫苗（表4-2）。计划免疫包括如下程序。

（1）全程足量的基础免疫　即在1岁内完成的初次接种。

（2）以后的加强免疫　即根据疫苗的免疫持久性及人群的免疫水平和疾病流行情况适时地进行复种。这样才能够巩固免疫效果，达到预防疾病的目的。

表4-2　计划免疫程序表

接种时间	接种疫苗	次数	预防的疾病
出生24小时内	乙型肝炎疫苗	第一针	乙型病毒性肝炎
	卡介苗	初种	结核病
1月龄	乙型肝炎疫苗	第二针	乙型病毒性肝炎
2月龄	脊髓灰质炎糖丸	第一次	小儿麻痹
3月龄	脊髓灰质炎糖丸	第二次	小儿麻痹
	百白破疫苗	第一针	百日咳、白喉、破伤风
4月龄	脊髓灰质炎糖丸	第三次	小儿麻痹
	百白破疫苗	第二针	百日咳、白喉、破伤风
5月龄	百白破疫苗	第三针	百日咳、白喉、破伤风
6月龄	乙型肝炎疫苗	第三针	乙型病毒性肝炎
	A群流脑疫苗	第一针	流行性脑脊髓膜炎
7月龄	麻疹疫苗	第一针	麻疹
8月龄	A群流脑疫苗	第二针	流行性脑脊髓膜炎
1岁	乙脑	初免两针	流行性乙型脑炎
1.5～2岁	百白破疫苗	加强	百日咳、白喉、破伤风
	脊髓灰质炎糖丸	加强	小儿麻痹
	乙脑疫苗	加强	流行性乙型脑炎
3岁	A群流脑疫苗，也可用A+C流脑加强	第三针	流行性脑脊髓膜炎
4岁	脊髓灰质炎疫苗	加强	小儿麻痹
7岁	麻疹疫苗	加强	麻疹
	白破二联疫苗	加强	白喉、破伤风
	乙脑疫苗	初免两针	流行性乙型脑炎
	A群流脑疫苗	第四针	流行性脑脊髓膜炎
12岁	卡介苗	加强农村	结核病

三、计划外免疫

计划外免疫接种的疫苗是自费疫苗，又称二类疫苗。可根据宝宝自身情况、各地区不同状况及家长经济状况而定。如果注射二类疫苗应在不影响一类疫苗的情况下进行选择性注射。要注意接种过活疫苗（麻疹疫苗、乙脑疫苗、脊灰糖丸）间隔4周才能够接种死疫苗（百白破、乙肝、流脑及所有二类疫苗）。计划外免疫程序见表4-3。

表4-3 计划外免疫程序表

体质虚弱的宝宝可考虑接种的疫苗	
流感疫苗	对7个月以上、患有哮喘、先天性心脏病、慢性肾炎、糖尿病等抵抗疾病能力差的宝宝，一旦流感流行，容易患病并诱发旧病发作或加重，家长应考虑接种
肺炎疫苗	肺炎是由多种细菌、病毒等微生物引起，单靠某种疫苗预防效果有限，一般健康的宝宝不主张选用。但体弱多病的宝宝，应当考虑选用
即将要上幼儿园的宝宝考虑接种的疫苗	
水痘疫苗	如果宝宝抵抗力差应当选用；对于身体好的宝宝可用可不用，不用的理由是水痘是良性自限性"传染病"，列入传染病管理范围。即使宝宝患了水痘，产生的并发症也很少
甲肝疫苗	甲型肝炎又称急性传染性肝炎，肝炎病毒通过消化道传染。流行范围较广。凡1岁以上未患过甲型肝炎但与甲型肝炎患者有密切接触的人，以及其他易感人群都应当接种甲肝疫苗
流行高发区应接种的疫苗	
B型流感嗜血杆菌混合疫苗（HIB疫苗）	世界上已有20多个国家将HIB疫苗列入常规计划免疫。5岁以下宝宝容易感染B型流感嗜血杆菌。不仅会引起小儿肺炎，还会引起小儿脑膜炎、败血症、脊髓炎、中耳炎、心包炎等严重疾病，是引起宝宝严重细菌感染的主要致病菌
轮状病毒疫苗	轮状病毒是3个月～2岁婴幼儿病毒性腹泻最常见的原因。接种轮状病毒疫苗能避免宝宝严重腹泻
狂犬病疫苗	发病后的病死率几乎100%，还未有一种有效的治疗狂犬病的方法，凡被病兽或带毒动物咬伤或抓伤后，应立即注射狂犬病疫苗。若被严重咬伤，如伤口在头面部、全身多部位咬伤、深度咬伤等，应联合用抗狂犬病毒血清

四、预防接种注意事项

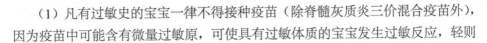

（一）小儿不宜进行预防接种的情况

（1）凡有过敏史的宝宝一律不得接种疫苗（除脊髓灰质炎三价混合疫苗外），因为疫苗中可能含有微量过敏原，可使具有过敏体质的宝宝发生过敏反应，轻则起荨麻疹，重则会发生过敏性紫癜、紫癜肾，甚至发生过敏性休克，如果抢救不及时会危及小儿生命安全。

（2）患有严重的心脏病、肝肾疾病以及结核病的宝宝，也不宜预防接种。否则因体质变差，接种后有可能加重其原有疾病，而且又给这些脏器增加额外的负担。

（3）具有先天性免疫缺陷、免疫功能低下的宝宝不宜进行预防接种，尤其是活疫苗。由于宝宝免疫功能低下，接种疫苗后不但起不到预防作用，反而有可能使宝宝致病。

（4）患有中枢神经系统疾病的宝宝，如大脑功能发育不全、癫痫、高热惊厥、脑炎后遗症等，都不宜进行预防接种。特别是百白破混合制剂、乙脑和流脑疫苗。否则有可能诱发并加重原有疾病，引起抽搐，易使宝宝的旧病复发。

（5）严重营养不良与佝偻病患儿不宜接种。

（二）小儿应暂缓进行预防接种的情况

（1）当宝宝处于疾病的急性期或患有急性传染病时应当暂缓接种以免加重病情，待疾病完全恢复一周后再进行接种。

（2）当宝宝发热、体温超过37.5℃时，也应暂缓接种。因为发热的原因是多种多样的，极有可能是流感、麻疹、脑炎、肝炎等传染病的早期症状，此时接种会加重原有病情。

（3）如宝宝的接种部位有严重的皮炎、牛皮癣、湿疹、皮疹及化脓性皮肤病，应当在治愈后再行接种。

（4）宝宝出现腹泻时应暂缓接种。如宝宝的大便比平时增多，每天排便4次以上，即出现腹泻时也不宜服用脊髓灰质炎疫苗。因为腹泻可以使服入体内的脊髓灰质炎疫苗随粪便很快地排出体外，失去其免疫作用。如腹泻为病毒感染所致，则可产生抗体，影响免疫效果。因此应等病好两周后才能接种。

（5）接种百白破混合制剂出现严重的接种后反应，如发热、虚脱、休克、抽搐、体温超过40.5℃或是其他神经系统症状后，下次应停止复种百白破混合制剂，而只注射白喉及破伤风类毒素（二联制剂）。

（6）最近注射过多价的免疫球蛋白的宝宝（如7球蛋白），在6周内不得接种麻疹疫苗。

（三）小儿预防接种前需要做的准备

（1）预防接种前要仔细观察宝宝的身体健康状况，先在家给宝宝量一次体温，如果有发热（腋下体温＞37.5℃）要推迟疫苗注射时间，如病后身体未完全康复，应暂缓注射，但应在身体康复后及时补种。

（2）接种疫苗后一天内注射伤口最好不要沾水，所以，接种疫苗前父母最好给宝宝洗个澡，然后换上柔软宽大的内衣，这样既方便挽袖子打针，也不会摩擦针眼处皮肤。

（3）要向医生说明目前宝宝的健康状况，如宝宝有发热、患病、营养不良等情况应暂缓接种，何时补种应和医生沟通好。

（4）宝宝注射疫苗的种类和时间，父母要严格按照规定的免疫程序和预约时间进行接种，如果错过预约时间，一定要尽快到接种单位补种疫苗。

（四）小儿接种疫苗后需要注意的事项

（1）接种疫苗后宝宝应在接种现场观察至少半小时，经观察无异常情况后方可离开。为了便于及时发现宝宝的异常情况，观察期间尽量不要让宝宝睡觉，家长注意观察宝宝的意识、心跳、活动、面色、呼吸等情况是否有大的变化，如发现宝宝有心跳加快、面色变白、手足冰凉、口唇发绀、呼吸困难、抽搐等情况，应当立即报告医护人员。

（2）接种疫苗半小时之内最好不要给宝宝喂奶。这是因为注射疫苗后宝宝哭闹、疼痛而致全身痉挛，如果此时给宝宝喂奶，极有可能吸入肺部造成肺炎。

（3）接种部位24小时内要保持干燥和清洁，尽量不要沐浴。

（4）口服脊髓灰质炎糖丸后40分钟内不能吃热东西或喝热水。

（5）回家后要避免剧烈活动，对宝宝细心照料，1～2天内多喂些开水。尤其注意观察宝宝是否出现发热、皮疹、注射部位红肿等现象。

（五）预防接种后可能出现的不良反应及处理

接种免疫制剂之后，大多数会产生不同程度的反应，一般均属正常现象。如卡介苗接种1个月左右局部皮肤出现红疹、脓疱、结痂等，这是正常的。注意不要用手抓挤，脓水较多可涂紫药水，待脱痂后即愈。预防接种后常出现的反应及处理如下。

1. 全身反应

接种一天内注意观察小儿体温（4小时左右量一次体温）。少数小儿在接种后1～2天内出现低热（腋下体温37～38℃）、吵闹、呕吐、腹泻等不适，通常无需吃药打针即可在24小时内自行消退。接种麻风疫苗、麻腮风疫苗后，少数小儿在接种后6～12天出现发热和一过性皮疹。

发热处理：主要用物理方法降温。

（1）多喝水。

（2）用温水全身擦浴，保持手脚温暖。

（3）头部冰敷，半小时后量体温，体温下降就要撤去冰袋。

如经过物理降温体温还持续升高，超过38.5℃，可以在医生指导下使用退热药，以防高热惊厥。

2.注射部位局部反应

少数儿童接种后1～2天内在注射部位出现红肿、硬结或疼痛，持续2～3天可自行消退。应当避免挠抓、按摩等，注意局部清洁卫生。

红肿、硬结的处理：红肿、硬结未超过24小时用冷敷止肿，超过24小时用热敷消肿，每天4～5次，每次10～20分钟。如为卡介苗引起的红肿不能热敷。

3.过敏反应

预防接种引起过敏反应者极少，如果发生面色苍白、心跳加快、脉搏可能摸不到或很细弱、手足发凉、口唇发绀、抽搐、昏迷等症状。哪怕是其中一部分症状，都要立即让患儿平卧，如有条件可以注射肾上腺素，并尽快请医生救治。

预防接种后引起的反应，绝大多数是很轻微的，甚至有些小儿根本没有什么异常感觉和表现，一般不需要特殊处理。如果有一些反应，经过降温、多饮水、适当休息1～2天，反应就会消失。反应强烈或是出现异常，应当及时送医院处理。

第二节　婴幼儿心理保健

一、小儿心理健康的判断

宝宝的健康不仅是指身体没有疾病，还应当包括心理健康，只有身心健康、体魄健全，才是真正的健康。

（一）小儿心理健康的主要内容

1.宝宝的情绪稳定愉快

情绪稳定与心情愉快是宝宝心理健康的重要标志，它表明宝宝的中枢神经系统处于相对平衡状态，意味着机体功能协调。如果宝宝经常喜怒无常、乱发脾气、容易哭闹，均为心理不健康的表现。

2. 宝宝的行为协调统一

心理健康的宝宝，其行为受意识支配，思想与行为是统一协调的，并有自我控制能力。如果宝宝的行为与思想矛盾，注意力不集中，思想混乱，支离破碎，做事杂乱无章，例如咬指甲、拔毛癖等，均为心理不健康的表现。

3. 宝宝能与周围人良好相处

自宝宝出生，就要和身边的人接触，在宝宝与父母以及其他小朋友交往活动中就能反映宝宝的心理状态。如果宝宝能够与周围人良好相处，就表明宝宝心理是健康的，反之，如果宝宝经常对周围人有攻击行为、自闭、性识别障碍等，这都是宝宝心理存在问题的表现。

4. 宝宝具有良好的适应能力

虽然宝宝生活在小世界里，可是宝宝总会遇到多种环境变化，比如与别的宝宝一起上亲子课、去亲戚家玩等。宝宝是否具有良好的适应能力，无论环境有什么样的变化，都能够适应，这也是宝宝心理健康的标志之一。如果宝宝到了陌生的环境表现出与在家里完全相反的状态，如选择性缄默、过分依赖母亲、分离性焦虑等，均为宝宝适应能力差的表现。

（二）小儿出现心理问题的主要原因

1. 父母对宝宝的期望值过高

许多父母看到其他宝宝会跳舞、会弹琴，往往就忽略了宝宝的个体差异，也想让自己的宝宝样样精通，强迫宝宝学这学那，从小就要求十分严格，这样给宝宝带来了身心负担，产生厌烦心理，同时也造成了宝宝的反抗叛逆心理。特别是在3岁左右这个阶段开始有较强的叛逆心理，但这是阶段性的。宝宝开始有自己的主张，这是与生俱来的天性。如果家长过多束缚和要求宝宝，反而会扼杀宝宝的天性。

2. 独生子女的独特性

现在的宝宝多为独生子女，独生子女由于受到家长的过度呵护，生活空间狭小，接触到同龄人和外界的机会较少，锻炼身心成长的机会也比较少，如果父母缺乏相关的心理卫生知识，即使宝宝出现心理问题了也发现不了，或即使发现也不能正确引导，这样宝宝患心理疾病的可能性就大大增加了。另外，对独生子女的娇惯和宠溺也在很大程度上影响了宝宝的心理健康，造成了宝宝在与其他人相处时和适应新环境的困难。

3. 父母离异导致宝宝心理问题

只有健康的家庭环境才能够让宝宝心理健康的发展，家庭尤其是父母对宝宝的影响最大。父母离异是宝宝精神受到伤害的主要原因，宝宝成为父母双方的遗弃物，长期得不到家庭的温暖，很易造成抑郁，甚至精神扭曲。

4. 宝宝过分沉溺于电脑、电视

信息技术越来越发达，宝宝每天花在电脑、电视上面的时间越来越多，恐怖片、武侠片等很多不适合宝宝看的内容，会导致注意力不集中、产生不切实际的妄想，甚至导致一些明显的个性缺陷，例如暴躁、任性、狭隘、嫉妒等。

（三）小儿出现心理问题的症状和表现

1. 咬指甲

咬指甲是儿童时期很常见的不良行为，男女儿童均可发生。程度轻重不一，重者可能引起局部出血，甚至甲沟炎。爱咬指甲的宝宝常伴有睡眠不安和抽动。

2. 吮吸手指

吮吸手指在婴儿期是一种常见现象，到2～3岁以后，这种现象会明显减少。随着年龄增长，会逐渐消失。如不消失，则是一种不良的行为偏差。

3. 口吃

口吃是指说话时言语中断、重复、不流畅的状态，是儿童期常见的语言障碍。约有半数口吃的儿童在5岁前发病。

4. 言语发育延迟

口头语出现较同龄正常宝宝迟缓，发展也较正常宝宝缓慢。此类宝宝18个月不会讲单词，30个月不会讲短句。

5. 入睡困难

入睡困难是指儿童在临睡时不愿上床睡觉，即使是躺在床上，也不容易入睡，在床上不停地翻动，或反复地要求父母给他讲故事，直到很晚才能勉强入睡。

6. 夜惊

夜惊指在睡眠中突然惊醒，瞪眼坐起，惊惶失措，表情痛苦，常伴有哭喊、气急、出汗等症状，多半发生在入睡后2小时内，醒后不能回忆。以3～5岁的儿童最为常见。

7. 攻击行为

一旦欲望得不到满足，宝宝便会采取有害他人、毁坏物品的行为。儿童攻击行为常表现为打人、骂人、推人、踢人、抢别人的东西等。攻击方式可分暴力攻击和语言攻击两大类。

8. 拔毛癖

拔毛癖指儿童时期出现的经常无缘无故地拔自己的头发、眉毛、体毛的不良行为，是宝宝寻求心理安慰的一种表现。

9. 分离性焦虑

宝宝在与家人，尤其是母亲分离时，出现的极度焦虑反应，是恋母情结的征兆。

10. 依赖行为

依赖行为是指儿童对父母过分依赖，并与年龄不相符的一种不良行为。如果父母不在，便容易发生焦虑或抑郁。

11. 退缩行为

退缩行为指胆小、害羞、孤独、不敢到陌生环境中去，不喜欢与小朋友玩的不良行为。这种儿童对新事物不感兴趣，缺乏好奇心。

12. 神经性呕吐

反复的餐后呕吐，但不影响食欲、体重的心理疾病。常具有癔症性格，自我中心、暗示性强，往往在明显的心理因素作用下发病，以女孩多见。

13. 孤独症

以严重孤独，缺乏情感反应，语言发育障碍，刻板重复动作和对环境奇特反应为特征的疾病。多见于男孩。

14. 偏食

偏食指儿童不喜欢或不吃某一种食物或某一些食物，是一种不良的进食行为。偏食在儿童中很常见，在城市儿童中占25%左右。

15. 神经性尿频

神经性尿频指排尿次数明显增加，但尿量不增加、尿常规正常的一种心理疾病。排尿次数可以从正常的6～8次增加到20～30次，甚至每小时十多次，每次排尿很少，有时仅几滴。

16. 性识别障碍

性识别障碍指儿童对自身性别的认识与自己真实的解剖性别相反，如男性行为特征像女性，或持续否认自己具有男性特征。多见于3岁以上的儿童。

二、小儿的心理需求

1. 期盼父母尊重自己

宝宝从小受到尊重，才能够建立自尊心，长大后也会尊重别人。每个宝宝都有自己的需要和兴趣爱好，希望得到父母的尊重。所以父母不应当强迫宝宝做他不喜欢的事情，如果非做不可应当用请求或是商量的语气，不可强迫命令。等宝宝做完事后，父母一定要对宝宝说"谢谢"。

如果是父母做错了事或说错了话要向宝宝承认错误，如果错怪或冤枉了宝宝，事后应当向宝宝道歉。宝宝难免会有错误和过失以及不能令人满意的行为，父母应当循循善诱，帮助他改正缺点与错误，最好不要在别人面前议论或指责宝宝，如说宝宝不听话、喜欢打架和尿床等，这将会伤害宝宝的自尊心。

宝宝虽小，但也有独立的人格尊严，一旦人格受到侮辱，心理就会产生不愉快的情绪。如果宝宝丧失了人格尊严的心理要求，带来的后患将是无穷的。

2. 宝宝需要和睦的家庭氛围

宝宝需要在父母恩爱、家庭成员和睦、相互尊重的环境里生活，和睦的家庭是宝宝幸福的摇篮，这是宝宝身心健康发展的必要条件。

父母之间经常发生矛盾，出言不逊、行为粗鲁，会使宝宝紧张、担忧；或者由于情绪不好，大人将怒气出在宝宝身上，将宝宝当成"出气筒"，更让宝宝委屈、不知所措。尤其是父母矛盾深化到离婚的时候，互相争夺宝宝，宝宝不知何从，分不清是非，很易形成自私、虚伪、说谎及见风使舵的不良行为，严重的会影响宝宝的个性发展，并使心灵受到创伤。

3. 宝宝需要丰富多彩的生活

宝宝的生活应当是丰富的，许多父母忙于工作，吃穿上给宝宝很大的满足，对宝宝的其他方面很少关心；有的家长望子成才心切，过多安排宝宝学习，致使宝宝精神紧张，生活能力差，影响人格的健全发展。可多让宝宝接受艺术熏陶，艺术能够促使宝宝的人格获得健全地发展。

三、婴幼儿时期常见心理问题解析

(一)恋母情结

1. 正确认识宝宝的恋母情结

对母亲的依恋情结是宝宝心理正常发育的必要条件。依恋情结会使宝宝有安全感，增长探寻世界的好奇心和创造力，长大之后的独立性更强。母亲要充分抓住这个与宝宝建立感情的好机会。当宝宝出生后母亲应精心地照顾他，哺喂母乳，给宝宝洗澡、换尿布等，以满足宝宝的生理需求。同时母亲应当多用充满爱的眼神和宝宝交流，给宝宝微笑、亲吻及爱抚，让宝宝通过感知觉充分体会到母亲的爱，这就是建立母子依恋的过程。宝宝有了被爱的经历，长大后才能爱别人，友好地与他人相处。这种良好地与他人交往的能力是情商中的重要组成部分。缺乏母亲关爱的宝宝无法建立母子依恋，常会形成孤僻的性格。这种宝宝胆小、多疑，很难与人相处。

为了宝宝茁壮成长，妈妈要注意以下几点，以增加宝宝对母亲的依恋。

（1）提高做母亲的敏感性，不要忽略宝宝，不要听任其哭闹。

（2）多和宝宝做亲密的身体接触，例如抚触操就是一种很好的方法。

（3）按照宝宝需求去调整自己的行为，不要将自己的意识强加给宝宝。千万不能自己心情好时和宝宝玩耍，心情不好时迁怒于宝宝，这种做法会对宝宝造成心理伤害并影响他的一生。

2. 增强与宝宝的心灵交流

母乳喂养是母亲和宝宝心灵交往的开端。新生儿来到人间，在母亲的搂抱与爱抚中感受到母爱与安全，增进母婴之间的情感。新生儿的皮肤感觉出现最早而且非常灵敏，当他投入母亲的怀抱，接触到母亲肌肤的温柔时，能够获得舒适，所以就每时每刻都盼望母乳的喂哺，来满足他的生理需要，同时渴望着母亲的搂抱来满足心理需求。

3. 与宝宝面对面交流

（1）母亲的柔情细语能引起宝宝的听觉反应。母亲微笑的脸能够吸引宝宝视觉集中。母亲面对面和他讲话，张嘴闭嘴多次重复的动作会诱引宝宝模仿张口动嘴的兴趣。心理学家称这种动作为"共鸣动作"。母亲不要认为喂奶或是喂食仅为消除宝宝的饥饿，重要的是婴儿在与母亲的交往中获得观看、倾听、触摸的机会，产生良好的情绪，启迪模仿能力，发展感知觉，学习与他人交往。

（2）处理婴儿大小便及清洁卫生是母子心灵交往的好机会。多次更换尿布感受到的经验使宝宝学会了尿湿了就以哭来表示要求，换好后对着母亲微笑，手舞足蹈表示满足。同样，洗手洗脸、洗澡等生活照顾中进行母子心灵交往也会产生很好效果，促使感知觉灵敏，情绪愉快。

（3）"玩"是母子心灵交往最好的形式。婴儿生长发育十分迅速，母亲应当随着婴儿智力发育的需求，适时地供给大脑丰富的"精神食物"，各种促进脑细胞生长的刺激，使大脑能"吃饱""吃好"，并能消化吸收。

婴幼儿时期宝宝对母亲的依恋，会影响宝宝一生的发展。如果母子双方互动的好，将帮助宝宝建立良好的心理，健康成长。

（二）分离焦虑

婴幼儿期的宝宝有时会把某种模式整合在自己的生活中，如跟妈妈正在亲昵时，妈妈到了上班时间马上要离开，宝宝正在兴头上不愿意妈妈离去，因此而哭泣。而这时大人显得比较紧张，这种紧张的氛围让宝宝感觉到这一天跟平常不一样，这就加剧了哭的需求。到了第二天妈妈将要走时，家长会担心宝宝会发生昨天的状况，因此气氛凝重，进而让宝宝察觉到，于是他就真的哭了起来。宝宝发现妈妈哄他时说话的声调和行为与他不哭时完全不同，这种异样的表现使宝宝发现了哭的功能，于是宝宝就会重复哭。时间久了，哭就成为一种仪式，在妈妈离开时宝宝就非哭不可。

宝宝哭并不见得是由于妈妈离开后不快乐造成的。其实当宝宝不快乐时经常表现出麻木和呆滞的表情，而很少哭。因此如果宝宝每天早晨都会哭，那么父母就得反思一下在宝宝哭时自己的心理状态和行为状态，调整自己，不强化宝宝的哭泣。如果哭已成为一种模式，那就平静地对待它，就当这不是哭，而是一种仪式。

（三）吮吸手指

宝宝认识世界，是通过嘴开始的，而手对大脑还没有完全发育的宝宝来说，只是一个外在的东西，并非自己身体的一个器官。因此宝宝常会用嘴来吃手、咬衣角。宝宝吸吮手指从一开始吸吮整个手，到灵巧地吸吮某个手指，这说明宝宝大脑支配行动的能力有了很大的提高，从而可以促进大脑、手和眼的协调能力。

如果宝宝2岁后仍然继续吮吸手指，就是一种心理问题了。要想解决这个问题，就要分析宝宝吸吮手指的心理，同时根据宝宝所处的年龄段对症下药。宝宝在婴儿期，正处于用嘴感知世界的阶段，如果得不到适当的满足和照顾，长大之后，很容易出现咬指甲、吸烟等不良习惯，甚至容易产生脾气暴躁、心理焦虑、对人缺乏信任感等问题。

如果宝宝长时间专注地吃手指头，父母一定要通过安抚的方法把他的注意力从手指转移到玩具、画册等色彩鲜艳的东西上，使宝宝能够更多的认知其他事物，对于大脑的发育也有极其重要的作用。如果个别宝宝吸吮欲望特别强烈，如果不能用怀抱、抚摸、玩具等方法来满足需求的话，建议各位妈妈借用安抚奶嘴，有了它的帮助，一般能够避免宝宝吸吮手指。但是安抚奶嘴永远无法代替父母的关爱，使宝宝遇事更加依赖奶嘴来自我安慰和调节情绪，从而妨碍宝宝的正常成长。

宝宝吸吮手指其实是为了减轻内心的焦虑和不安全感。婴儿时期的宝宝，往往对这个世界既好奇又惊恐，如果出现一些突发事件，如摔到地上，很容易使宝宝从此产生不安全感以及焦虑等状况。

在宝宝独自玩耍一段时间后，如出现哭闹、烦躁的现象，应当及时把宝宝抱在怀里，用手轻轻抚摸其后背，并轻声细语与其对话，这样会给宝宝带来亲切和愉快的感觉。

（四）暴力倾向

宝宝具暴力倾向（图4-2）是受心理作用影响的。

图4-2 暴力倾向

1. 宝宝自我意识萌发

2～3岁的宝宝自我意识逐渐萌发，但规则意识尚未建立，他认为一切东西都是他的，事事都必须合他的意，因此一旦有什么不顺心的事情就会用暴力解决。

2. 宝宝表达能力欠佳

该年龄段的宝宝语言能力有限，自己的想法、要求难以表述清楚。在交往当中，当不被理解时，他便选择用"打人"的方式表达感情。

3. 受外界因素影响

2岁以后的宝宝，模仿的天性逐渐表露出来，他会不加选择地吸收周围环境给予他的一切并加以模仿。电视节目或是生活中看到的暴力行为会成为他模仿的对象。

4.为了引起他人的关注

宝宝发现，当自己乖巧听话时，父母关注得少，而只有自己做出一些过激行为时，就能够引起注意，所以宝宝便采用这种方式来吸引父母的注意。

5.宝宝心情不好

宝宝2～3岁时还不能有效地控制自己的情绪，他便把烦恼、挫折、愤怒等不良情感转化为"暴力"发泄出来。

消除暴力倾向的方法如下。

（1）许多家长认为既然宝宝打了人，就要让他也尝尝挨打的滋味。但这样做往往会适得其反，让宝宝觉得暴力是解决问题的好办法，强大可以随意欺负弱小。

（2）宝宝打人后，许多妈妈为了息事宁人而大声训斥宝宝，其实妈妈的大呼小叫反而让宝宝觉得很有意思，从而强化了宝宝攻击行为。

（3）教会宝宝准确表达自己的需求。父母要鼓励宝宝用语言来表达自己的需要，如果宝宝说不清楚，妈妈可以帮助他，告诉他应当怎样说，从而提高他的表达能力。

（4）给宝宝发泄不良情绪的出口。当宝宝情绪焦躁或低落时，父母不要坐视不理，要帮宝宝寻找一个相对安全的方法发泄情绪。

四、典型病症——自闭症

（一）小儿患上自闭症的原因

（1）母亲怀孕期间患风疹或新陈代谢疾病，会使胎儿脑部发育受伤而导致自闭症。

（2）难产、早产、新生儿脑部受伤均可能造成自闭症。

（3）遗传因素，如果家庭成员中有自闭倾向者，宝宝自闭症发病率也会有所增加。

（4）后天受到精神刺激或打击也会造成自闭。

（二）自闭症的早期特征

自闭症的早期特征见表4-4。

表4-4　自闭症的早期特征

时期	特征
刚出生	宝宝没有特征
出生3～10天	宝宝没有明显特征
出生4～6周	宝宝常哭闹，但并不是由于有需求
出生3～4个月	宝宝不笑或对外界逗引没有笑的反应，不认识父母
出生6～9个月	宝宝对玩具不感兴趣，别人要抱他时也不伸出手臂响应；举高宝宝时身体僵硬或松弛无力，不喜欢将头依偎在成人身上，没有喃喃自语
出生10～12个月	宝宝对周围环境缺乏兴趣，喜欢独处；长时间哭叫，常有刻板行为（摇晃身体、敲打物品等）；拿着玩具不会玩，只是重复某一固定动作；与母亲缺乏目光对视；对其他人不能分辨，对声音刺激缺乏反应（如同耳聋）；不用手指人或指物品，不模仿动作，语言发育迟缓（发音单调或发出莫名其妙的声音，不模仿声音，更没有有意义的发声）
出生21～24个月	宝宝睡觉不安稳，有时甚至通宵不眠；不嚼东西，只吃流食或粥样食物；喜欢看固定不变的东西；有刻板的手部动作，如旋转、翻动、敲打、抓挠等；肌肉松弛，常摔倒；缺乏目光对视，看人时只是一扫而过即转移别处；没有好奇感，对环境的变化感到不安或害怕；可能出现学舌的表现，但较正常宝宝迟缓，对词语不理解

（三）自闭症的典型症状

患有自闭症的宝宝一般会出现下面一些症状，家长需要留心观察。

1. 宝宝有社会交流障碍

通常表现为缺乏与他人的交流或交流技巧，与父母之间缺乏安全依恋关系等。如从小就和父母不亲，也不喜欢被人抱，当他人抱起他时不伸手表现期待被抱起的姿势。

2. 宝宝有语言交流障碍

语言发育落后，或在正常语言发育后出现语言倒退，或语言缺乏交流性质。大多数患儿言语很少，严重的病例几乎终生不语，会说会用的词汇有限，并且即使有的患儿会说，也常不愿说话而宁可用手势代替。

3. 重复刻板行为

自闭症儿童常在较长时间里专注于某种或几种游戏或活动，例如着迷于旋转锅盖，单调地摆放积木块，或是表现出无目的活动，活动过度，单调重复地蹦跳、拍手、挥手、奔跑旋转，也有的甚至出现自伤自残，如反复挖鼻孔、咬唇、抠嘴、吸吮等动作。

4. 智力异常

70%左右的自闭症儿童智力落后，但这些儿童可能在某些方面具有超强能力；20%智力在正常范围，约10%智力超常。多数患儿记忆力较好，尤其是在机械记忆方面。

5. 感觉异常

表现为痛觉迟钝、对某些声音或是图像特别的恐惧或是喜好等。

6. 其他

常见行为包括多动、注意力分散、攻击、发脾气、自伤等。

（四）自闭症宝宝的教养

与自闭症宝宝谈话时，要尽量使用简单明确的言语。语言障碍将影响宝宝的社会适应能力，因此要尽力去训练宝宝的语言能力，训练内容见表4-5。

表4-5　自闭症宝宝的训练内容

项目	训练内容
呼吸训练	在行为中加入由口吐气的动作，这样才能顺利进行发声训练。在训练中要反复示范，及时给予正性强化如赞扬等
口形和发音训练	让患儿学会模仿口形和发音，训练之前的偶然发音要立即给予鼓励以增加自动发音的频率
单词训练	从模仿说出实际物品的名称开始，最好选择患儿感兴趣的食品或玩具，待能说出实物名称时可过渡到卡片及一些动词

参考文献

［1］张荣君，薛爱红. 宝宝常见病居家护理方法[M]. 青岛：青岛出版社，2011.

［2］芬域克. DK新一代妈妈宝宝护理大全（最新增订本）[M]. 北京：接力出版社，2011.

［3］冯德全. 0～3岁婴幼儿家长指导手册[M]. 北京：中国妇女出版社，2007.

［4］鲍秀兰. 婴幼儿养育和早期教育实用手册[M]. 北京：中国妇女出版社，2015.

［5］ibaby母婴项目组. 0～3岁婴幼儿护理全书[M]. 北京：中国妇女出版社，2015.

［6］刘燕华. 婴幼儿护理与习惯养成[M]. 北京：北京理工大学出版社，2015.

［7］王琪. 孕产妇婴幼儿护理百科[M]. 北京：中国妇女出版社，2012.

［8］刘佳. 0～3岁婴幼儿护理全书[M]. 北京：中国人口出版社，2016.